SĂ ALEGEM PĂMÂNTUL

Călătoria de inițiere a umanității *prin* distrugere și
colaps către o comunitate planetară matură

Duane Elgin

Prefață de Francis Weller
Traducere de: Eliza Claudia Filimon și Monica Taranu

Concepție grafică și infografice: Birgit Wick, www.WickDesignStudio.com

Fotografie copertă: Karen Preuss

Graficul de la pagina 56: Emily Calvanese Font: Georgia și Avenir Next

Prima ediție în limba engleză: martie 2020

Ediția în limba română: Traducere de: Eliza Claudia Filimon și Monica
Taranu: aprilie 2024

ISBN: 979-8-9896738-8-9

Aprecieri pentru *Să alegem Pământul*

„Capodopera lui Duane Elgin este cel mai puternic și cuprinzător apel al Pământului la trezire ... o carte scrisă cu pasiune, elocvență și plină de înțelepciune."

— Alexander Schieffer, profesor și coautor al cărții *Integral Development*.

„Nu am mai citit până acum o carte despre criza climatică globală scrisă de un «american alb» care să mă miște și să mă îmbogățească atât de profund."

— Dr. Rama Mani, coordonator și organizator al World Future Council.

„*Să alegem Pământul* oferă o viziune îndrăzneață și plină de speranță asupra următoarei etape «holistice» a civilizației umane."

— Dr. Bruce Lipton, biolog, lector, autor al cărții *Biology of Belief*.

„Noi, oamenii, avem o a treia opțiune – să respectăm limitele ecologice și să regenerăm Pământul pentru bunăstarea tuturor."

— Vandana Shiva, activist de mediu, cercetător, autor al cărții *Earth Democracy*.

„Duane Elgin a făcut cea mai grea muncă pe care niciunul dintre noi nu vrea să o facă vreodată. Citirea cărții *Să alegem Pământul* te va schimba pentru totdeauna."

— Sandy Wiggins, construcții verzi, activități de conștientizare, economie ecologică.

„Extraordinara dumneavoastră carte este în mare măsură în concordanță cu preocupările și prioritățile noastre. Calde salutări."

— Antonio Guterres, Secretarul General al Organizației Națiunilor Unite.

„*Să alegem Pământul* descrie singura cale viabilă posibil de urmat – o cale tumultoasă de inițiere spre maturitatea deplină ca membri ai lumii vii."

— Eric Utne, fondator, Utne Reader, autor al cărții *Far Out Man*.

„Aceasta este una dintre cele mai importante cărți ale vremurilor noastre și, probabil, cel mai important document despre pericolele schimbărilor climatice. Fiecare politician și CEO trebuie să o citească."

— Christian de Quincey, filozof, autor al *Radical Nature*, profesor.

„Înțelepciunea panoramică a lui Duane Elgin în *Să alegem Pământul* este vitală în această perioadă în care crizele complexe și interconectate necesită soluții coerente și interconectate. O carte importantă, de pionierat."

— Dr. Kurt Johnson, biolog, lider inter-spiritual, profesor, autor.

„Toate formele de viață de pe Pământ îi sunt îndatorate lui Duane pentru că ne-a trezit la urgența conștientizării și a posibilităților de regenerare din *Să alegem Pământul*."

— John Fullerton, fost director general al JP Morgan, fondator al Capital Institute.

Cu dedicație către

Eliza Claudia Filimon și Monica Taranu
Al căror sprijin generos, competențe extraordinare și grijă au dat viață ediției în limba română.

Andrew Morris
A cărui coordonare inspirată a mobilizat traducătoare talentate pentru a materializa ediția în limba română.

Coleen LeDrew Elgin
A cărei dragoste, parteneriat și eforturi neobosite au adus această carte pe lume.

Roger and Brenda Gibson
Pentru rolul lor vital în lansarea proiectului "Choosing Earth".

Cuprins

PREFAȚĂ

În prag: durere, inițiere și transformare

de Francis Weller

„În vremuri întunecate, ochii încep să vadă."

— Theodore Roethke

răim vremuri tulburi pe această planetă frumoasă. Toate pretențiile de imunitate se prăbușesc pe măsură ce realizăm cât de strâns legate unele de altele sunt viețile noastre – cu pături de alge și ghețari care se topesc, cu incendii de vegetație și niveluri marine în creștere, cu refugiați și vise neliniștite ale tinerilor de pretutindeni. Dezechilibrul care zdruncină lumea se simte ca un tremur continuu de-a lungul faliilor de vinovăție ale vieților noastre psihice.

Foarte puține lucruri dau senzația de stabilitate. Este ca un vis febril. Poate că am atins pragul inițiatic necesar pentru a ne trezi. Orice s-ar întâmpla, va fi nevoie de efort susținut din partea noastră dacă vrem să trecem prin vâltoarea acestui pasaj îngust. Nu știm ce ne așteaptă, dar un lucru este sigur: *acesta este un moment potrivit pentru gesturi îndrăznețe*. Este timpul să ne trezim și să ne ocupăm cu umilință locul pe această planetă uimitoare. Viitorul vorbește prin noi, fără milă.

James Hillman, strălucitul psiholog arhetipal, a scris: „Lumea și zeii sunt morți sau vii în funcție de starea sufletelor noastre.”[1] Cu alte cuvinte, vitalitatea lumii animate, senzoriale și întâlnirea noastră cu sacrul depind de faptul că sufletele noastre sunt pe deplin vii! Un suflet care este treaz se împletește cu lumea vie – cu frumusețea, farmecul și miracolul ei, cu suferințele, cicatricile și lacrimile ei. Dată fiind starea lumii și a vieții noastre sufletești, trebuie să ne oprim și să ne întrebăm: „*Care este starea sufletelor noastre?*”. Conform tuturor mărturiilor observabile, starea predominantă este de disperare, pustiu, lăcomie, împovărare și durere. În limbajul unor culturi tradiționale, am putea diagnostica vremurile noastre ca fiind *de pierdere a sufletului*. A pierde sufletul înseamnă a te simți golit de uimire, bucurie și pasiune. Înseamnă să te simți izolat de relațiile vitalizante cu lumea vie, lăsându-te izolat într-o lume moartă. Intimitatea îndelungată cu multiplele falduri ale Pământului – multitudinea de creaturi ale acestuia, profuzia uimitoare de culori și parfumuri – ar fi uitată. Le înlocuim cu o luptă frenetică pentru putere și câștig material. Aceasta este realitatea dominantă pentru o mare parte din cultura albă, tehnologică și capitalistă târzie. Pierderea sufletului ne lasă aplatizați și goi, dorind mereu mai mult – mai multă putere, mai multe lucruri, mai multă bogăție, mai mult control. Uităm ce aduce cu adevărat bucurie sufletului.

Am petrecut aproape patru decenii urmărind mișcările sufletului, mai ales prin straturile durerii. În practica mea de psihoterapeut și în multe ateliere de lucru, am văzut gama mai largă de suferințe pe care le purtăm în inimă. De la traume timpurii, decese, divorțuri, sinucideri ale unor rude sau prieteni dragi, dependențe, boli și multe altele ... „dimensiunea pânzei" a devenit dureros de evidentă. Din ce în ce mai des, în lamentările multora, aud nu atât durere pentru pierderile personale, cât pentru lumea mai largă și mai sălbatică în micșorare minut cu minut. Ei înregistrează în suflet suferințele lumii. În mod ciudat, acest lucru îmi dă speranță.

Povara acestor suferințe personale și colective este suficientă pentru a ne zdrobi inimile, forțându-ne să întoarcem spatele și să ne găsim alinarea în anestezie și distragere. Totuși, atunci când ne adunăm și împărtășim aceste povești dureroase în ritualuri de doliu, ceva începe să se schimbe. Atunci când durerile noastre sunt mărturisite și păstrate într-o comunitate a compasiunii, durerea se poate transforma în mod surprinzător în bucurie, într-o iubire încurajată pentru tot ceea ce ne înconjoară. Iubirea și pierderea au fost dintotdeauna îngemănate. A ne recunoaște amărăciunea înseamnă a elibera iubirea noastră pentru a se revărsa în exterior, în lumea care așteaptă.

Ceva freamătă cu adevărat în adâncul vremurilor. Negarea noastră colectivă pare că se fisurează. Nu mai putem nega faptul că lumea se schimbă radical. Simțim în măduva oaselor că au loc rupturi și, odată cu aceasta, ne simțim inimile împovărate de durere. S-ar putea ca suferințele noastre comune, stârnite de dragostea noastră pentru această planetă singulară și de neînlocuit, să fie cele care vor activa în cele din urmă angajamentul nostru comun de a răspunde denigrării galopante a lumii. Robin Wall Kimmerer scrie: „Dacă durerea poate fi o uşă către iubire, atunci să plângem cu toţii pentru lumea pe care o distrugem, pentru a o putea iubi din nou până la întregire.”[2]

Întunericul îndelung

Să alegem Pământul, de Duane Elgin, este o carte solicitantă, care ne cere să facem efortul de a ne transforma în valurile viitoare de colaps, confuzie, haos şi pierdere. El ne invită să participăm la cea mai dificilă tranziţie pe care omenirea va trebui să o parcurgă vreodată – o invitaţie pe care am sperat să nu o primim niciodată. Apariţia ei declară că planeta s-a schimbat deja în mod radical şi ireversibil, iar acum depinde de noi să răspundem. Cu toate acestea, ascunse în acest prag de rău augur al timpului, se află seminţele posibilei maturizări a umanităţii într-o comunitate planetară. După cum reliefează această carte, însă, tranziţia va fi lungă, iar noi vom lucra la aceste schimbări evolutive timp de decenii şi, cel mai probabil, multe generaţii de acum înainte. Aşadar, dragă cititorule, perseverează, chiar dacă este dificil. Chiar dacă ţi se frânge inima de o mie de ori. Aşa cum a spus cercetătoarea budistă şi eco-filozoafa Joanna Macy: „Inima care se deschide poate cuprinde întregul univers.”

Elgin nu oferă reţete pentru a repara ceea ce se întâmplă, nici nu încurajează o întoarcere la un trecut mai bun, nici nu sugerează să ne lăsăm pradă dezintegrării. El recunoaşte cu amărăciune că trebuie să trecem *prin* această perioadă de iniţiere colectivă pentru a ne face loc ca adulţi responsabili care colaborează la crearea unei comunităţi sănătoase şi vibrante a tuturor fiinţelor. Aceasta este o lectură provocatoare. Pe măsură ce asimilezi informaţiile, liniile temporale şi durerea poveştii noastre în evoluţie, se vor dezvălui multe. Citeşte mai departe. Viitorul nu este stabilit şi fiecare dintre noi avem un cuvânt de spus în modelarea a ceea ce va urma.

Această coborâre ne duce într-o altă geografie. În acest teren tenebros, întâlnim un peisaj familiar sufletului – pierderea, durerea, moartea, vulnerabilitatea, frica. Acesta este un timp al decăderii, al destrămării şi al sfârşiturilor, al destrămării şi al prăbuşirii. Nu este un timp al înălţării şi al creşterii. Nu este un timp al încrederii şi al uşurinţei. Nu. Suntem jos, încovoiaţi. „Jos" fiind cuvântul cheie. *Din perspectiva sufletului, jos este pământ sfânt.* Suntem escortaţi pe holurile sufletului.

Intrăm în ceea ce s-ar putea numi „Întunericul îndelung". Spun acest lucru nu cu o notă de disperare sau cu o atitudine deznădăjduită, ci, dimpotrivă, recunoscând şi valorizând munca necesară care poate avea loc doar în întuneric. Este tărâmul sufletului – al şoaptelor şi al viselor, al misterului şi al imaginaţiei, al morţii şi al strămoşilor. Este un teritoriu esenţial, deopotrivă inevitabil şi necesar, oferind o formă de gestaţie a sufletului care dă treptat formă vieţii noastre mai profunde. Anumite lucruri se pot întâmpla doar în această grotă a întunericului. Gândeşte-te la reţeaua sălbatică de rădăcini şi microbi, miceliu şi minerale, care face posibil tot ceea ce vedem în lumea diurnă, sau la reţelele extinse din interiorul propriilor noastre corpuri, care aduc sânge, nutrienţi, oxigen şi gânduri în vieţile noastre corporale. Toate acestea se întâmplă în întuneric.

Colectiv, nu suntem familiarizaţi cu decăderea ca fiind ceva valoros şi esenţial. Majoritatea dintre noi trăim într-o cultură a ascensiunii. Ne plac lucrurile care se ridică ... sus ... sus ... mereu sus. Când lucrurile încep să coboare, putem simţi panică, incertitudine şi chiar teamă. Cum putem face faţă acestor vremuri imprevizibile cu o fărâmă de curaj şi credinţă? Curajul de a ne păstra inima deschisă şi credinţa că ceva semnificativ se ascunde în decădere. Cum putem, încă o dată, să ajungem să vedem sfinţenia care sălăşluieşte în întuneric?

Pentru a ne aminti de sacralitatea din întuneric, trebuie să devenim fluenţi în manierele şi căile sufletului. Ni se cere să dezvoltăm un alt mod de a vedea, pe măsură ce coborâm tot mai mult în necunoscutul colectiv. Ni se cere să ne amintim disciplinele sufletului care ne vor permite să navigăm prin *Întunericul îndelung*. Acesta este momentul pentru a pune în aplicare *ascultarea profundă*, care recunoaște înțelepciunea din ceilalți și din Pământul visător. Atunci când ascultăm cu atenție, începem să descoperim ceea ce vrea să fie adus în ființă. Așa cum întreabă Alexis Pauline Gumbs, o scriitoare și poetă feministă de culoare, „Cum putem asculta dincolo de specii, dincolo de extincție, dincolo de rău?".[3]

Calitățile și disciplinele pe care trebuie să le practicăm în mod colectiv includ următoarele:

- *Stăpânirea de sine* oferă o *răsuflare*, o pauză, un moment de reflecție, care permite lucrurilor *să se dezvăluie*. Stăpânirea de sine permite ca ceva să se maturizeze înainte ca noi să trecem la acțiune.

- *Modestia* onorează reciprocitatea noastră și ne aduce aproape de pământ, un gest care ne face să fim conștienți de legătura noastră cu lumea vie.

- *A nu ști* ne amintește că trăim în mister, o clipă mereu în desfășurare, neformată. Nu știm ce se va întâmpla, iar acest adevăr ne menține umili și vulnerabili.

- Și în cele din urmă...

- *Renunțarea ... înrădăcinată în adevărul fundamental al efemerității*. Fiecare dintre noi se pregătește pentru propria dispariție, precum *și să fie martor al lumii în continuă schimbare*. Ni se amintește de procesul continuu al schimbării.

Fiecare dintre aceste discipline ne ajută să ne cultivăm prezența în lumea subterană a *Întunericului îndelung*. În primul rând, printre abilitățile pe care trebuie să le cultivăm în aceste vremuri nesigure se numără capacitatea noastră de a jeli. Chiar și încrederea noastră de bază în viitor a fost zdruncinată pe măsură ce ne trezim și devenim conștienți de criza climatică emergentă și de erodarea țesutului social. Ca urmare, ne confruntăm acum cu un adevăr vital: intrăm într-o *inițiere dură*.

Inițieri dure

Incertitudinea a intrat în casele noastre și și-a făcut loc în viața fiecăruia dintre noi. Ceea ce era cândva stabil și previzibil a fost zdruncinat și am început o coborâre abruptă în necunoscut, înconjurați de nesiguranță, teamă și durere. Mulți dintre clienții mei mărturisesc că ceea ce îi tulbură cel mai mult este starea lumii! Simptomele nu mai sunt limitate la realitățile noastre intrapsihice – istoriile noastre personale, rănile și traumele. Pacientul este acum planeta însăși, manifestând simptome de prăbușire, depresie, anxietate, violență și dependență – resimțite în corpul mai larg al Pământului, zdruncinând terenul nostru psihic profund, afectând totul.

Ascunse în experiența noastră comună a suferinței, se
află semințele încă imature ale inițierii.

Zilnic, primim știri despre ultimul raport înspăimântător privind clima, despre încălcări ale drepturilor semenilor noștri și ale celor și mai apropiați de noi, despre tragedii în toate colțurile lumii. Psihicul nostru este inundat. Amploarea suferinței și a pierderilor este greu de înțeles pentru noi ca indivizi. Nu suntem programați pentru acest nivel de traumă colectivă persistentă. Suntem concepuți să metabolizăm provocările și durerile comunității noastre locale și propriile noastre întâlniri cu suferința. A învăța să digerăm această realitate emergentă mai amplă necesită sprijinul comunității, ritualuri care ne pot ajuta să rămânem conectați la sufletele noastre, împreună cu o poveste convingătoare care să ne invite să visăm la ceea ce este posibil. Fără astfel de conexiuni profunde, vom continua să ne bazăm pe strategii de evitare și de luptă eroică, în speranța de a ocoli întâlnirile dureroase.

Pe măsură ce digerăm încet conținutul cărții *Să alegem Pământul*, ajungem să realizăm că trecem printr-o *inițiere dură*, cu modificări radicale care au loc în peisajele noastre interioare și exterioare – în același timp profund personale și extrem de colective, legându-ne unii de alții. Toți cei pe care îi întâlnim – la magazinul alimentar, la coadă la benzinărie, la plimbare cu câinele – sunt încâlciți în acest spațiu liminal dintre lumea familiară și cea ciudată, emergentă.

Rezistați!

Menirea profundă a inițierilor tradiționale era înlăturarea unei identități învechite. Procesul era conceput pentru a produce suficientă intensitate și căldură pentru a coace sufletul și a-i pregăti inițiații să își ia locul în îngrijirea și întreținerea bunurilor comune. *Nu a fost niciodată vorba despre individ.* Nu a fost vorba de autoperfecționare sau de a-l transforma în cineva mai bun. Nu. *Inițierea a fost un act de sacrificiu în numele comunității mai largi în care a fost adus inițiatul și căreia el sau ea îi este acum credincios.* Erau pregătiți să pășească în rolul lor de a menține vitalitatea și bunăstarea satului, a clanului, a bazinului hidrografic, a strămoșilor și continuitatea generațiilor următoare.

Suntem meniți să fim schimbați radical prin întâlniri inițiatice. Nu vrem să ieșim din aceste vremuri turbulente la fel cum am intrat, personal sau colectiv. În acest moment al istoriei, trebuie să răspundem unei schimbări radicale. Această perioadă de inițiere dură a fost provocată de multiple crize: instabilitate economică, tulburări culturale și politice, relocări masive de refugiați, nedreptate rasială și de gen, penurie de alimente și apă, disponibilitate incertă a asistenței medicale și altele. La baza tuturor acestora se află prăbușirea sistemelor noastre ecologice. Pe măsură ce această realitate se apropie și separarea noastră imaginară de natură devine mai fragilă, recunoaștem că sentimentul nostru de a fi cine suntem este în întregime împletit cu recifele de corali și fluturii monarh, cu tonul cu înotătoare albastre și cu pădurile seculare. Declinul lor este diminuarea noastră. După cum scrie Elgin, „Colapsul ecologic aduce cu sine colapsul ego-ului". Recipientul Pământului se sparge și, odată cu el, ficțiunea separării. Inițierea noastră dură duce la moartea identității noastre colective adolescentine. Este timpul să ne maturizăm.

Şi acum ce facem? Cum navigăm prin acest val de incertitudine? Cum ne implicăm în lume în absenţa obişnuitului? Frica ne poate zdruncina şi poate activa modele strategice de supravieţuire. Acest lucru este evident în reapariţia vechilor modele – cum ar fi ţapul ispăşitor, proiecţia, ura şi violenţa. Aceste tipare le pot permite unora să evite temporar decăderea, dar aceste strategii nu ne pot ajuta să trecem acest prag fremătător către o civilizaţie planetară. Pentru aceasta, trebuie să amplificăm potenţa adultului. Aşa cum este cazul oricărei iniţieri autentice, aceasta necesită o maturizare a fiinţei noastre şi pătrunderea mai deplină în identitatea noastră robustă, înrădăcinată în suflet. Trebuie să devenim imenşi, capabili să primim tot ceea ce soseşte la poarta inimii.

O ucenicie în suferinţă

Iniţierea noastră colectivă ne va aduce în mod inevitabil faţă în faţă cu straturi extreme de pierdere şi durere. Elgin spune foarte clar acest lucru. Procesul continuu de transformare a speciilor va diminua impresionant biodiversitatea Pământului în următoarele decenii. Din ce în ce mai mulţi oameni vor muri pe măsură ce sursele de hrană şi apă vor dispărea, iar violenţele regionale vor creşte din cauza reducerii accesului la resurse. Disparităţile economice vor provoca un grad de suferinţă incalculabil pentru miliarde de persoane. *Durerea sufletească va fi nota cheie în viitorul apropiat.* Capacitatea noastră de a rămâne prezenţi în faţa acestui val de pierderi depinde de capacitatea noastră de a cultiva această abilitate esenţială. *Trebuie să urmăm o ucenicie în suferinţă.*

Ucenicia noastră începe atunci când ajungem să înţelegem că durerea este mereu prezentă în viaţa noastră. Aceasta este o conştientizare dificilă, dar care ne oferă şansa de a ne deschide inima către o iubire mai profundă pentru viaţa noastră singulară şi pentru lumea măturată de vânt din care facem parte. Începem cu gestul simplu de a aduna cioburile lăsate de durere care zac împrăştiate pe podeaua casei noastre. Începem prin a ne dezvolta capacitatea de a păstra suferința în coliba tandră a inimii. Prin această practică, învățăm să întâmpinăm prezența pătrunzătoare și copleșitoare a durerii. Și apoi invităm unul, doi. . . câțiva oameni de încredere, să se ni se alăture și să împărtășească valurile continue ale suferinței pe măsură ce vin la mal. „Capacitatea noastră de a iubi și de a consola crește cu durerea altora, propria noastră durere prea mare pentru a fi stăpânită își găsește libertatea când alții îi sunt martori."[4]

Durerea sufletească este mai mult decât o emoție; este, de asemenea, o *facultate de bază* a ființei umane. Este o abilitate care trebuie dezvoltată, altfel ne vom trezi migrând spre marginile vieții în speranța de a evita inevitabilele legături cu pierderea. Prin riturile durerii, ne maturizăm ca ființe umane. Durerea invită gravitatea și profunzimea în psihic. Din fericire, posedăm capacitatea de a metaboliza suferința într-un medicament benefic pentru sufletul nostru și pentru sufletul lumii.

Una dintre practicile esențiale ale uceniciei noastre este capacitatea noastră de a ne susține reciproc în momente de durere și traumă. Această abilitate s-a pierdut, în cea mai mare parte, sub povara extremă a individualismului și a privatizării, în special în culturile occidentale, industriale. Acesta a avut un impact profund asupra modului în care procesăm și metabolizăm întâlnirile personale cu pierderea și experiențele emoționale intense. Fără spațiul familiar și de încredere al comunității, aceste momente pot pătrunde în viața noastră psihică, lăsându-ne zdruncinați și tulburați, speriați și nesiguri de următorul pas.

Trauma este orice întâlnire, acută sau prelungită, care copleșește capacitatea psihicului de a procesa experiența.

În aceste vremuri, ne confruntăm cu ceva prea intens pentru a fi reținut, integrat sau înțeles. Încărcătura emoțională ne saturează capacitatea de a da sens experienței, iar noi ne simțim copleșiți și singuri. Absența unui mediu de suport adecvat, capabil să ne susțină în aceste momente, generează experiențe traumatice. Cu alte cuvinte, durerea fizică în sine nu este traumatică. Durerea *nevăzută* este. Această perioadă de schimbări planetare rapide și sfâșietoare ne reaminteşte că suntem împreună în această situație și că ne putem oferi unul altuia spațiul de suport necesar pentru a ne procesa suferințele comune.

Dar cum rămâne cu traumele din lumea largă, care ne afectează? Aici, Elgin propune un nou mod de a încadra domeniul global. El identifică *Stresul traumatic planetar cronic* (Chronic Planetary Traumatic Stress – CPTS) și scrie: „Diferența dintre PTSD (tulburarea de stres posttraumatic) și CTPS este că, în loc de un episod relativ scurt și limitat, trauma durează toată viața și are o dimensiune planetară. Nu există scăpare – povara traumei colective pătrunde în psihicul și sufletul umanității." Nu există scăpare! Fie că recunoaştem sau nu traumele mai largi, psihicul nostru înregistrează perturbarea. Cum am putea să nu o facem? Viețile noastre, corpurile noastre, sufletele noastre sunt în întregime împletite cu frumusețea și suferințele lumii. Aşa cum subliniază Elgin, fără incluziune, traumele cronice ale planetei îi vor lăsa pe mulți dintre noi „profund răniți, atât din punct de vedere psihologic, cât și social". Capacitatea de a crea spații suficient de puternice pentru a reține energiile intense ale durerii noastre brute este un element-cheie în ucenicia noastră în suferință.Fiecare traumă poartă în ea durere. Pierderea se împleteşte în texturile traumei; iar scenariile schițate de Elgin pentru următoarele decenii și mai departe sunt pline de traume și tristețe.

Cum trebuie să răspundem atunci când viața ne pune față în față cu circumstanțe copleşitoare? Cum putem reține tot ceea ce simțim atunci când sursa este mult peste capacitatea noastră de control? Cum ne recalibrăm viața interioară pentru a ne vindeca psihicul în momente de traumă? Iată câteva propuneri pentru a ne îngriji sufletele în vremuri traumatice – și cine nu trăieşte în vremuri traumatizante?

1. **Practicați autocompătimirea.** Autocompătimirea ne ajută să ne păstrăm vulnerabilitatea cu bunătate și tandrețe, permițându-ne să rămânem blânzi și deschiși. Vremurile de mare incertitudine necesită un nivel de generozitate față de noi înșine care ne ajută să compensăm efectele traumei care, adesea, ne poate învălui corpul emoțional. Aceasta trebuie să fie prima și principala noastră intenție: să păstrăm tot ceea ce experimentăm cu compasiune – să oferim un adăpost sigur pentru temerile și durerea noastră.

2. **Acceptați** sentimentele. Nicio cale sau strategie de evitare nu poate ajuta la rezolvarea emoțiilor dificile pe care le vom întâlni. Confruntarea suferinței proprii este esențială. Nu numai că trebuie să îndurăm momentele de durere și tristețe, sperând să le depășim, dar trebuie, de asemenea, să ne implicăm activ în ele și să le simțim pe deplin. Această acțiune necesită mult curaj. Cu toate acestea, fără compasiune și un sprijin adecvat, este greu să ne deschidem față de emoțiile dureroase care ne așteaptă.

3. **Fiți uimiți de frumusețe.** Trauma are un impact profund asupra sentimentelor noastre de trăire, generând adesea o stare de amorțeală sau de anestezie. Această stare de anestezie ne protejează pentru o perioadă de confruntare cu emoțiile crude și pustiitoare care însoțesc adesea trauma, dar ne amorțește, de asemenea, implicarea senzuală în tot ceea ce ne înconjoară. Farmecul frumuseții ajută la deschiderea completă a porților inimii. Suferința și frumusețea, una lângă alta. Sufletul are o nevoie fundamentală de a se întâlni cu frumusețea – o sursă centrală de hrană care ne reînnoiește continuu sentimentul de vitalitate și uimire.

4. **Răbdare**. Vindecarea după o traumă necesită timp. Răbdarea ajută la vindecarea părților vulnerabile ale sufletului, spulberate de traume. Sudarea unui os necesită timp. Repararea sufletului durează și mai mult. Aveți răbdare cu procesul

vostru. Înțelepciunea profundă a sufletului cunoaște valoarea avansării lente. Ieșirea din ritmul maniacal al culturii moderne este esențială pentru a ne recăpăta echilibrul în lumea sufletului. Răbdarea este o disciplină, o practică ce liniștește sufletele rănite, vulnerabile, și ne ajută să culegem beneficiile eforturilor noastre.

O trezire treptată, o lume emergentă

Îndelungata noastră ucenicie în suferință are ca rezultat o spațialitate capabilă să rețină totul – pierderea și frumusețea, disperarea și dorul, frica și dragostea. *Devenim imenși.* Devotamentul nostru constant de a lucra cu încărcătura grea a durerii, ne înmoaie încet inima și simțim cum legătura noastră cu lumea mai largă, sensibilă se extinde. Timpul petrecut în adâncuri ne ajută să dezvoltăm o intimitate resimțită cu Pământul și cu cosmosul. Ne întoarcem acasă. Simțim o distanță tot mai mică între noi și ceilalți. Identitățile noastre devin permeabile și simțim o înrudire crescândă cu comunitatea umană și cu cea mai mult decât umană. O nouă reverență față de viață se ivește, pe măsură ce simțim prezența vie a Pământului ca organism încorporat într-un cosmos viu.

Sunt zorii experienței noastre despre un viitor posibil pentru Pământ. Apare o umanitate matură, dar sensibilă, vulnerabilă și fragilă. Intrăm în maturitate timpurie, nu suntem încă suficient de dezvoltați pentru a rezista la multă presiune. Pragurile sunt șubrede, nesigure și imprevizibile. Pe măsură ce intrăm în ceea ce Elgin numește „Marea Tranziție", ni se cere să revenim la modestie din nou și din nou. Ceea ce omenirea a îndurat de-a lungul *Întunericului îndelung* trebuie acum să fie recoltat cu răbdare. Sarcina noastră este de a proteja această sensibilitate emergentă și de a o transmite generațiilor următoare. Fiecare generație succesivă poate fortifica această conștiință în evoluție, adăugând propriile înțelegeri, practici, ritualuri, cântece, povești și multe altele – până când aceasta devine o prezență robustă în acord cu cosmosul în evoluție.

Pe măsură ce ne maturizăm ca specie, intrăm într-o relație reciprocă cu Pământul. Suntem chemați să consolidăm valorile și practicile care contribuie la susținerea corpului acestei lumi minunate. Valori precum respectul, cumpătarea, recunoștința și curajul ne ajută să ne fortificăm capacitatea de a susține și proteja ceea ce iubim. Reverența și modestia ne reamintesc că viețile noastre se îngemănează cu viața în totalitatea sa. Ceea ce afectează un fir al rețelei afectează întregul. Suntem aici pentru a participa la creația continuă, pentru a oferi imaginația, afecțiunea și devotamentul nostru în scopul susținerii lumii.

Elgin arată clar necesitatea: trebuie să cultivăm un colectiv robust de adulți a căror principală loialitate este față de lumea dătătoare de viață de care depindem. Trebuie să fim capabili să simțim loialitate față de bazinele hidrografice, căile de migrație, comunitățile marginalizate și sufletul lumii. Trebuie să simțim fundamentul vitalității noastre și realitatea vieților noastre sălbatice și exuberante. Inițierea temperează sufletul, scoțând la iveală esența sa ascunsă și invocând medicamentul pe care am venit să-l oferim acestei lumi uimitoare. Este nevoie de noi!

Inițierea ne maturizează și ne pregătește pentru o mai amplă participare la îngrijirea cosmosului. Acesta este motivul principal pentru care ne aflăm aici ca specie. Scopul nostru cosmologic este de a menține în viață visul lumii. Există frumusețe, demnitate și măreție în această chemare. Devine din ce în ce mai clar că această conștientizare trebuie să se întipărească adânc în inimile și sufletele oamenilor, în următoarele decenii. În esență, ni se cere să ne consacrăm viețile, să manifestăm reverență în acțiunile noastre. Acesta este primul adevăr care trebuie să se instaleze în oasele tuturor celor care trec prin această inițiere planetară. În plus, inițierea implică o medicină a sufletului. Ni se cere să renunțăm la darurile particulare pe care am venit să le oferim aici. Inițierea slăbește, de asemenea, gulerul strâmt al civilizației și ne determină să ne revendicăm sălbăticia interioară. Strânsoarea psihicului nostru domesticit se relaxează şi suntem capabili să intrăm într-o lume multicentrică în care totul posedă suflet şi este o formă de vorbire. Şi un ultim adevăr care vine odată cu iniţierea: Ni se cere să construim o casă a apartenenţei, care să poată extinde locurile de primire pentru cei care se simt nevăzuţi şi deconectaţi.

Datoria noastră, a celor care avem privilegiul de a avea darul vârstei înaintate, este să ne întoarcem cu faţa spre cei care ne urmează, generaţiile de tineri al căror viitor este serios periclitat de neglijarea lumii de către noi. Văd feţele nedumerite, furioase şi pline de durere a milioane de oameni, ceea ce este de înţeles. Nu ştiu ce să spun, doar că vă văd. Vă recunosc durerea şi disperarea, indignarea şi confuzia. Încrederea voastră în orice viitor posibil se erodează zi de zi. Ceea ce aşteptaţi în mod inerent – un viitor plin de posibilităţi – se estompează şi se evaporă chiar în timp ce voi îl căutaţi. Simt durerea imensă din inimile voastre. O văd atunci când împărtăşim un moment. Este gravată pe chipul vostru, în cuvintele voastre. Îmi pare rău. Vă rog să ştiţi că mulţi dintre noi facem tot ce putem pentru a găsi o cale prin acest pasaj îngust, pentru a vă oferi o lume demnă de vieţile voastre.

Văd, de asemenea, pasiunea şi angajamentul vostru de a lupta pentru o viaţă care are sens şi frumuseţe, apartenenţă şi bucurie. Văd dorinţa voastră de a crea o cultură vie în concordanţă cu căile şi ritmurile Pământului. Văd creativitatea şi imaginaţia voastră sălbatică, faptul că vedeţi lucrurile în moduri la care generaţia mea nu a visat niciodată. Sunteţi puternic cuprinşi de durerea voastră. Vi s-a cerut să duceţi atât de mult, atât de repede, iar impulsul iniţiatic poate că a fost activat înainte de a fi pregătiţi. Şi poate că nu. S-ar putea să fiţi cei capabili să găsiţi o cale prin această întunecată noapte colectivă a sufletului.

Un om nou, un Pământ nou

Este un privilegiu să fim în viaţă în acest moment al poveştii noastre colective. Noi suntem cei care trecem acest prag-timp. Noi suntem cei care putem alege să participăm la repararea Pământului şi la crearea unei culturi planetare vii. Noi suntem cei care trăim într-un moment de imense posibilităţi, când putem restabili o coabitare sacră cu lumea vie. Noi suntem cei care putem răspunde la aceste circumstanţe şi putem participa la imaginarea formei unui nou Pământ. Totuşi, Pământul este profund rănit şi va necesita o restaurare răbdătoare. Preocuparea pentru datoria sacră de reparare este o amprentă profundă a iniţierii noastre.

Fiecare fiinţă umană în viaţă va experimenta iniţierea dură a acestor vremuri. Nimeni nu va fi scutit de efectele climei care se deteriorează sau de stresul şi tensiunile care se vor abate asupra vieţii noastre economice, politice şi sociale.

Iniţierea nu este opţională. Întrebarea care persistă este, vom alege să participăm la procesul de iniţiere? Vom fi capabili să vedem dincolo de interesele personale şi vom fi capabili să gândim ca o comunitate planetară? Vom fi remodelaţi în moduri profunde, într-un fel sau altul. Dacă alegem să acceptăm provocările acestui prag temporal, am putea ieşi maturizaţi şi pregătiţi să participăm la ceea ce geologul Thomas Berry a numit *visul Pământului*. Semnalmentele acestui nou eu vor dezvălui *o persoană mai atentă la responsabilităţi decât la drepturi, mai conştientă de multiple apartenenţe decât de privilegii.* Vom fi iniţiaţi într-o mare vastă de intimităţi, cu satul, cu roiurile de stele şi cu stejarii bătrâni şi noduroşi, cu copiii cu ochii mari, cu strămoşii şi cu Pământul *înmires*mat.

Importanţa acestei alegeri nu poate fi supraestimată. Participând la sarcina dificilă a schimbării radicale, suntem încurajaţi, într-un mod profund, să avem cu noi medicamente esenţiale pentru lumea noastră asediată. Acest lucru implică faptul că învăţăm cum să trăim în limita mijloacelor de care dispune Pământul pentru a ne susţine.

„Să alegem Pământul" înseamnă alegerea simplităţii, a comunităţii, a recunoştinţei şi a participării. Acestea sunt gesturi pe care le putem face cu toţii, acum. Ne putem aminti de satisfacţiile noastre primare – constituenţii de bază ai unei vieţi sufleteşti sănătoase.

Aceste elemente au evoluat de-a lungul a câteva sute de mii de ani şi ne-au modelat viaţa psihică în moduri care au condus la un sentiment de mulţumire şi satisfacţie. Atunci când aceste cerinţe sunt îndeplinite, nu tânjim după cel mai recent dispozitiv, sau după cel mai nou model de maşină, sau după următoarea formă de anestezie. În esenţă, suntem eliberaţi de consumerismul şi materialismul toxic. Trăim simplu şi trăim pur şi simplu. Pentru a ne simţi satisfăcuţi, avem nevoie de atingeri care să ne susţină şi să ne liniştească, să fim ţinuţi în braţe în momente de suferinţă şi durere; avem nevoie, de asemenea, de joacă din abundenţă şi de împărtăşirea hranei, consumată încet, în timpul unor conversaţii sincere; avem nevoie de nopţi întunecate, luminate de stele, când nu este nevoie de cuvinte; şi, bineînţeles, avem nevoie de plăcerile prieteniei şi de râsul neîngrădit.

Avem nevoie de o viaţă rituală fundamentală care să ne conecteze cu lumea nevăzută în momente cruciale – cum ar fi trecerea pragului de iniţiere, îngrijirea vulnerabilităţilor cauzate de boală sau celebrarea recunoştinţei noastre comunitare pentru binecuvântările acestei vieţi. Avem nevoie de o conexiune continuă, intimă şi senzuală cu pulsul sălbatic al naturii; inimile şi urechile noastre trebuie să se delecteze cu poveşti, dans şi muzică. Tânjim după atenţia unor bătrâni implicaţi şi ne dezvoltăm într-o comunitate înrădăcinată într-un sistem de incluziune bazat pe egalitate. Iată ce ne dorim cu adevărat.

Să fim dispuşi să coborâm, împreună, în întunericul vast al acestui timp şi să vedem ce se află acolo, în mister, aşteptând atenţia noastră necondiţionată. Atât de multe înmuguresc, spune poetul. Atât de multe tânjesc să se exprime. Ne aşteaptă o călătorie mai amplă, una în care s-ar putea să ne trezim crescând în ceva neimaginat, dând naştere unei noi fiinţe, unei prezenţe bio-cosmice.

Acesta este momentul în care putem visa la ceea ce ar putea fi. Mulţi dintre noi nu vor vedea celălalt ţărm al *Întunericului îndelung*. Dar unii o vor face. După cum scrie Duane Elgin: „Acum mă văd plantând semințe ale posibilităților, dar fără să mă aștept să trăiesc pentru a le vedea înflorind într-o nouă vară sau pentru a mă bucura de fructele lor în recolta unei toamne îndepărtate. Abordarea mea acum este să am încredere în înțelepciunea Pământului și a familiei umane de a aduce un alt anotimp al vieții." Aceasta este binecuvântarea unui bătrân. Trăim pentru ceea ce poate fi, știind că s-ar putea să nu vedem niciodată roadele.

Singura cale de ieșire este prin și singura cale de ieșire este împreună. Aceasta este o inițiere colectivă. Aceasta este perioada de gestație pentru o posibilă comunitate planetară. Noi suntem moașele, bătrânii, ghizii vieții noastre viitoare. Este un moment bun pentru a fi în viață.

— Francis Weller
Russian River Watershed
Shasta Bioregion

PARTEA I

Lumea noastră în profundă tranziție

Nu moștenim Pământul de la strămoșii noștri, ci îl
împrumutăm de la copiii noștri.

— Cugetare din cultura amerindienilor

Inițierea și transformarea umanității

*Adesea uităm că noi suntem natura. Natura nu este
ceva separat de noi. Așadar, atunci când spunem că
am pierdut legătura cu natura, am pierdut legătura
cu noi înșine.*

— Andy Goldsworthy

Dacă ați citit prefața convingătoare a bunului meu prieten Francis
Weller, atunci știți că oamenii de pe Pământ au intrat într-o peri-
oadă de tranziție profundă – o perioadă de inițiere colectivă, în
care trecem prin mari suferințe pentru a trezi noi însușiri latente.
Trecem printr-o naștere dureroasă ca specie, pe măsură ce intrăm
în maturitatea noastră colectivă. *Să alegem Pământul* se adresează
oamenilor maturi și rezistenți, care sunt gata să pătrundă în profun-
zime și să exploreze lumea noastră în această tranziție fără precedent.

Privind înainte, văd două certitudini. În primul rând, viitorul
este extrem de incert, deoarece multe lucruri depind de alegerile pe
care le facem acum, individual și colectiv. În al doilea rând, lumea
din trecut a dispărut. Nu ne putem întoarce la „vechea normalitate",
deoarece lumea nu a fost niciodată „normală" – a fost anormală,
cu extreme de supraconsum, extincție a speciilor, topirea calotelor
glaciare, oceane muribunde, secete severe, incendii masive, alienare
profundă, inegalități extreme și multe altele. Ne așteaptă o mare
pierdere și o mare tranziție. Nu mai există cale de întoarcere. Nu
există reluări. Nu putem îngheța din nou calotele glaciare polare
și nu putem recrea climatul favorabil din ultimii zece mii de ani.
Nu putem umple din nou acviferele antice care au secat. Nu putem
restabili rapid ecologia complexă a trecutului și nu putem readuce
la viață mii de specii de animale și plante. Nu putem opri ritmul
de creștere a nivelului mării, chiar dacă oprim acum emisiile de
CO_2. Nu putem anula supraîncărcarea creată de supraconsumul și
epuizarea resurselor Pământului. Este în curs o inițiere profundă,
care ne va zgudui și ne va transforma până în măduva oaselor. Mari

promisiuni și posibilități ne cheamă, împingând viziunea noastră dincolo de tragediile pe care noi înșine le-am creat.

Noi creăm acest ritual de trecere. Nu e momentul să ne îndoim și să ne retragem. Suntem provocați să ne ridicăm împreună și să ne mișcăm înainte cu curaj, ca și cum viețile noastre ar depinde de asta. Așa și este. Cu toate acestea, mulți ezită. Putem crede că avem mai mult timp la dispoziție – presupunând că ritmul schimbărilor din trecut este o măsură exactă a ritmului schimbărilor din anii următori. Nu este cazul. Ritmul schimbării se accelerează, pe măsură ce tendințe puternice se consolidează reciproc și se conturează într-un imens val de schimbare care spulberă lumea trecutului. Nu mai putem extrapola în siguranță rata de schimbare pe care am experimentat-o în trecut ca măsură pentru viitor. Suntem în afara timpului. Însăși existența noastră depinde de faptul că trebuie să privim cu alți ochi lumea aflată într-o tranziție profundă.

De asemenea, poate ezităm deoarece credem că noile tehnologii ne vor scuti de disconfortul de a face schimbări fundamentale în viața noastră. Cu toate acestea, forțele schimbării sunt atât de profunde și de puternice încât avem nevoie de toată ingeniozitatea noastră tehnologică și de mult mai mult. Tehnologia singură nu ne va salva. Numeroasele provocări cu care ne confruntăm necesită o schimbare profundă a modului în care ne raportăm la toate aspectele vieții: acestea include alimentele pe care le consumăm, mijloacele de transport pe care le folosim, nivelurile și modelele noastre de consum, munca pe care o facem, locuințele în care trăim, educația pe care o dobândim, modul în care tratăm persoanele de diferite rase, genuri, orientări culturale și sexuale. Suntem chemați să ne reconfigurăm viețile atât individual, cât și colectiv. Magnitudinea schimbării cerute de vremurile noastre este aproape de neconceput. Editorii respectabilei reviste *New Scientist* au oferit această evaluare a muncii care ne așteaptă:

„Acesta va fi, fără îndoială, cel mai mare proiect pe care omenirea l-a întreprins vreodată - comparabil cu cele două războaie mondiale, cu programul Apollo [pentru a trimite un om pe Lună], războiul rece [cu o cursă a înarmării nucleare], abolirea sclaviei [care a inclus un război civil], proiectul Manhattan, construirea căilor ferate și implementarea sistemelor de canalizare și electrificare, toate la un loc. Cu alte cuvinte, ne va cere să forțăm fiecare mușchi al ingeniozității umane în speranța unui viitor mai bun, dacă nu pentru noi înșine, atunci cel puțin pentru urmașii noștri."[5]

Dar cum se poate întâmpla acest lucru? Care este calea realistă de urmat pentru a realiza o schimbare de o asemenea amploare? Aceasta este călătoria explorată în această carte.

Totuși, oamenii mă întreabă: De ce să privim înainte? De ce să ne gândim la un viitor deprimant și sumbru? Nu poate viitorul să aibă grijă de el însuși? De ce să nu fim fericiți, buni și să trăim în prezent? Nu putem prezice ce se va întâmpla. Viața are atât de multe surprize, cum putem prevedea ceea ce ne așteaptă? Nu cumva imaginându-ne viitorul ne îndepărtăm de a trăi aici și acum? Suntem ființe mici care nu pot schimba ceea ce se întâmplă, așa că de ce să ne pese de ceea ce nu putem schimba?

De ce ar trebui să privim înainte? Ce se poate obține? Iată de ce: Trăim acum într-o lume strâns interdependentă și transparentă, în care soarta noastră individuală este direct legată de soarta planetei. Având în vedere această realitate, vă încurajez să privim înainte și, cu libertate și creativitate, să ne alegem în mod conștient viitorul cu scopul:

1. de a preveni **dispariția funcțională** a umanității și a unei mari părți din restul vieții de pe Pământ;

2. de a evita întemnițarea în întunericul nesfârșit al unei lumi **autoritare**;

3. de a crește și a trece, cu maturitate și libertate, într-o lume **în transformare**.

A alege să nu privim înainte este o alegere profundă. „Lasă viitorul să aibă grijă de el însuși" este mentalitatea unei etape de adolescență a vieții. Lumea noastră ne cheamă să ne maturizăm și să ne asumăm responsabilitatea de a trece la vârsta adultă timpurie și de a avea grijă de bunăstarea întregii vieți. Viitorul nu este impenetrabil – el poate fi cuprins și maleabil în mintea și intuiția noastră. Dacă îl vedem, îl putem alege. Dacă nu privim înainte, suntem nepregătiți. Nepregătiți, răspundem superficial. Acționând fără profunzime, suntem copleșiți de avalanșe de schimbări profunde.

Înțeleg că a privi în profunzimea schimbării care ne așteaptă ne provoacă psihicul și sufletul. Vremurile noastre nu sunt pentru cei slabi de inimă. Nu este momentul să trăim la scară mică și să ne retragem din lume. Acestea sunt vremuri pentru a trăi în imensitatea ființei ca cetățeni ai cosmosului viu și pentru a alege în mod conștient viitorul traiului nostru pe Pământ.

Un pas înapoi pentru o perspectivă de ansamblu: am început să explorez în profunzime provocările viitoare în urmă cu jumătate de secol, în 1972, când lucram ca membru al personalului de conducere al Comisiei prezidențiale Population Growth and the American Future[6]. Mandatul nostru a fost să privim cu treizeci de ani în viitor și să analizăm cum și unde ar putea trăi un număr tot mai mare de oameni. În același timp, a fost publicată cartea de referință *Limits to Growth*, iar comisia noastră a început să exploreze cercul închis al ecologiei mondiale. Activitatea comisiei prezidențiale a dezvăluit nu numai limitele creșterii economiei de consum a națiunii noastre, ci și limitele capacității guvernului nostru de a se gândi măcar la tranziția către un viitor durabil.

După ce comisia și-a finalizat proiectul, am început să lucrez pentru „Grupul pentru viitor" al echipei de experți ai Stanford Research Institute (acum SRI). O poveste personală ilustrează și mai mult lipsa de reacție a birocrațiilor guvernamentale la amenințările majore la adresa viitorului nostru. Am aflat pentru prima dată despre încălzirea globală ca fiind o amenințare existențială la adresa omenirii în 1976, în timp ce lucram ca cercetător social senior la un proiect de un an pentru National Science Foundation la SRI International[7]. Făceam parte dintr-o echipă mică în căutare de provocări viitoare, neașteptate, care ne-ar putea eradica pe nevăzute. În sprijinul acestui proiect, am participat la o ședință de informare privind schimbările climatice la Departamentul de Energie din Washington, D.C. La ședință, ni s-a spus că, dacă tendințele actuale vor continua cu acumularea de CO_2, peste încă 40-50 de ani vor apărea probleme grave de încălzire globală pentru planetă. În ciuda acestui avertisment sumbru, oficialii din domeniul energiei au descurajat inițiativa noastră de a include încălzirea globală în raportul nostru. Aceștia au motivat că această problemă nu va deveni o criză decât peste aproape cincizeci de ani, ceea ce ar oferi procesului politic suficient timp pentru a pregăti un răspuns. Nu numai că nu am inclus încălzirea globală în raportul nostru, dar oficialii guvernamentali responsabili de munca noastră au decis că raportul era prea controversat pentru public și a fost pus la adăpost de accesul ușor al politicienilor și al publicului.

Acum, aproape o jumătate de secol mai târziu, putem vedea rezultatele deceniilor de întârziere: așa cum am anticipat, lumea este asaltată de o schimbare dramatică a climei și de o guvernare șubredă a civilizațiilor. Având în vedere această experiență, nu mă aștept ca instituțiile existente – guvern, afaceri, mass-media și educație – să se ridice rapid la înălțimea provocărilor fără precedent cu care ne confruntăm acum. Așa cum am scris într-un alt raport adresat consilierului științific al președintelui, birocrațiile noastre mari și extrem de complexe nu sunt configurate pentru a răspunde cu viteza și creativitatea necesare pentru a face față provocărilor vremurilor noastre critice[8]. Din acest motiv, am cea mai mare încredere în locuitorii Pământului, care se organizează de la nivel local la nivel global și, împreună, învață și aleg rapid calea către un viitor durabil și semnificativ.

Pe baza acestor experiențe, în 1977 am părăsit grupul viitorului de la SRI și m-am orientat spre scrierea unei cărți pe tema *Simplității voluntare*. Am început cu o jumătate de an de meditație solitară, cu intenția de a aduce laolaltă tot ceea ce învățasem – atât aspectele interioare, cât și cele exterioare ale vieții mele – și de a mă întoarce în lume ca o persoană împlinită. Meditația intensivă mi-a adus o nouă perspectivă asupra viitorului umanității și înțelegerea faptului că deceniul 2020 va fi momentul în care omenirea va fi nevoită să facă o cotitură crucială în evoluția noastră ca specie[9]. Pe baza acestei înțelegeri, din 1978 scriu și vorbesc despre deceniul 2020 ca fiind momentul crucial în care omenirea se va confrunta cu o cotitură și va trebui să aleagă o nouă cale spre viitor. Acum, acest deceniu fatidic a sosit.

Absorbirea amplorii, vitezei și profunzimii schimbărilor din lumea noastră aflată într-o tranziție fără precedent a fost o extrem de dificilă. Tristețea mi-a fost tovarăș meu credincios, angoasa – învățător. Am fost umilit de intensitatea și imensitatea suferinței care crește în lume, știind că acest tsunami de durere ne va frânge inimile și, în același timp, ne va deschide către umanitatea noastră superioară. Deși scrisul a fost o parte importantă a călătoriei mele în viață, aceasta a fost o provocare sufletească dincolo de puterea cuvintelor. Biroul meu de scriitor a devenit un altar al disperării, în timp ce recunosc și accept tot ceea ce va pieri pe măsură ce omenirea trece prin această mare tranziție.

Pe măsură ce am făcut un pas înapoi pentru a privi, din nou și din nou, căutând o perspectivă pentru ceea ce se întâmplă, știu că scriu această carte dintr-o perspectivă privilegiată – a unui bărbat alb, membru al unei culturi și națiuni occidentale puternic industrializate. Deși rădăcinile mele se află într-o mică comunitate agricolă din Idaho, am trăit cea mai mare parte a vieții mele adulte într-un mediu modern, urban-industrial. Cu toate acestea, în timp ce încerc să-mi găsesc locul în lumea noastră aflată într-o tranziție profundă, mă reîntorc la rădăcinile mele de fermier. Acum mă văd pe mine însumi plantând seminţe de posibilităţi, dar fără să mă aştept să trăiesc pentru a le vedea înflorind într-o nouă vară sau să mă bucur de roadele lor în recolta unei toamne îndepărtate. Abordarea mea acum este de a avea încredere în înţelepciunea Pământului şi a familiei umane pentru a aduce un alt anotimp al vieţii.

Creăm un rit de trecere pentru noi înşine ca specie – dar ce fel de trecere şi încotro? Este posibil ca enormitatea pierderii noastre imaginare să fie un catalizator pentru o schimbare inimaginabilă? Ar putea un nou aliaj uman – bogat în vitalitate şi potenţial – să iasă din cuptorul deceniilor supraîncălzite în care am intrat acum? Aceste întrebări sunt miezul acestei cărţi.

Pornind de la o stare de încredere, *Să alegem Pământul* explorează prăbuşirea şi transformarea lumii pe care am construit-o în ultimii zece mii de ani. Recunoaşterea prăbuşirii şi căderii lumii noastre este primul pas în trecerea noastră spre o viaţă nouă. Este vital să nu ne întoarcem spatele interacţiunii cu colapsul, ci să acceptăm această realitate ca parte integrantă a iniţierii noastre în maturitate, ca specie. Durerea şi suferinţa pe care le trăim ne trezesc la o transformare profundă. Ni se cere să lăsăm trecutul în urmă, deoarece lumea se destramă deja – se deşiră şi se rupe – şi trebuie să ne pregătim pentru cădere liberă şi colaps. Cum spune Marianne Williamson: „Ceva foarte frumos se întâmplă cu oamenii atunci când lumea lor se destramă: o umilinţă, o nobleţe, o inteligenţă mai înaltă apare exact în momentul în care genunchii noştri ating podeaua.”

Ritul de trecere al umanităţii ne va conduce la o nouă înţelegere a realităţii în care trăim, a naturii noastre ca fiinţe de dimensiuni atât pământeşti, cât şi cosmice, şi a extraordinarei călătorii evolutive la care ne-am angajat. *Să alegem Pământul* înseamnă să alegem viaţa. Decăderea şi prăbuşirea lumii noastre conţin realitatea terifiantă că specia noastră ar putea devasta atât de mult biosfera încât vom dispărea din punct de vedere funcţional. Decăderea conţine, de asemenea, potenţialul de a trece printr-o perioadă de profundă iniţiere şi de a intra într-o nouă eră a posibilităţilor. Împreună, am putea alege o cale care să servească bunăstării întregii vieți. Împreună, am putea trece printr-o pierdere, durere și tristețe majore și am putea permite ca genunchii noștri să atingă podeaua, iar apoi, cu umilință, să ne ridicăm, pe un drum de majoră tranziție.

Este vital să recunoaștem unde ne aflăm în călătoria noastră evolutivă. Am atins un prag critic, în care nu ne putem întoarce și trebuie să mergem înainte. A ne adapta pur și simplu la situația în care ne aflăm înseamnă să ne confruntăm cu stagnarea evolutivă și cu dispariția noastră funcțională ca specie. Dacă nu alegem să trecem prin aceste vremuri dificile și să creștem în maturitatea noastră colectivă, vom lăsa o moștenire de ruine pentru Pământ și vom asigura dispariția noastră funcțională ca specie. Facem sau murim. *Nu avem niciun viitor fără maturitatea noastră.* Dacă trecem *prin* adolescență spre începutul vieții adulte, putem descoperi potențiale înnobilatoare neexploatate. Alternativ, putem renunța la avansul nostru evoluționist, menținând o viziune superficială și limitată asupra umanității și a călătoriei noastre. Ne simțim confortabil cu perspectiva că moștenirea noastră ca specie poate fi câteva decenii de confort consumerist pentru câțiva norocoși? Ne simțim în largul nostru cu ideea că Homo sapiens reprezintă un fir al vieții care a șovăit și a eșuat pentru că am fost atât de preocupați de căutări materialiste încât nu am înflorit până la maturitate? Știm că suntem mai buni decât atât, așa că nu vă descurajați!

Nu putem ajunge pe culmi dacă nu recunoaștem și adâncurile. Atunci când totul pare pierdut – când nu mai avem nimic de pierdut – putem renunța la trecut și ne putem înălța pe noi culmi și putem atinge noi potențiale. Acum este un moment de profundă alegere pentru lumea noastră. Suntem chemați la măreție ca specie – pentru a atinge maturitatea colectivă ca și comunitate planetară. Nimic nu va mai fi la fel. Transformați de suferințe, putem să ne îndreptăm spre o lume nouă. O nouă înțelegere a identității umane și a călătoriei noastre evolutive ne cheamă înainte, atrăgându-ne spre un viitor cu posibilități imense. O cale de înălțare evolutivă este atât un dar, cât şi o alegere. Vremea noastră de alegere colectivă are consecinţe profunde care vor continua să se manifeste timp de mii de ani. Nu există nici o cale de a ocoli ritul nostru de trecere – *se poate trece doar prin acesta*. Noi am creat aceste vremuri şi putem trece prin ele, în mod conştient, creativ şi curajos. Călătoria care ne aşteaptă este atât de crucială încât merită să ne investim pe deplin vieţile într-un rezultat transformator. Paşii sunt mici, dar recompensele sunt mari.

Cultivarea rezistenţei într-o lume în transformare

Ne confruntăm acum cu provocări atât de mari încât ne putem simţi rapid copleşiţi. Putem să prindem puteri explorând acţiuni semnificative pe care le putem întreprinde în viaţa noastră de zi cu zi.

1. **Alege vivacitatea** — Alege activităţi care te fac să simţi că trăieşti: plimb**ări** în natură, dans, joac**ă**, muzic**ă**, cultivarea relaţiilor, creaţii artistice şi conectarea cu animalele. Creează un altar al recunoştinţei. Ofer**ă** afirmaţii şi rugăciuni pentru plante, animale, locuri şi oameni. Devino un model de recunoştinţă şi vivacitate pentru cei mai tineri.

2. **Cultivă-ţi „adevăratele daruri"** — Fiecare dintre noi avem „aproape daruri" şi „adevărate daruri"[10]. Aproape darurile sunt lucruri la care suntem relativ pricepuţi. Adesea ne câştigăm existenţa cu ajutorul aproape darurilor noastre. Adevăratele daruri exprimă talentele şi abilităţile noastre înnăscute - activităţi în care strălucim în mod natural. Dezvoltarea adevăratelor tale daruri este un exerciţiu pentru a deveni mai vivace şi pentru o conexiune mai strânsă cu lumea.

3. **Dezvoltă-ţi conştiinţa** — Calitatea conştiinţei este extrem de importantă pentru a naviga în lumea noastră în schimbare. Cultivă o simţire-raţiune trează prin practici precum

meditația, yoga, rugăciunea, dialogul sau alte activități de conștientizare. Devino un participant din ce în ce mai conștient la viață.

4. **Fii informat la nivel local** — Fii la curent cu ecosistemul local. Află care sunt copacii, florile, păsările și alte animale specifice zonei. Apreciază alimentele cultivate la nivel local. Explorează și bucură-te de natură atunci când faci o plimbare. Găsește modalități de a sprijini ecosistemele locale și fermele și întreprinderile locale sănătoase.

5. **Protejează și restaurează natura** — Ia măsuri mici pentru a ajuta la restaurarea naturii și a miracolelor vieții. Fii curios și învață cum poți proteja lumea naturală din jurul tău. Cum natura nu se poate apăra singură, devino voce pentru plantele, copacii și animalele sălbatice și pentru conservarea și restaurarea acestora.

6. **Deplânge pierderile** — Creează un altar la tine acasă, cu imagini și obiecte, pentru a conștientiza ceea ce pierdem (copaci, flori, animale, anotimpuri, locuri etc.). Organizează un ritual simplu de doliu împreună cu alții și roagă-i pe toți să împărtășească ceea ce jelesc (ceea ce s-a pierdut sau a fost uitat) — purtați discuții profunde, cântați, citiți poezii și împărtășiți proiecte artistice.

7. **Aplică reconcilierea** — Conștientizează avantajele proprii, explorează ce înseamnă acestea, într-un grup de prieteni sau colegi de încredere. Abordează diferențele de gen, rasă, avere, religie și orientare sexuală cu curiozitatea și compasiune.

8. **Alege simplitatea** — Cumpără mai puține lucruri, dăruiește mai multe, consumă resurse aflate mai jos în lanțul alimentar, călătorește mai puțin cu avionul, redu-ți sau schimbă-ți traseul spre serviciu și împarte-ți resursele cu cei care au nevoie. Cultivă prietenii semnificative, alege mese simple,

mergi la plimbare în natură, cântă, creează artă, învață să dansezi, dezvoltă-ți viața interioară.

9. **Organizează un grup de studiu** – Fă un pas înapoi și privește lumea noastră aflată într-o perioadă de tranziție fără precedent. Folosește această carte și materialele de studiu de pe site-ul www.ChoosingEarth.org pentru a explora împreună cu alții. Evită să te arunci în rezolvarea problemelor sau învinovățire și lasă suficient loc pentru exprimarea sentimentelor. Explorează modalități de a întruchipa această cunoaștere.

10. **Sprijină-i pe ceilalți** — Încurajează și ajută persoanele și comunitățile afectate direct de schimbările climatice, rasism, dispariția speciilor, inegalități și epuizarea resurselor. Transformă-ți viața într-o declarație de grijă, acționând pentru protejarea ecologiei locale. Fă voluntariat pentru organizații de servicii publice – o bancă de alimente locală, un adăpost pentru cei fără adăpost, sau grădinărit sau agricultură regenerativă.

11. **Cultivă comunicarea** — Devino o voce pentru Pământ și pentru viitorul omenirii. Contribuie la buletine informative, bloguri, articole, videoclipuri, podcast-uri și radio pentru a da glas și a împărtăși păreri pentru viitorul nostru în pericol. Ajută imaginea noastră socială să se trezească la alegerile pe care le avem de făcut pentru maturizare, reconciliere, comunitate și simplitate.

12. **Devino un activist plin de compasiune** — Alătură-te altora care acționează în vederea unei transformări profunde. Caută pe internet pentru a găsi organizații care se potrivesc intereselor tale. Fie că este locală sau globală, găsește o comunitate care să te sprijine în a oferi lumii adevăratele tale daruri în acest moment critic. Oferă din timpul, dragostea, talentele și resursele tale.

13. **Cere socoteală instituțiilor** — trage la răspundere în mod public instituțiile majore (mediul de afaceri, mass-media, guvern și educație) pentru recunoașterea și reacția lor la provocările critice cu care se confruntă Pământul și viitorul omenirii. Responsabilizarea poate fi o provocare, deoarece noi toți suntem încorporați în aceste instituții – ceea ce înseamnă că ne responsabilizăm și pe noi înșine.

Acțiunile aparent insignifiante din viața noastră personală ne oferă o bază pentru noi înșine și un exemplu luminos pentru ceilalți.

Să nu vă îndoiți niciodată că un grup mic de cetățeni grijulii și dedicați poate schimba lumea; de fapt, este singurul care a reușit vreodată să o facă.
— Margaret Mead

Atât optimismul vizionar, cât și realismul neclintit sunt importante. Sondajele la nivel mondial arată că majoritatea oamenilor recunosc, într-o anumită măsură, pericolele și dificultățile majore care ne așteaptă. Un sondaj din 2021 a analizat opiniile a zece mii de tineri, cu vârste cuprinse între 16 și 25 de ani, din zece țări din întreaga lume și a constatat o anxietate profundă cu privire la viitor[11]. Trei sferturi dintre ei au declarat că viitorul este înspăimântător și peste jumătate (56%) au declarat că sunt de părere că omenirea este condamnată! Două treimi au declarat că se simt triști, speriați și neliniștiți. Aproape două treimi au declarat că guvernele îi trădează și îi dezamăgesc pe cei tineri. Cei mai mulți cred că omenirea nu a reușit să aibă grijă de planetă (83%). Aceasta este o evaluare uluitoare a condiției noastre. Tinerii din întreaga lume își pierd nădejdea și încrederea în lumea care le este lăsată. O ruptură profundă cu istoria omenirii este deja prezentă pentru tinerii care nu se mai simt acasă în această lume în schimbare.

Un alt sondaj global din 2021 a chestionat peste un milion de persoane din cincizeci de țări. *Peoples' Climate Vote* a fost cel mai amplu sondaj de opinie publică privind schimbările climatice realizat vreodată. În general, acest sondaj masiv a constatat că 59% dintre respondenți au declarat că există o urgență climatică și că lumea ar trebui „să facă tot ce este necesar" pentru a face față acestei crize globale[12]. Acum, există o recunoaștere profundă a faptului că soarta Pământului atârnă în balanță.

Deși avem în față o urgență climatică profundă, provocările cu care ne confruntăm depășesc cu mult sfera climei – întreaga rețea vie este atacată. O extincție în masă este în curs de desfășurare, cu impact asupra vieții animalelor și plantelor de pe uscat și din oceanele lumii. Productivitatea agriculturii scade în același timp cu creșterea populației umane, iar această disparitate generează un deficit alimentar generalizat. La rândul ei, foametea forțează migrațiile masive ale oamenilor către locuri cu resurse mai favorabile. Numărul copleșitor de refugiați din cauza climei duce la colapsuri civice, deoarece țările și guvernele sunt incapabile să facă față. Plantele și animalele dispar, incapabile să țină pasul cu schimbările climatice și ale ecosistemelor. Pădurile din Amazon sunt transformate în ecosisteme restrânse de tufișuri și mărăcinișuri.

Aproximativ jumătate dintre oamenii de pe Pământ trăiesc cu echivalentul a doi dolari pe zi sau mai puțin. Suferința declanșată de această perioadă de profundă tranziție are un impact disproporționat asupra oamenilor săraci, a populației indigene și a persoanelor de culoare. Inegalitățile extreme în ceea ce privește bogăția și bunăstarea declanșează conflicte din ce în ce mai adânci, în timp ce cei deposedați încearcă să iasă din sărăcia profundă. Dincolo de o criză climatică, ne aflăm într-o criză a întregului sistem pentru Pământ. Întreaga structură a vieții este sfâșiată și profund rănită.

Comunitatea terestră a fost avertizată în numeroase rânduri cu privire la aceste tendințe critice. Cel mai viu și mai dur avertisment a fost transmis cu zeci de ani în urmă. În 1992, peste 1.600 de oameni de știință de renume din lume, inclusiv majoritatea laureaților premiului Nobel în științe, au semnat un document fără precedent intitulat *Warning to Humanity*[13]. În declarația lor istorică, aceștia au remarcat că „ființele umane și natura se află pe un traseu de coliziune ... care ar putea altera atât de mult lumea vie încât aceasta nu va mai putea susține viața în modul în care o cunoaștem." Acesta este avertismentul lor:

> „Subsemnații, membri seniori ai comunității științifice mondiale, avertizăm prin prezenta întreaga omenire cu privire la ceea ce ne așteaptă. Este necesară o mare schimbare în modul în care gestionăm Pământul și viața de pe el, dacă vrem să evităm o profundă suferință umană și dacă nu vrem ca locuința noastră globală de pe această planetă să fie mutilată iremediabil."[14] [sublinierea noastră].

Recitind această concluzie, mă gândesc la câteva cuvinte cheie din avertismentul lor, prin care oamenii de știință afirmă că, dacă nu se vor face schimbări majore în modul în care gestionăm Pământul, planeta va fi „*mutilată iremediabil*". Aceste ultime două cuvinte reverberează în ființa mea. Ce înseamnă „mutilată iremediabil" pentru nenumăratele generații care vor urma? Pământul desfigurat iremediabil, afectat permanent, schilodit și mutilat pentru totdeauna? Va fi oare eșecul planificării și administrării responsabile moștenirea noastră pentru generațiile viitoare?

Au trecut mai mult de treizeci de ani de la emiterea acestui avertisment tranșant. Răspunsul nostru la această amenințare gravă cu care se confruntă omenirea a fost dureros de lent și poate fi rezumat în patru cuvinte: *Prea puțin, prea târziu.* Am permis ca tendințele critice să avanseze, lăsându-ne în urmă. Ritmul de degradare este mult mai rapid decât răspunsul colectiv pentru reparare și vindecare. Nu mai suntem în pas cu realitatea. Ecologia Pământului se destramă de mai bine de o jumătate de secol, iar degradarea treptată se îndreaptă acum în cascadă spre colaps. Suntem depășiți și copleșiți. Trebuie să ne pregătim atât pentru colaps, cât și pentru un progres evolutiv.

Suntem provocați să ne trezim împreună și să răspundem cu maturitate unei lumi în profundă tranziție. Nu doar viteza schimbării ne copleşeşte, ci şi amploarea şi complexitatea acesteia. Ne confruntăm cu o multitudine de crize care se accelerează – perturbarea tot mai mare a climei, răspândirea penuriei de apă, scăderea productivității agricole, creşterea inegalității în ceea ce priveşte bogăția şi bunăstarea, creşterea numărului de refugiați climatici, extincția pe scară largă a speciilor de plante şi animale, oceane muribunde poluate cu plastic şi birocrații în expansiune de o amploare şi o complexitate copleşitoare. Lumea noastră ne scapă de sub control. Sunt esențiale noi moduri de a trăi şi de a exista pe Pământ.

Colapsul este inevitabil.
Trecerea prin colaps este o alegere.

Noi, oamenii, am mers deja prea departe, iar impulsul este prea mare pentru a evita prăbuşirea şi colapsul. Ne aflăm deja în depăşire majoră – furăm de la generațiile viitoare şi perturbăm bunăstarea întregii vieți. Mai putem continua în acest fel doar pentru o perioadă scurtă de timp. Dacă vom continua să furăm din viitor, colapsul sistemelor umane şi al ecosistemelor este destinul nostru inevitabil. Cu toate acestea, dacă suntem martorii colectivi ai devastării lumii care creşte exponențial, putem alege împreună un viitor mai favorabil pentru toate formele de viață. Alternativa este ruina devastatoare şi dispariția funcțională a oamenilor de pe Pământ.

Trecerea la acest nivel de schimbare este complet fără precedent şi va necesita o adevărată revoluție în efortul colectiv al umanității. Cu toate acestea, chiar şi această descriere uimitoare nu reuşeşte să dezvăluie profunzimea schimbării practice care este esențială. Avem nevoie de o transformare radicală a producției şi utilizării energiei pentru a evita încălzirea globală dezastruoasă. Oamenii de ştiință au estimat că comunitatea umană ar trebui să oprească creşterea emisiilor de combustibili fosili în 2020, apoi să le reducă la jumătate până în 2030, să le reducă din nou la jumătate până în 2040 şi apoi să ajungă la un nivel net zero de emisii de carbon până în 2050[15].

Întreaga lume trebuie să elimine sau să compenseze poluarea cu carbon până la jumătatea secolului. Acest lucru înseamnă că:

- Până în 2050, nicio casă, întreprindere sau industrie nu va fi încălzită cu gaz sau petrol sau, dacă este cazul, poluarea cu carbon trebuie să fie compensată.

- Niciun vehicul nu poate fi alimentat cu motorină sau benzină.

- Toate centralele electrice pe cărbune și pe gaz trebuie închise.

- Chiar dacă lumea reușește să producă toată energia electrică din surse cu emisii zero, cum ar fi energia regenerabilă sau energia nucleară, energia electrică reprezintă mai puțin de o treime din consumul actual de combustibili fosili. Prin urmare, alți utilizatori de combustibili fosili cu consum intensiv de energie – în special cei folosiți pentru fabricarea oțelului și a betonului – trebuie să fie alimentați din surse regenerabile.

Deși o reconstrucție completă a întregii infrastructuri energetice a lumii în câteva decenii este vitală pentru un viitor viabil, aceasta este departe de a fi suficientă. În plus, este nevoie de o transformare majoră și profundă în aproape toate aspectele vieții – alimentele pe care le consumăm, competențele pe care le dezvoltăm și munca pe care o facem, casele și comunitățile în care trăim, mesajele media pe care le producem și le primim, conversațiile locale-globale pe care le dezvoltăm, valorile de echitate economică și justiție socială pe care le împărtășim, conducerea oferită în diverse instituții (politice, religioase, media, non-profit) și multe altele. *Construirea unei societăți, a unei economii, a unei culturi și a unei conștiințe complet reconfigurate este singura noastră cale de a evita mutilarea iremediabilă a Pământului.*

Cum putem pune în aplicare o transformare masivă și complexă a stilurilor de viață pentru a ne poziționa în echilibru cu limitele naturii? În prezent, oamenii din țările și regiunile mai bogate ale Pământului consumă mult mai mult decât partea lor echitabilă din resursele planetei. Acest supraconsum privează o majoritate de partea lor echitabilă și îi condamnă la sărăcie și la un nivel disproporționat de suferință indusă de climă. Această inechitate este atât de extrem de discriminatorie și dezechilibrată încât nu poate dăinui. Va fi extrem de dificil pentru cei cu un stil de viață bazat pe un consum ridicat să își limiteze în mod deliberat prelevarea de resurse și să își împartă bogăția cu cei mai puțin privilegiați din punct de vedere economic. Supraviețuirea umanității necesită o revoluție a stilului de viață în care cei bogați să aleagă moduri de viață mult mai cumpătate din punct de vedere material în ceea ce privește utilizarea resurselor limitate ale Pământului și mult mai generoase în ceea ce privește promovarea bunăstării celor care sunt sărăciți din punct de vedere material.

O schimbare transformațională a modului de viață este mai mult decât o chestiune de justiție morală și echitate – este, de asemenea, esențială pentru a preveni un război de clasă pentru resurse. Dacă vrem să lucrăm împreună ca o comunitate umană, atunci cei obișnuiți să se afle în poziții de autoritate și putere (datorită clasei, sexului, rasei, geografiei, vârstei, abilităților, educației etc.) trebuie să facă un pas înainte pentru a ridica nivelul vieților și vocile majorității globale (oameni săraci, comunități indigene și alte grupuri îndelung suferinde și oprimate). Doar atunci va fi posibil să se creeze schimbări semnificative la nivel de sistem, inclusiv redistribuirea resurselor care vor elibera majoritatea globală de necesitatea de a se concentra doar pe nevoile lor urgente, pe termen scurt, forțată de urgența supraviețuirii.

Pe lângă marea îngrijorare legată de *amploarea* schimbărilor, crește îngrijorarea în ceea ce privește *viteza* acestora, în special în ceea ce privește perturbările climatice. În trecut, oamenii de știință credeau că va dura secole, dacă nu mii de ani, pentru ca clima să treacă într-o configurație diferită. A fost un șoc profund să descoperim că o schimbare majoră poate avea loc în „câteva decenii sau chiar mai puțin"[16]. Pentru a ilustra, o perioadă de răcire globală, numită Dryasul recent, a avut loc acum aproximativ 11.800 de ani (probabil ca urmare a exploziei unui asteroid în atmosferă) și a fost urmată de o perioadă de încălzire bruscă, estimată la aproximativ 10°C în câțiva ani![17] Deși în prezent nu sunt prevăzute astfel de niveluri uimitor de rapide de schimbare a temperaturii, acest exemplu dezvăluie vulnerabilitatea noastră, dacă ignorăm variațiile istorice. Instituțiile guvernamentale și gândirea politică actuală ar fi complet incapabile să facă față unor astfel de schimbări climatice bruște. Majoritatea instituțiilor de guvernare sunt concepute pentru a perpetua trecutul, nu pentru a se îndrepta rapid către un viitor în transformare[18].

Pe lângă amploarea și viteza schimbării, suntem obligați să recunoaștem și profunzimea schimbării necesare pentru această perioadă de profundă tranziție. „Să alegem Pământul" înseamnă alegerea unei noi relații cu Pământul – ceea ce înseamnă alegerea unei noi relații cu totalitatea vieții. Cu propria mână, am creat condițiile care ne obligă să reflectăm asupra comportamentelor mai conștient și să alegem în mod deliberat calea de urmat, atât ca indivizi, cât și ca specie. Distrugerea vieții pe Pământ aduce cu sine distrugerea psihicului nostru colectiv. *Colapsul ecologic aduce cu sine colapsul ego-ului.* Progrese fundamentale în psihicul nostru colectiv sunt acum imperative. Nu putem repara Pământul fără a ne vindeca pe noi înșine și relația noastră cu restul vieții. Gus Speth, fost director al Consiliului pentru calitatea mediului, a descris clar natura provocării noastre:

> „Obișnuiam să cred că principalele probleme de mediu sunt pierderea biodiversității, colapsul ecosistemelor și schimbările climatice. Dar m- am înșelat. Principalele probleme de mediu sunt egoismul, lăcomia și apatia ... iar pentru a le rezolva avem nevoie de o transformare spirituală și culturală, iar noi, oamenii de știință, nu știm cum să facem acest lucru."[19]

Deși politicienii și mass-media prezintă ceea ce se întâmplă ca fiind o criză ecologică, aceasta este mult mai profundă decât atât. Nu numai că ne lovim de un „zid ecologic" sau de limitele fizice ale capacității Pământului de a susține omenirea, dar ne lovim și de un „zid evolutiv", pentru că ne confruntăm cu noi înșine și cu conștiința și comportamentele care ne conduc spre depășire și colaps. Un zid evolutiv pune omenirea în fața unei crize de identitate: Cine suntem noi ca specie? În ce călătorie evolutivă ne aflăm? Avem potențialul interior pentru a face față cerințelor lumii exterioare? Putem să devenim maturi și să creștem într-o relație sănătoasă și vindecătoare cu Pământul?

Dacă nu facem acest pas pentru a face față atât provocărilor exterioare, cât și celor interioare ale vremurilor noastre, se pare că suntem destinați să urmăm exemplul a peste douăzeci de mari civilizații care s-au prăbușit de-a lungul timpului – inclusiv romană, egipteană, vedică, tibetană, minoică, greacă clasică, olmecă, mayașă, aztecă și multe altele. Vulnerabilitatea noastră devine extrem de clară atunci când recunoaștem prăbușirea și dezintegrarea acestor mari civilizații ale trecutului. Cu toate acestea, situația actuală este unică într-un aspect cheie – civilizația umană a ajuns la o scară globală și înconjoară Pământul ca un sistem interdependent. Cercul s-a închis. *Acum este amenințată căderea simultană a tuturor civilizațiilor interconectate de pe Pământ.* Nimic din istoria umanității nu ne pregătește pentru o prăbușire rapidă a civilizațiilor strâns interconectate din întreaga lume.

În aceste vremuri de tranziție, există un impuls extraordinar și o forță contrară fără precedent. Dacă ne uităm doar la avans și ignorăm respingerea, călătoria noastră este în mare pericol. Pentru a vizualiza acest proces, imaginați-vă că împingeți pe o sfoară. Împingând înainte, sfoara se va strânge în fața noastră și va crea noduri. Imaginați-vă apoi că trageți simultan de sfoară – aceasta nu se mai strânge într-un melanj, ci poate înainta într-o linie de progresiune. În același mod, dacă înțelegem și respectăm atât forțarea, cât și retragerea vremurilor noastre, putem avansa fără să ne încâlcim complet în acest proces.

Dacă luăm în considerare doar forțarea la extrem a crizei climatice combinată cu alte tendințe de adversitate, atunci eforturile noastre vor produce noduri complexe și ne putem încâlci cu ușurință în confuzie și disperare. Cu toate acestea, dacă adoptăm o viziune mai profundă pentru a include tentația oportunităților, atunci vedem posibilitatea de a avansa cu o viteză uimitoare. Tentația oportunității nu elimină provocările enorme cu care ne confruntăm. În schimb, recunoscând și acționând atât sub impulsul puternic al necesității, cât și al tentației puternice a oportunității, putem găsi curajul, compasiunea și creativitatea necesare pentru a depăși dificultățile tranziției.

Pentru a vedea mai clar aceste vremuri de mare tranziție, haideți să adoptăm o viziune de ansamblu asupra sistemelor, cu trei perspective:

- **Priviți amplu**: Priviți în sens larg, dincolo de factorii individuali și luați în considerare o gamă largă de tendințe ca pe un sistem integrat – perturbarea climei, creșterea populației, migrația refugiaților, epuizarea resurselor, dispariția speciilor, creșterea inegalităților și multe altele. O privire amplă ne oferă o imagine mult mai clară a schimbării, care lipsește adesea atunci când atenția se concentrează doar asupra unui singur domeniu.

- **Priviți profund**: Priviți în adâncuri, dincolo de lumea exterioară – includeți dimensiunile interioare ale schimbării, cum ar fi psihologia, valorile, cultura, conștiința și paradigmele noastre în evoluție. Lumea exterioară reflectă starea noastră interioară. Dezvoltând lumea noastră interioară, dezvoltăm simultan capacitatea noastră de a aprofunda lumea exterioară.

- **Priviți îndelung**: Priviți mult mai departe în viitor – mult mai departe decât termenul scurt de cinci sau zece ani. Tendințele care sunt incerte și ambigue pe termen scurt devin mult mai clare atunci când sunt extrapolate pe termen lung, iar impactul lor este mult mai distinct și mai bine definit.

Figura 1: Amplu, Profund, Îndelung

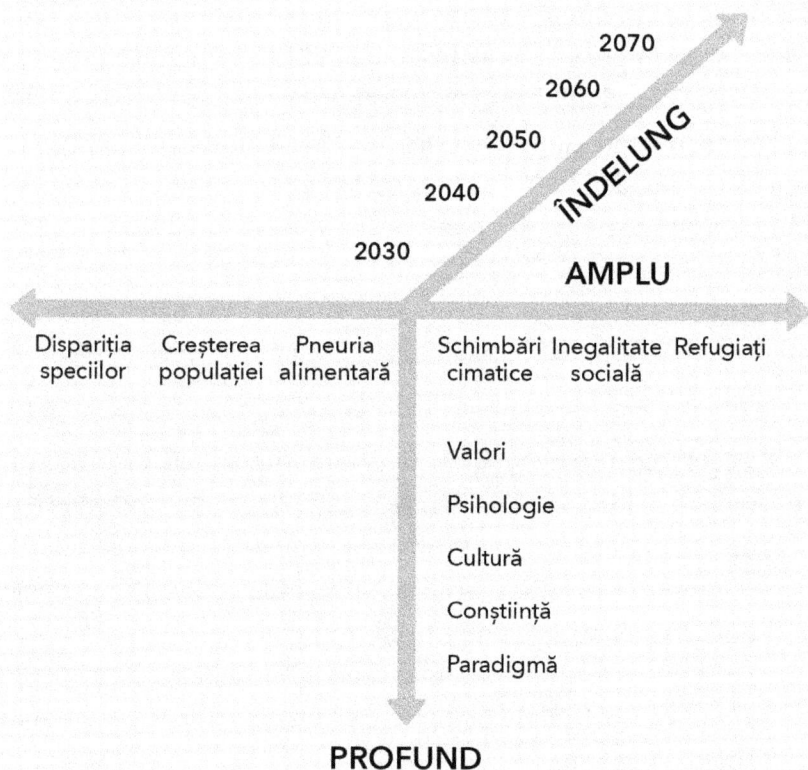

2070
2060
2050
ÎNDELUNG
2040
2030
AMPLU

| Dispariția speciilor | Creșterea populației | Pneuria alimentară | Schimbări cimatice | Inegalitate socială | Refugiați |

Valori

Psihologie

Cultură

Conștiință

Paradigmă

PROFUND

Când privim amplu, profund și îndelung, vedem mai clar momentul crucial din istorie în care am intrat și cum putem trece în mod deliberat dincolo de perioada noastră de mare tranziție. Din această perspectivă a întregului sistem, vedem că putem fie să găsim avântul și să ne înălțăm către un nou mod de viață, fie să ne confruntăm cu o cădere în colaps și ruină. Avem acum în față alegeri dificile. Nu decenii sau secole de acum înainte, ci acum. Nu mai avem timp.

PARTEA A II-A

Trei scenarii de viitor pentru omenire

„Forțe pe care nu le poți controla îți pot lua tot ceea ce ai, cu excepția unui singur lucru, libertatea de a alege cum să răspunzi situației."

— Victor Frankl

„ Suntem pelerini împreună, rătăcind prin țara necunoscută, acasă."

— Părintele Giovanni, 1513

Extincție, Autoritarism, Transformare

Este important să recunoaştem cât de deschis şi vulnerabil este viitorul nostru în acest moment singular. Am intrat într-un interval extraordinar de rar în istorie – un punct de alegere în călătoria noastră colectivă – un spaţiu între trecut şi viitor, în care vieţile a (sperăm) nenumărate generaţii viitoare vor fi profund influenţate de alegerile pe care le facem acum. Nu putem prezice încotro se va îndrepta omenirea de aici înainte, dintr-un motiv simplu: viitorul nostru depinde de alegerile noastre conştiente – sau de eşecul de a alege – atât la nivel individual, cât şi colectiv. Călătoria noastră evolutivă fie va deveni conştientă de ea însăşi, fie va coborî în întuneric. Ne aflăm într-un punct de cotitură în istorie – un moment care va rămâne în amintire pentru totdeauna, deoarece fie progresăm în maturitatea noastră ca specie-civilizaţie conştientă de responsabilităţile noastre, fie ne prăvălim în ruină şi obscuritate.

Nu era necesar ca o criză care să ne cheme să luăm măsuri urgente să fie destinul nostru. Cu aproape jumătate de secol în urmă, în anii 1970, omenirea a irosit o oportunitate de a se adapta treptat la un viitor în schimbare radicală. Atunci au fost recunoscute pentru prima dată provocările imense cu care ne confruntăm astăzi. Cu un preţ uriaş, am consumat marja de timp suplimentar pentru a menţine în viaţă status quo-ul pentru câteva decenii în plus[20]. Acum este prea târziu pentru a alege o cale a schimbării treptate.

Acum, când am epuizat spaţiul de manevră pentru o adaptare treptată, omenirea se confruntă cu consecinţe profunde dacă nu reacţionăm rapid şi nu facem schimbări radicale în modul în care trăim pe planetă. În câteva decenii, porţiuni mari din lumea noastră nu vor mai fi potrivite pentru a fi locuite de oameni. Fenomenele extreme de secetă, inundaţii şi furtuni vor deveni obişnuite. Foametea şi bolile vor zgudui omenirea până în măduva oaselor. Sute de milioane de refugiaţi climatici se vor deplasa, căutând un loc unde să trăiască. Dispariţia în masă a animalelor şi plantelor va sărăci pentru totdeauna ecologia Pământului. Opțiunile pentru viitor devin extrem de limitate. Timpul pentru gradualitate s-a scurs.

Mai jos, analizez trei căi majore care reprezintă opțiunile noastre clare pentru viitor. Este important să recunoaștem că *toate aceste trei căi pornesc de la aceleași tendințe și condiții de bază – un proces dinamic numit „colaps"*. Deoarece acord o atenție considerabilă „prăbușirii" și „colapsului", doresc să clarific semnificația fiecăruia. Acești termeni sunt adesea utilizați interschimbabil, dar pot fi înțeleși în mod semnificativ diferit:

- **Prăbușire** înseamnă că legăturile din sistemele cheie se destramă și nu mai funcționează. Lanțurile de aprovizionare pentru livrare încetează să funcționeze pentru perioade semnificative. Au loc întreruperi de energie electrică. Apa încetează să mai curgă uneori, iar puritatea ei este îndoielnică. Departamentele de pompieri și de poliție se închid periodic pentru că nu pot plăti oamenii. Prăbușirea se referă la dezintegrarea unor sisteme întregi în părțile lor componente care, deși perturbă și dăunează sănătății, ocupării forței de muncă și accesului la servicii esențiale, creează, de asemenea, oportunități pentru noi configurații de viață. Prin întreruperea activităților obișnuite, prăbușirile creează deschideri pentru reconstrucție în moduri noi, care pot fi mai sănătoase și mai reziliente. Prăbușirile pot fi catalizatori pentru creativitate și pot stimula inovarea – de exemplu, în reconstruirea și modernizarea comunităților cu economii locale care să sprijine abordări mai reziliente ale vieții.

- **Colapsul** este mult mai grav decât prăbușirea, deoarece descrie un proces de dezintegrare majoră a comunităților, orașelor și civilizațiilor. În cazul colapsului, societatea cedează complet – deoarece locuințele, sistemele de transport, sistemele alimentare cu apă și canalizare și multe altele, cad pradă haosului. Colapsul reprezintă eșecul catastrofal al sistemului și al componentelor sale. Colapsul le transformă pe ambele (sistemul şi componentele sale) în moloz – un cimitir de vechituri de sisteme defecte de toate tipurile – transporturi, comunicaţii şi servicii civice. Colapsul produce o fundaţie (fizică, economică, psihologică, socială şi spirituală) pe care se poate construi cu foarte mare dificultate un viitor promiţător de bunăstare incluzivă şi durabilă.

Ofer mai jos două descrieri grafice a ceea ce ar putea însemna colapsul pentru lume. Prima este Venezuela. Cândva unul dintre miracolele economice ale Americii de Sud, cu una dintre cele mai mari rezerve de petrol din lume, economia sa s-a prăbuşit în ultimii ani cu consecinţe devastatoare:

„Petroliştii disperaţi şi infractorii jefuiesc echipamente vitale (vehicule, pompe şi cabluri de cupru) ale companiei petroliere, furând tot ce pot pentru a face bani. Venezuela este îngenuncheată din punct de vedere economic, afectată de hiperinflaţie şi de un trecut de proastă gestionare. Foametea generalizată, conflictele politice, dezastrul devastator, penuria de medicamente şi exodul a mai bine de un milion de persoane în ultimii ani au transformat această ţară, cândva invidiată economic de mulţi dintre vecinii săi, într-o criză care se extinde peste graniţele internaţionale."[21]

În al doilea rând, iată o descriere a colapsului în Haiti, unde bandele fac legea în mare parte din ţară:

„În condiţiile în care peste o treime din populaţia de 11 milioane de locuitori din Haiti are deja nevoie de asistenţă alimentară, bandele criminale dezlănţuite au paralizat livrările de combustibil, fără de care activitatea economică – şi disponibilitatea alimentelor şi a asistenţei medicale - a luat sfârşit. Guvernul este o carcasă goală şi, adesea, este în alianţă cu bandele care au preluat controlul unor cartiere întregi şi al unor drumuri critice. O epidemie de răpiri s-a răspândit necontrolat. Haosul învăluie aproape fiecare aspect al vieții de zi cu zi. Masacrele, violurile comise de bande și incendiile violente asupra cartierelor sunt raportate pe scară largă."[22]

În cazul *prăbușirii*, componentele vieții rămân suficient de intacte pentru a fi reasamblate în noi configurații care pot funcționa – teoretic, chiar mai bine decât înainte. În schimb, *colapsul* necesită construirea unui nou sistem de operare pe un morman de resturi de infrastructuri în ruină, instituții distruse și o ecologie devastată.

Urmările războaielor devastatoare ilustrează capacitatea de recuperare după un colaps sistemic – *dacă* un ecosistem funcțional rămâne intact. Ca un prim exemplu, este suficient să ne uităm la perioada de după cel de-al Doilea Război Mondial, când națiunile au renăscut din molozul și ruinele războiului. Germania a suferit o devastare masivă și colapsul economiei, societății și infrastructurii sale. Cu toate acestea, epoca postbelică a fost urmată de o reconstrucție rapidă. După cum ilustrează acest lucru, termenul „colaps" descrie o stare de ruină aproape completă a unei țări, a economiei și a societății, dar acest lucru nu înseamnă un sfârșit definitiv. Ceea ce reiese din procesul dinamic al colapsului depinde în mare măsură de capacitatea oamenilor de a se mobiliza rapid și constructiv. În mod similar, scenariul de viitor care se va contura în cele din urmă dintr-un colaps la scară planetară depinde foarte mult de măsura în care cetățenii Pământului sunt capabili să se mobilizeze cu reacții rapide și creative pentru a construi un nou viitor.

Îmi imaginez că, după prăbușirea planetei și destrămarea națiunilor, puterea va fi larg dispersată între un conglomerat derutant de grupuri și comunități, fiecare dintre ele mobilizându-și resursele pentru supraviețuire. Probabil că va apărea un mozaic de comunități și competențe, fără ca nimeni să dețină controlul general. Unii ar putea avea mai multă putere de luptă, cu acces la arme puternice, iar alții ar putea avea mai multă putere economică cu acces la resurse importante și oameni competenți. Unele comunități ar putea fi autoorganizate și autoguvernate, în timp ce altele ar putea fi conduse de „stăpâni" și de armatele lor. Situația generală ar putea fi una de negociere, comerț, lupte și compromisuri continue. Fragmentarea pare a fi atât de mare încât nimeni nu ar putea să preia conducerea și să exercite un control general. Lupta pentru putere într-o lume care necesită diverse seturi de abilități creează un creuzet pentru descoperirea unor noi moduri de viață. Prăbușirea și colapsul ar putea produce cadre pentru o experimentare intensă. Un nou „aliaj" uman ar putea rezulta din competiția aprinsă dintre comunități și ar putea oferi fundamentul pentru construirea unor societăți mai mari, regenerative.

Natura dinamică a „colapsului" dezvăluie o întrebare cheie: *Vor fi oamenii de pe Pământ dispuși să intervină cu adevărat și să oprească degradarea biosferei înainte ca planeta să devină complet nelocuibilă?* Pentru a pregăti terenul pentru o cercetare mai profundă, iată scurte rezumate ale modului în care colapsul ar putea evolua în trei scenarii de viitor diferite:

- **Extincția funcțională** ar putea fi produsul unei încălziri globale necontrolate, care să producă un climat nelocuibil și dispariția în masă a majorității formelor de viață, combinată cu dispariția civilizațiilor din cauza foametei, a bolilor și a conflictelor. Devastarea ecosistemului Pământului, împreună cu prăbușirea distructivă a civilizațiilor ar putea împinge omenirea până la marginile existenței. Omenirea ar putea deveni „dispărută din punct de vedere funcțional", continuând să trăiască la limita supraviețuirii – dar atât de redusă ca număr și capacități încât să cadă sub pragul de semnificație evolutivă. Desigur, omenirea ar putea trece chiar și de la extincția funcțională la extincția propriu-zisă dacă am modifica clima Pământului dincolo de ceea ce biologia poate tolera. Pe scurt, am putea să fierbem până la moarte și să dispărem complet.

- **Autoritarismul** ar putea apărea ca o alternativă radicală dacă umanitatea s-ar retrage în primele etape ale colapsului planetar şi ar accepta forme de constrângere profund intruzive. Inteligenţa artificială ar putea da putere formelor sofisticate de monitorizare şi control care reduc severitatea colapsului, cu limite extreme impuse interacţiunilor sociale. Formele reglementate de civilizaţie ar putea deveni dominante, cu vieţile cetăţenilor controlate la sânge de o autoritate puternică. Deoarece autoritatea este concentrată, masele ar sfârşi prin a fi la mila câtorva persoane.

- **Transformarea** ar putea apărea dacă oamenii ar fi pregătiţi să se adapteze rapid şi să se orienteze către un viitor mai durabil, inclusiv şi plin de compasiune, cu un nivel ridicat de maturitate colectivă şi de convieţuire în colaborare. Prin anticipare şi imaginaţie, cele mai extreme expresii ale colapsului ar putea fi moderate, iar maturitatea noastră ar putea fi trezită pentru a sprijini diverse expresii de revenire în vederea construirii unui viitor cu scop şi regenerator.

Se desprind trei idei cheie. În primul rând, *toate aceste trei căi încep cu prăbuşire şi colaps*. Diferenţa nu constă în tendinţele principale care conduc la colapsul iniţial, ci în modul în care ne mobilizăm ca răspuns la aceste tendinţe în desfăşurare. În al doilea rând, „colapsul" nu este o condiţie singulară, ci un proces dinamic din care poate apărea redresarea. Până în prezent, Pământul a suferit cinci extincţii în masă, iar viaţa s-a refăcut de fiecare dată, în general după o perioadă de milioane de ani. Distrugerea Pământului de către omenire nu înseamnă că s-ar pune capăt întregii vieţi, dar ar putea foarte bine să însemne un timp de recuperare măsurat în zeci de mii sau chiar milioane de ani – ceea ce, la rândul său, înseamnă că omenirea ar dispărea probabil, la fel ca şi dinozaurii şi multe alte forme de viaţă în cadrul unei extincţii în masă anterioare. În al treilea rând, toate cele trei căi vor fi prezente în grade diferite în următoarele decenii de tranziţie turbulentă – ceea ce duce la o întrebare esenţială: *care dintre aceste trei scenarii ne va ghida în mod predominant în viitorul îndepărtat?* Cu această introducere, haideți să explorăm pe scurt fiecare dintre aceste căi viitoare.

Primul scenariu de viitor: Extincția

Lumea trebuie să se trezească la pericolul iminent cu care ne confruntăm ca specie.

—Inger Andersen, directoarea executivă a Programului Națiunilor Unite pentru Mediu

Urmând această cale, lumea continuă să meargă pe calea obișnuită, negând în mare parte marile pericole care se dezvoltă rapid și se consolidează reciproc, producând o criză gravă a întregului sistem. O mare parte din lumea dezvoltată din punct de vedere material rămâne absorbită într-o transă colectivă a consumerismului, acceptând ideea că suntem separați unii de alții, de natură și de univers. Deși ar putea apărea diverse mișcări în favoarea transformării societății și a restaurării ecologiei, acestea sunt prea mici și prea slabe pentru a penetra lipsa atenției și starea de negare a majorității. Ca urmare, nu reușim să recunoaștem pericolele iminente și ne îndreptăm spre colaps și extincție funcțională. Repet, „colapsul" nu este o condiție singulară, ci un proces dinamic care se dezvoltă cu o gravitate din ce în ce mai mare. Iată cum îmi imaginez un spectru al colapsului în cinci etape, de la prăbușire inițială până la extincția completă:

1. **Disfuncționalități generalizate.** Diverse sisteme se destramă și se distrug. Lanțurile de aprovizionare cu bunuri și servicii se prăbușesc. Serviciile esențiale, cum ar fi poliția și protecția împotriva incendiilor, salubritatea, educația și asistența medicală devin din ce în ce mai puțin fiabile. Clima continuă să se încălzească, speciile dispar, au loc migrații în masă, iar penuria de apă devine critică. Disfuncționalitățile pot servi drept catalizator pentru o adaptare creativă, astfel încât această etapă să aibă încă un mare potențial de a intre

în remisie şi de a dezvolta abordări mai viabile pentru a trăi pe Pământ.

2. **Colaps la orizont**. Lanţurile de aprovizionare şi sistemele vitale se prăbuşesc în întreaga lume. Ecosistemele cedează, oceanele nu mai susţin viaţa, productivitatea agricolă scade, foametea şi migraţia cresc. Potenţialul de regenerare a sistemelor umane şi a ecosistemelor există încă, dar devine din ce în ce mai costisitor şi inaccesibil. Deşi acest scenariu implică o rănire profundă a viitorului Pământului şi al omenirii, totuşi, încă ne putem reveni din aceste vremuri distructive.

3. **Colaps total**. Colapsul dur al sistemelor umane se combină cu daune iremediabile aduse biosferei. Este imposibil să regenerăm ecosistemele din trecut; în schimb, suntem forţaţi să reconstruim pornind de la o bază ecologică şi umană profund afectată, în încercarea de a crea o biosferă sănătoasă din ceea ce a rămas.

4. **Extincţie funcţională**. Oamenii nu mai sunt o specie viabilă. Numărul de spermatozoizi scade până aproape de zero şi nu mai suntem capabili să ne reproducem ca specie. Pandemiile necruţătoare proliferează necontrolat, erodând şi mai mult punctul de sprijin al umanităţii pentru supravieţuire. Încălzirea globală face ca Pământul să devină inospitalier şi în mare parte nelocuibil. Ecosistemul general este devastat şi mutilat dincolo de orice recunoaştere. Au mai rămas câteva zone de umanitate, dar o prezenţă umană semnificativă a dispărut, lăsând în urmă doar câţiva supravieţuitori care se luptă pentru supravieţuire în mijlocul ruinelor.

5. **Extincţie totală**. Nivelurile ridicate de CO_2 produc niveluri de încălzire care fac ca întregul Pământ să devină nelocuibil pentru oameni şi pentru multe alte specii de animale şi plante. Dincolo de scăderea drastică a numărului de spermatozoizi umani, alte forţe care produc colaps şi extincţie

pe scară largă sunt: războiul nuclear generalizat; sistemele de inteligenţă artificială care scapă controlului uman; ingineria genetică care produce o serie de specii umane ostile oamenilor „obişnuiţi"; pierderea insectelor polenizatoare care duce la o extincţie în masă a plantelor şi a multor specii de animale[23]. Eforturile de prevenire a extincţiei totale produc o inginerie genetică extremă pentru a crea oameni modificaţi cu toleranţă la niveluri ridicate de căldură şi rezistenţă la multe boli[24]. Armele de bioterorism ar putea fi create pentru a ţine ostatică omenirea, cu ameninţări de eliberare a agenţilor patogeni dacă nu există o redistribuire masivă a bogăţiei – iar aceşti agenţi patogeni ar putea scăpa de sub control şi ar putea duce la dispariţia completă a oamenilor de pe Pământ[25]. Este posibil să rămână doar fragmente de viaţă, dar din acestea s-ar putea dezvolta noi forme de viaţă pe parcursul a zeci de mii sau milioane de ani[26].

Într-o lume care se îndreaptă spre un colaps total, se pare că vor apărea două moduri de adaptare:

1. *adaptarea competitivă* sau o abordare de supravieţuire marcată de grupuri în luptă constantă şi violentă pentru elementele de bază ale vieţii; şi,

2. *adaptarea plină de compasiune* sau o abordare bazată pe bunătate, marcată de eco-comunităţi angajate în eforturi de supravieţuire paşnică şi de restaurare colaborativă a ecologiei locale.

Deşi o cale de adaptare plină de compasiune poate avea succes în primele etape ale colapsului, pe măsură ce lumea devine din ce în ce mai dominată de lupte şi conflicte acerbe pentru accesul la resursele tot mai puţine, pare probabil ca comunităţile de binefacere să fie atacate şi copleşite de bande bine înarmate care fură rezervele preţioase de alimente, seminţe, plante, animale şi unelte. Odată ce luptele extreme pentru supravieţuire se vor generaliza, ar fi extrem de dificil pentru oameni să se unească în bunătate şi să lucreze în cooperare. Se desprinde o lecţie clară: *ar trebui să facem tot ce ne stă în putinţă pentru a nu ne pierde într-un colaps total, în care războaiele pentru supravieţuire devin normalizate, iar iniţiativele de transformare sunt marginalizate.*

Pentru a ilustra colapsul care duce la extincţia funcţională, luaţi în considerare exemplul Insulei Paştelui. Cu o climă blândă şi un sol vulcanic bogat, Insula Paştelui era un paradis acoperit de păduri şi animat de o floră şi faună diversă atunci când a fost colonizată pentru prima dată de către coloniştii polinezieni, în jurul anului 500 î.Hr. Pe măsură ce locuitorii insulei au prosperat, numărul lor a crescut de la câteva sute la aproximativ 7.000 sau mai mult, iar aceştia au consumat rapid resursele insulei dincolo de capacitatea de regenerare a acesteia. Dovezile arheologice arată că distrugerea pădurilor de pe Insula Paştelui era deja în plină desfăşurare în anul 800 – la aproximativ 300 de sute de ani de la prima sosire a oamenilor. Până în anii 1500, pădurile şi palmierii au dispărut cu totul, deoarece oamenii au defrişat terenurile pentru agricultură şi au folosit copacii rămaşi pentru a construi canoe cu care să se deplaseze pe ocean, pentru a-i arde ca lemn de foc şi pentru a construi case. Jared Diamond, profesor de medicină la UCLA, descrie modul în care viaţa animală a fost eradicată pe Insula Paştelui:

> „Distrugerea animalelor de pe insulă a fost la fel de extremă ca şi cea a pădurilor: fără excepţie, toate speciile de păsări terestre autohtone au dispărut. Chiar şi crustaceele au fost exploatate excesiv, până când oamenii au fost nevoiţi să se mulţumească cu mici melci de mare. Oasele de marsuin au dispărut brusc din mormanele de gunoi în jurul anului 1500; nimeni nu mai putea harpona delfinii, deoarece nu mai existau arborii folosiţi pentru construcţia marilor canoe maritime."[27]

Biosfera a fost devastată dincolo de orice posibilitate de recuperare pe termen scurt. Odată cu pădurile dispărute, cu imposibilitatea de a pescui în ocean și cu animalele vânate până la dispariție, oamenii s-au întors unii împotriva altora. Autoritatea centralizată s-a prăbușit, iar insula a căzut în haos, cu grupuri rivale care trăiau în peșteri și concurau între ele pentru supraviețuire. În cele din urmă, potrivit lui Diamond, locuitorii insulei „s-au orientat către cea mai mare sursă de carne rămasă disponibilă: *oamenii*, ale căror oase au devenit comune în grămezile de gunoi de la periferia Insulei Paștelui. Tradițiile orale ale insularilor mustesc de canibalism". Singura sursă sălbatică de hrană care a rămas erau șobolanii. Până în anul 1700, populația s-a redus la un sfert sau o zecime din nivelul anterior. Când insula a fost vizitată de un explorator olandez în 1722 (în Duminica Paștelui), acesta a găsit un pustiu aproape complet lipsit de vegetație și de animale. Cook i-a descris pe locuitorii insulei ca fiind „mici, slabi, timizi și nefericiți"[28].

Paralelele dintre Insula Paștelui și Pământ sunt puternice: Insula Paștelui a fost o insulă plină de viață scăldată de vast ocean de apă. Pământul este o insulă plină de viață care plutește într-un vast ocean de spațiu. Semnificația Insulei Paștelui pentru noi ar trebui să fie înfricoșător de evidentă, deoarece Diamond concluzionează că Insula Paștelui este Pământul la scară mică:

> „Atunci când locuitorii Insulei Paștelui s-au aflat în dificultate, nu aveau unde să fugă și nici cui să ceară ajutor; nici noi, pământenii moderni, nu vom avea de unde să cerem ajutor dacă problemele noastre se vor agrava. Dacă doar câteva mii de locuitori ai Insulei Paștelui înarmați doar cu unelte din piatră și cu propria lor forță musculară au fost suficiente pentru a-și distruge mediul înconjurător și, prin aceasta, pentru a-și distruge societatea, cum ar putea miliarde de oameni cu unelte de metal și cu puterea mașinilor să nu reușească acum să facă mai rău?"[29]

După cum arată exemplul Insulei Paștelui, noi, oamenii, ne-am demonstrat deja capacitatea, la scară mică, de a devasta iremediabil biosfera și de a regresa în colaps funcțional.

Al doilea scenariu de viitor: Autoritarismul

Pe această cale, sunt recunoscute pericolele de extincție ale unei crize a întregului sistem pentru Pământ și, pentru a le controla, omenirea preschimbă libertățile personale și drepturile omului cu siguranța promisă de comunitățile sau societățile foarte autoritare. Democrațiile sunt deseori greoaie și lente, în timp ce guvernele autoritare pot acționa rapid și fără a se preocupa prea mult de opiniile publicului. Acest lucru simplifică procesul decizional și permite acțiuni rapide în situația unei crize. Printre dezavantajele guvernelor autoritare se numără opresiunea minorităților, suprimarea liberei asocieri și exprimări și înăbușirea inovației creative. Societățile autoritare au, de asemenea, rate mai ridicate de boli mintale și niveluri mai scăzute de sănătate fizică și speranță de viață mai redusă[30].

Dictaturile digitale folosesc tehnologii informatice puternice, integrate într-o serie de domenii (financiar, social, medical, educațional, de ocupare a forței de muncă etc.) pentru a-și controla strict populația masivă. Pe această cale, lumea evită un colaps devastator prin impunerea unor restricții severe asupra aproape tuturor aspectelor vieții, oprind astfel plonjarea în haos. Tendințele de prăbușire ecologică, socială și economică sunt plasate sub un control strict și sunt oprite înainte de un colaps devastator care să ducă la extincție funcțională. Ne așteaptă un viitor de constrângere și conformitate.

Un exemplu des citat este China, care creează o dictatură digitală folosind scoruri de „credit social" combinate cu sisteme de recunoaștere facială și alte tehnologii pentru a monitoriza și controla fiecare persoană, printr-o serie de pedepse și recompense[31]. Telefoanelor mobile și accesului la internet li se atribuie numere unice pentru a putea fi urmărite. Încălcările care reduc scorul de încredere publică al unei persoane variază de la minore (traversarea neregulamentară, prea mult timp dedicat jocurilor video) la majore (promovarea „știrilor false", „gândirea infectată de gânduri nesănătoase" și activitatea infracțională). Pedepsele variază de la rușinea publică (faptul că numele și imaginea ta sunt postate în public) până la oportunități de muncă restrânse, acces diminuat la oportunități educaționale pentru tine și/sau copiii tăi, acces limitat la medicamente de calitate, viteze reduse la internet și multe altele. Recompensele includ posibilități mai bune de angajare, opțiuni de călătorie mai bune (cu avionul în loc de autobuz), reduceri la facturile de energie electrică, acces mai facil la hoteluri și chiar întâlniri mai bune pe site-urile de întâlniri online. Odată cu accelerarea progresului inteligenței artificiale, pedepsele și recompensele sunt calculate în mod continuu pentru fiecare individ în parte, pentru a produce o societate extrem de monitorizată, reglementată și înregimentată. Opinia publică și discursul sunt strict controlate prin interzicerea subiectelor din sursele de știri, promovarea „temelor pro-sociale", monitorizarea extinsă a conversațiilor pe internet, restricționarea selectivă a întâlnirilor în persoană a mai mult de trei persoane și multe altele. Rezultatul este o societate atent supravegheată, foarte bine analizată și controlată, care trăiește în limitele ecologice, dar cu prețul unei game largi de libertăți.

Este important de menționat că China nu este singura țară care avansează cu autoritarismul digital. Abordarea chineză a internetului prin sistemul de protecție „Great Firewall" se răspândește într-o serie de alte țări, inclusiv în Rusia, India, Thailanda, Vietnam, Iran, Etiopia și Zambia[32]. Chiar și în națiunile istoric democratice, cum ar fi SUA, o parte semnificativă a populației – estimată la aproximativ 20 % din cetățenii americani în 2021 – este în favoarea schimbului de libertăți civile cu soluții de tip „strongman" (mână de fier) pentru a asigura legea și ordinea atunci când se confruntă cu disfuncționalități sociale[33].

Deși o serie de națiuni au început să își consolideze controlul autoritar asupra populației, nu este clar dacă acestea pot prevala pe termen lung într-o lume care se confruntă cu niveluri devastatoare de schimbări climatice, penurie de apă, dispariție a speciilor, penurie de alimente și alte elemente ale unei lumi care se îndreaptă spre un colaps al întregului sistem. Țările cu sistem „mână de fier" s-ar putea destrăma și ar putea face loc unor fiefuri concurente care să încerce să mențină un control autoritar la o scară mai mică. Sau mai rău: ar putea ajunge la o dictatură totală, conduse de lideri singuratici, narcisiști și lipsiți de compasiune, care iau decizii în numele tuturor.

Al treilea scenariu de viitor: Transformarea

O cale de a transforma începe ca și celelalte două: prăbușirile continuă și duc la un proces de colaps dinamic. Cu toate acestea, înainte de a se prăbuși fie în extincție funcțională, fie în surparea libertăților în autoritarism, oamenii de pe Pământ ar putea recunoaște pericolul imens care îi așteaptă, s-ar putea retrage de pe aceste două căi și, în schimb, avansa pe o cale care să ducă la o lume în transformare. Mai ușor de spus decât de făcut! O cale transformatoare necesită mult mai mult decât energie regenerabilă, schimbarea obiceiurilor alimentare, mașini electrice și echivalentul familiilor cu un singur copil. Avem nevoie, de asemenea, de forțe puternice de înălțare evolutivă pentru a transforma o criză a sistemelor planetare într-o lume care să servească bunăstării întregii vieți.

Forțe puternice, practice și înălțătoare pentru construirea unui Pământ transformator sunt descrise pe larg în ultima secțiune a cărții (Partea a IV-a) și sunt rezumate mai jos:

Șapte forțe înălțătoare

1. **Să alegem trăinicia** — Trecem de la o mentalitate de separare și exploatare într-un univers mort la una de comunitate și grijă într-un univers viu. A trăi în prezent, cu experiența directă a faptului de a fi în viață, devine sursa sensului și a scopului.

2. **Să alegem conştiinţa** — Acordând atenţie mişcării noastre prin viaţă cu o conştiinţă reflexivă sau cu o atenţie împărtăşită, ieşim din bula materialismului şi intrăm într-o participare la viaţă, plină de compasiune.

3. **Să alegem comunicarea** — Folosind instrumentele de comunicare de la nivel local la nivel global, dezvoltăm un sentiment de comunitate locală la nivel global şi construim un nou consens pentru calea noastră spre viitor.

4. **Să alegem maturitatea** — Trecând de la o mentalitate egocentrică şi adolescentină la o consideraţie matură şi un angajament faţă de bunăstarea întregii vieţi, creăm fundamentul psihologic pentru un viitor transformator.

5. **Să alegem reconcilierea** — Recunoscând rasismul structural, inegalităţile extreme în ceea ce priveşte bogăţia şi bunăstarea, diviziunile de gen şi „alteritatea" în general, căutăm vindecarea şi un teren comun mai înalt, unde cooperarea şi colaborarea sunt trezite.

6. **Să alegem comunitatea** — Căutând siguranţă şi un sentiment de apartenenţă într-o lume în colaps, începem să reconstruim comunităţile de la nivel local şi redescoperim sentimentul de a fi acasă în lume.

7. **Să alegem simplitatea** — Trecând dincolo de consumerismul nesfârşit ca scop în viaţă, ne îndreptăm spre simplitatea plină de recunoştinţă pentru că suntem în viaţă şi alegem să trăim cu o atenţie echilibrată pentru bunăstarea tuturor formelor de viaţă.

Nu e vorba de fantezie aici. Fiecare dintre aceste forţe înălţătoare este deja recunoscută pe scară largă. Provocarea este de a energiza şi de a mobiliza forţelc deja prezente şi disponibile pentru noi. Sinergia acestor două seturi de schimbări – pe de o parte, schimbările materiale (cum ar fi proliferarea energiei solare, noi modele alimentare, reducerea dimensiunii familiei, noi tipuri de muncă etc.) şi, pe de altă parte, schimbările invizibile (cum ar fi maturizarea speciilor, conştiinţa, reconcilierea etc.) sunt vitale pentru a produce o transformare profundă şi durabilă. Intersecţia acestor seturi de schimbări va produce o perioadă de tranziţie dinamică şi turbulentă, pe măsură ce impulsul evolutiv al trecutului este adunat într-o nouă dinamică pentru un viitor transformator. La suprafaţă, aceasta ar putea părea o perioadă de confuzie şi haos; totuşi, curenţi profunzi de schimbare vor opera, vor ţese şi vor ridica lumea la un nivel mai înalt de coerenţă, potenţial şi obiectiv.

Deoarece se presupune că o cale de transformare se naşte dintr-un proces de colaps, răbdarea şi persistenţa vor fi vitale pentru ca înălţarea evolutivă să înflorească vizibil în lume. Deşi această cale este profund solicitantă – de exemplu, necesitatea unui nou nivel de maturitate, reconciliere şi conştiinţă din partea umanităţii – ea se află deja în capacitatea noastră actuală de a alege.

Este util să recunoaştem numeroasele domenii în care oamenii colaborează de mult timp cu succes.

- *Vremea* — Sistemul meteorologic mondial reuneşte zilnic informaţii din peste o sută de ţări pentru a furniza informaţii meteorologice la nivel global.

- *Sănătatea* — Naţiunile din întreaga lume au cooperat pentru a eradica boli precum variola, poliomielita şi difteria.

- *Călătoriile* — Acordurile internaţionale în domeniul aviaţiei asigură buna funcţionare a transportului aerian global, în timp ce cooperarea globală a permis construirea Staţiei Spaţiale Internaţionale de către un consorţiu de naţiuni.

- *Comunicaţiile* — International Telecommunications Union (ITU) alocă spectrul electromagnetic astfel încât semnalele de televiziune, telefoanele celulare şi semnalele radio să nu fie copleşite de zgomot.

- *Justiția* — Etica globală prinde contur pe măsură ce instanțele și tribunalele mondiale îi trag la răspundere pe șefii de stat pentru politici de genocid, tortură și crime împotriva umanității.

- *Mediul* — În ciuda întârzierilor înregistrate în acțiunile în domeniul climei, națiunile lumii au ajuns la acorduri importante în ceea ce privește problemele ecologice, cum ar fi interzicerea CFC-urilor care afectează stratul de ozon din atmosferă.

Aceste exemple de colaborare reușită în cadrul comunității umane oferă un context important pentru a privi în viitor – ele ilustrează capacitatea umanității de a se ridica la un nivel superior de maturitate și de a lucra împreună în mod eficient.

Este util să privim cele trei căi primare una lângă alta pentru a le vedea asemănările și diferențele. Ceea ce diferențiază cel mai mult aceste trei scenarii posibile de viitor nu sunt tendințele de bază, ci alegerile pe care le facem noi, oamenii. Deoarece nu există un singur viitor cel mai probabil, calea care prevalează va depinde de cea pe care o alegem în mod conștient – sau la care renunțăm în mod inconștient. Prin urmare, o cale de transformare înălțătoare nu este o predicție; în schimb, este o descriere plauzibilă a alegerii colective și a schimbării de conștiință pe care am putea să o realizăm ca societate globală ca răspuns la prăbușire și colaps dinamic.

Figura 2: Trei căi pentru umanitate

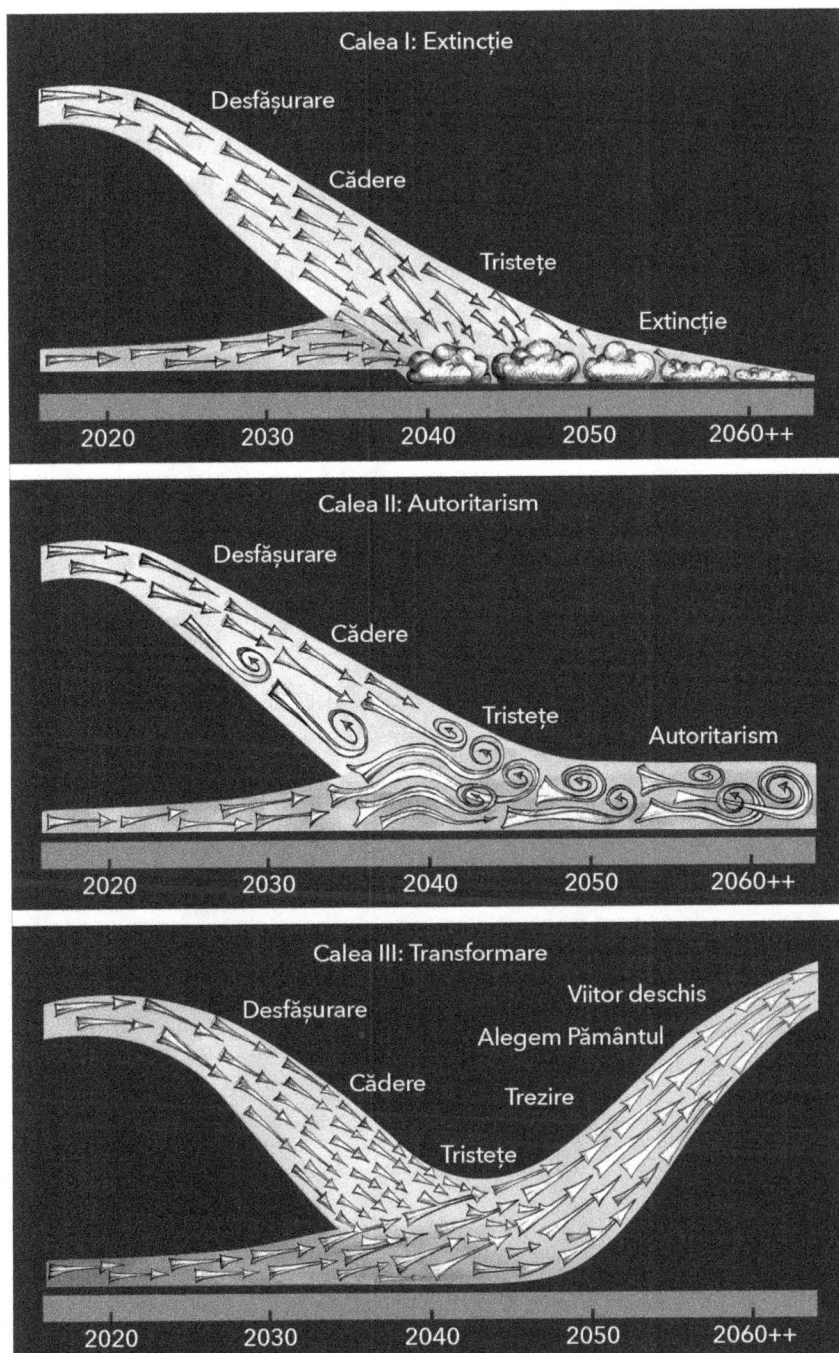

Calea I: Extincție
Desfășurare
Cădere
Tristețe
Extincție
2020 2030 2040 2050 2060++

Calea II: Autoritarism
Desfășurare
Cădere
Tristețe
Autoritarism
2020 2030 2040 2050 2060++

Calea III: Transformare
Desfășurare
Viitor deschis
Alegem Pământul
Cădere
Trezire
Tristețe
2020 2030 2040 2050 2060++

Una dintre cele mai importante capacități ale speciei noastre este abilitatea de a privi înainte, de a anticipa ceea ce s-ar putea întâmpla și de a reacționa rapid. Dacă ne putem folosi imaginația colectivă pentru a ne imagina cum creăm un Pământ nelocuibil, atunci nu trebuie să manifestăm acel viitor în realitatea fizică pentru a învăța lecțiile sale. Putem să internalizăm învățăturile și intuițiile dintr-un viitor imaginat și să alegem în mod conștient o cale diferită de urmat. Am început deja să ne imaginăm în mod viu viitorul în care nu dorim să locuim. La rândul nostru, nu trebuie să așteptăm ca încălzirea globală să topească calotele de gheață și să inunde orașele de pe coastele orașelor maritime ale lumii pentru a ne trezi și a decide că acesta nu este un viitor pe care îl dorim. Nu este nevoie să omorâm un milion de specii de animale și plante diferite înainte de a decide că o biosferă sărăcită și stearpă nu este un viitor pe care să-l alegem. Nu este nevoie să ne predăm unui regim autoritar și unei dictaturi digitale înainte de a decide că libertățile umane pentru o evoluție conștientă sunt prețioase peste măsură. Dacă ne mobilizăm imaginația colectivă și vizualizăm mai clar căile de urmat, ne putem orienta în mod conștient spre un viitor diferit – mai degrabă acum, decât după ani de amânare și distragere a atenției.

PARTEA A III-A

Stadii de inițiere și transformare

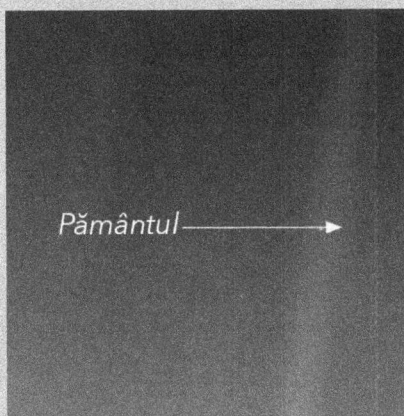

Pământul văzut de nava spațială *Voyager* de la aproape 6,5
de miliarde de km distanță

„Priviți încă o dată acel punct. Cel de aici. Acel punct e acasă.
Aceștia suntem noi. Pe el și-au trăit viața toți cei pe care îi
iubiți, toți cei pe care îi cunoașteți, toți cei de care ați auzit
vreodată, toate ființele umane care au existat vreodată.
Ansamblul bucuriilor și suferințelor noastre, mii de religii,
ideologii și doctrine economice, fiecare vânător și culegător,
fiecare erou și laș, fiecare creator și distrugător de civilizație,
fiecare rege și țăran, fiecare cuplu de tineri îndrăgostiți, fiecare
mamă și tată, fiecare copil plin de speranță, inventator și
explorator, fiecare profesor de etică, fiecare politician corupt,
fiecare „superstar", fiecare „lider suprem", fiecare sfânt și
păcătos din istoria speciei noastre au trăit acolo – pe un fir de
praf suspendat de o rază de soare."

— Carl Sagan

Rezumat al scenariilor de inițiere ale umanității: 2020 - 2070

Anii 2020: Marea destrămare: Prăbușirea

Fiecare instituție majoră începe să se fărâmițeze și să se destrame. **Economia** mondială se fragmentează și eșuează la toate nivelurile, local, național și global. **Ecologia** Pământului - pământul, oceanele, animalele și plantele se deteriorează grav. Sistemele **sociale** la toate nivelurile funcționează defectuos, cu pierderea încrederii publice, legitimitate în declin și diviziuni tot mai mari. Instituțiile **academice** sunt din ce în ce mai departe de nevoile de învățare ale studenților pentru a trăi eficient pe Pământul în schimbare. Mass-**media** promovează consumerismul, exploatând în același timp frica și distragerea atenției. Instituțiile **religioase** își pierd credibilitatea ca surse de coerență și de înțelegere în lumea noastră în curs de destrămare.

Anii 2030: Marea distrugere: Căderea liberă

Lumea se află într-un profund process de distrugere. Cerințele umanității depășesc ceea ce biosfera poate susține prin capacitatea sa de regenerare și reînnoire. Nu putem continua modelele din trecut. Firele de legătură care au ținut civilizațiile unite se destramă, iar noi suntem în cădere liberă. Întregul aparat complex al unei lumi care trăiește cu mult peste mijloacele sale materiale confruntă omenirea cu o ecologie în colaps, cu schimbări climatice severe, extincții în masă ale animalelor și plantelor, scăderea producției de alimente, creșterea foametei și a bolilor, conflicte generalizate și multe altele.

Anii 2040: Marea inițiere: Tristețea

O lume care se prăbușește produce pierderi imense, tristețe, durere și vină. Conflictele generalizate sunt generate de schimbările climatice, dispariția speciilor, epuizarea resurselor, migrațiile în masă și multe altele. Lumea scapă de sub control, producând o mare moarte și o suferință incredibilă, în timp ce milioane de oameni pier împreună cu mase de animale și plante de pe Pământ.

Anii 2050: Marea Tranziție: Vârsta adultă timpurie

Ne trezim în mod colectiv la realitatea că sistemul Pământului se prăbușește. Alegerea noastră este fie să ne lăsăm pradă extincției funcționale a vieții umane, fie să trecem la maturitatea noastră colectivă. Recunoaștem responsabilitatea noastră colectivă de a lucra pentru bunăstarea întregii vieți umane - bogați și săraci, nord și sud, oameni de toate rasele și nu numai. Mișcările de regenerare se dezvoltă la orice scară - în „ecosate", „orașe de tranziție" și „eco-civilizații" - și începem să construim bazele unei noi vieți pe Pământ.

Anii 2060: Marea libertate: Să alegem Pământul

Din pierderi imense rezultă o nouă maturitate umană și o hotărâre colectivă de a comunica și de a colabora pentru a găsi noi moduri de a trăi pe Pământ. Prin conversații la nivel de specie, alegem Pământul ca fiind casa noastră și comunicăm în moduri cu totul noi pentru a înclina curba evoluției, îndepărtându-ne de ruină și îndreptându-ne spre un viitor înălțător. În jurul Pământului se intensifică eforturi intense de inovare și restaurare.

Anii 2070: Marea călătorie: Un viitor deschis

O conștiință și o civilizație a speciilor la scară terestră sunt în curs de apariție. Recunoscând că ori ne vom ridica împreună, ori vom cădea împreună, alegem să ne ridicăm cu un nou sentiment de umanitate, ca o comunitate întregită a Pământului. Ne așteaptă o nouă cale pentru a restabili integritatea vieții pe Pământ.

Scenariul Complet de Transformare

Trecem acum de la cele trei căi la examinarea în profunzime a unui viitor „transformațional". Celelalte două căi ale „extincției" și „autoritarismului" sunt relativ clare, deoarece ele sunt deja vizibile în lume. Cu toate acestea, un viitor transformațional este diferit, deoarece reprezintă un avans evolutiv în necunoscut. Dat fiind că nu ne-am aventurat niciodată acolo, nu avem idei prestabilite despre cum arată o cale transformațională. Ea se bazează pe puterea combinată a forțelor motivaționale pe care le recunoaștem individual, dar pe care nu ni le-am imaginat convergând într-o forță colectivă de evoluție. Pentru a oferi o privire de ansamblu asupra unei viziuni transformaționale a viitorului, iată un paragraf preluat din cartea mea din 2009, *Universul viu*:

> „Suferința, necazul și angoasa acestor vremuri vor deveni un foc purificator care va arde prejudecățile și ostilitățile străvechi pentru a curăța sufletul speciei noastre. Nu mă aștept ca un moment unic, prețios, de reconciliere să se abată asupra planetei; în schimb, valuri de calamități ecologice vor întări perioadele de criză economică, iar ambele vor fi amplificate de valuri masive de neliniște civilă. În loc de un singur crescendo de criză și conflict, va exista probabil o reconciliere momentană urmată de dezintegrare și apoi de o nouă reconciliere. Pentru a da naștere unei civilizații mondiale durabile, omenirea va trece probabil prin cicluri de contracție și relaxare. Doar atunci când ne vom epuiza complet vom arde barierele care ne separă de întregirea noastră ca familie umană. În cele din urmă, vom vedea că avem o alegere de neclintit între o civilizație planetară grav rănită (sau chiar născută moartă) și nașterea unei familii umane și a unei biosfere și a unei familii umane rănite, dar relativ sănătoase. Văzând și acceptând responsabilitatea pentru această alegere inevitabilă, vom încerca

să descoperim un simț comun al realității, al identității și al scopului social. Găsirea acestui nou simț comun va fi o sarcină extrem de solicitantă. Numai după ce vom epuiza orice speranță de soluții parțiale vom fi dispuși să mergem înainte cu mintea și inima deschise spre un viitor de sprijin reciproc. În cele din urmă, trecând prin inițiere, putem depăși abordările de specie adolescentină spre o specie adultă timpurie și ne putem asuma în mod conștient responsabilitatea pentru relația noastră cu Pământul, cu restul vieții și cu universul."[34]

Acest paragraf nu descrie în detaliu natura schimbărilor transformaționale care ne așteaptă. Pentru a dezvolta un scenariu mai solid al viitorului, descriu mai jos fiecare deceniu în trei moduri diferite:

1. Un **rezumat** al deceniului. Este ușor să vă pierdeți în informațiile detaliate, așa că rezumatul oferă o imagine de ansamblu a deceniului.

2. O trecere în revistă a principalelor **tendințe motrice** din fiecare deceniu. Acestea sunt informațiile exacte, concrete, provenite din cele mai sigure surse pe care le-am putut găsi pentru a dezvolta o înțelegere detaliată a provocărilor majore care ne așteaptă. Tendințele motrice oferă „scheletul" sau cadrul analitic pentru scenariu.

3. Un scenariu sau **o poveste** care descrie modul în care deceniul curge. Aceasta este „carnea" unei descrieri mai subiective a modului în care trece deceniul. Tendințele detaliate sunt împletite într-o narațiune realistă despre viitor.

Pe baza celor mai bune estimări științifice disponibile, am identificat opt tendințe comune fiecărui deceniu:

1. Încălzirea globală și perturbarea climei

2. Penuria de apă

3. Penuria de alimente

4. Refugiații climatici

5. Dispariția speciilor

6. Populația globală

7. Creșterea/prăbușirea economică

8. Inechitățile economice

În timp ce cercetările viitoare iau adesea în considerare doar câteva tendințe determinante, eu le iau în considerare pe toate cele opt și modul în care este probabil ca acestea să interacționeze între ele în următoarele decenii. Apoi, dezvolt alți șapte *factori de creștere* – „carnea" care completează scheletul descriptiv. Reunind acești cincisprezece factori determinanți, apare un scenariu bogat în detalii. Această abordare nu garantează „răspunsuri corecte" cu privire la viitor; cu toate acestea, ea oferă o abordare disciplinată pentru dezvoltarea unei viziuni realiste asupra unei căi de redresare care ne poate scoate la lumină din aceste decenii întunecate.

Este important să recunoaștem că împărțirea acestui scenariu în intervale de zece ani este mai degrabă arbitrară. Lumea este un loc dezordonat și complex care nu își împarte evoluția în decenii de dezvoltare clare și convenabile. În plus, am intrat într-o perioadă turbulentă și haotică de tranziție planetară, care va conține elemente neprevăzute – cum ar fi apariția bruscă a pandemiei globale de Covid – care pot pune în pericol așteptări altfel plauzibile. Așadar, există motive întemeiate pentru a fi precauți în ceea ce privește împărțirea viitorului în decenii distincte.

Deoarece încrederea științifică în datele privind tendințele scade pe măsură ce privim mai departe în viitor, primele decenii au o pondere mai mare de date și analize științifice. După cum am menționat anterior, *toate cele trei căi – extincția, autoritarismul și transformarea – încep cu aceleași forțe motrice.* Diferența dintre ele nu constă în tendințele timpurii, ci în alegerile pe care comunitatea umană le face ca răspuns la aceste tendințe. *Un viitor transformațional curge doar pentru că ne ridicăm capetele și ne trezim inimile pentru a urma un scop și un potențial mai nobil ca specie.*

Explorarea unui scenariu transformațional este un exercițiu solicitant de imaginație socială care necesită compasiune, perseverență și răbdare. *Este o sarcină dificilă.* Trebuie să mobilizăm toate facultățile de care dispunem pentru a dezvolta o imagine clară a viitorului – una care să includă tristeți și pierderi, precum și factori puternici de însuflețire, cum ar fi maturizarea și trezirea colectivă, care pot transforma adversitatea de neclintit în oportunități realiste. Deși explorarea următorilor cincizeci de ani reprezintă o provocare, ea oferă potențialul de a vizualiza o inițiere profundă și un rit de trecere pentru specia noastră.

Vreau să mă opresc pentru un moment și să admir curajul dumneavoastră de a alege să citiți această carte. Citiți în numele vieții în deplinătatea ei. Presupun că sunteți o persoană cu o inteligență curioasă și o inimă plină de compasiune. Presupun că vă pasă de viață, de oameni, de natură și de Pământ. Presupun că simțiți intuitiv cum viața din viitor îi cheamă pe toți cei care sunt treji în prezent să fie martori la ceea ce se desfășoară acum pe Pământ. A face un pas ca martor al timpului nostru de transformare fără precedent este un dar pentru viitor. Până de curând, puțini oameni erau conștienți de faptul că un colaps dinamic al civilizației umane este în curs de desfășurare, creând o inițiere profundă pentru specia noastră. Astăzi, putem recunoaște în mod conștient că o inițiere este în curs de desfășurare – iar această cunoaștere poate conta enorm în alegerea căii noastre de urmat. Onorez atât sentimentele dumneavoastră de pierdere, cât și de recunoștință pentru viața care continuă. Vă respect dorința de a vedea ceea ce se desfășoară. Făcând acest lucru, contribuiți la un nou tip de om care poate servi bunăstării întregii vieți. Vă mulțumesc că sunteți un slujitor credincios al viitorului nostru în transformare.

Anii 2020: Marea destrămare - Prăbușirea

Rezumat

În anii 2020, marea tranziție va începe, pe măsură ce omenirea se va trezi la realitatea incontestabilă că ne confruntăm cu o criză mondială profundă. Recunoaștem treptat că, în loc de o singură problemă care trebuie rezolvată, ne confruntăm cu o criză a întregului sistem care necesită schimbări profunde privind modul în care trăim pe Pământ. În mod colectiv, nu ajungem la această înțelegere rapid sau ușor. Omenirea intră în acest deceniu crucial cu diviziuni profunde. Încet-încet, o minoritate de oameni se trezește la realitatea confruntării cu o criză a întregului sistem, care depășește cu mult perturbarea climei.

În acest deceniu, încălzirea globală duce la creșterea numărului de secete, incendii și furtuni intense în întreaga lume. Sunt în curs de desfășurare acțiuni pentru a face față creșterii CO_2, dar ritmul inovațiilor este mult în urma celor necesare pentru a stabiliza temperaturile globale. Suntem pe calea spre o catastrofă climatică. Lipsa apei este creează dificultăți pentru aproape jumătate din populația lumii. Acviferele sunt golite de apă în SUA, India și în alte părți ale lumii. În fiecare an, câteva milioane de oameni devin refugiați climatici, deoarece încearcă să se mute în zone cu resurse mai favorabile. Speciile de animale și plante sunt stresate, incapabile să migreze rapid ca răspuns la ritmul rapid al schimbărilor climatice. Lanțurile economice de aprovizionare se destramă.

Instituțiile de toate tipurile (economice, politice, academice, de sănătate etc.) sunt lente în a face schimbări. Majoritatea liderilor se concentrează pe protejarea averii, puterii, statutului și privilegiilor lor. Liderii sunt mai preocupați de perpetuarea instituțiilor lor decât de protejarea bunăstării întregii vieți. Pierderea profundă a încrederii în conducere continuă să crească în rândul generațiilor tinere din lume. Majoritatea tinerilor se simt „condamnați" și consideră că viitorul lor pe termen lung a fost abandonat în favoarea câștigurilor pe termen scurt de către generația mai în vârstă.

Contestarea mentalității materialismului, a consumerismului și a capitalismului este în creștere, dar este în mare parte ineficientă, având în vedere puterea politică și ecologică a celor mai bogați indivizi. La nivel global, disparitățile în materie de bogăție sunt extreme: primele 10 procente (cei mai bogați) din populația lumii dețin 76% din bogăție, iar ultimele 50% din populație dețin doar 2% din bogăție. Cu alte cuvinte, 10% din populația lumii deține trei sferturi din bogăția totală, lăsând jumătatea de jos a populației lumii cu doar un procent infim din bogăție[35]. Un aspect important pentru schimbările climatice este că aceste inegalități reflectă mai mult decât disparități în ceea ce privește bunăstarea economică; ele reflectă, de asemenea, diferențe mari în ceea ce privește emisiile de CO2. Cei bogați sunt responsabili de emiterea unei cantități disproporționate de carbon. Pare din ce în ce mai îndoielnic faptul că lumea noastră poate funcționa ca un întreg integrat și cooperant cu astfel de diferențe extreme. Un impozit global pe avere și o taxă pe carbon sunt importante dacă dorim să facem tranziția către o lume cu emisii reduse de carbon și să asigurăm asistență medicală și educație adecvate și să restabilim sănătatea ecologică a planetei. Deși nevoia de mai multă echitate este enormă, rezistența este și mai puternică. Se pare că este probabil ca sistemul economic care susține aceste inegalități profunde să se prăbușească sub greutatea acestei disfuncționalități. Pur și simplu nu este sustenabil.

Revoluția comunicațiilor continuă într-un ritm rapid, rețelele de mare viteză intrând în uz pe scară largă în SUA și crescând la nivel global. Două treimi dintre cetățenii lumii au acces la internet la începutul deceniului, numărul acestora crescând rapid la trei sferturi până la sfârșitul deceniului. Cu toate acestea, conținutul comunicațiilor orientate spre consum promovează, în general, o mentalitate mai mult adolescentină, egocentrică, axată pe termen scurt.

În general, în acest deceniu, conflictele cresc pe măsură ce oamenii se retrag tot mai mult în grupuri identificate după rasă, etnie, religie, avere și orientare politică. În pofida creșterii numărului de rupturi, principala preocupare este revenirea la vechea normalitate și continuarea activității ca de obicei.

Prezentarea principalelor tendințe ale anilor 2020

- Încălzirea globală: O creștere a încălzirii globale de 1,2° Celsius (aproximativ 2° Fahrenheit) până în 2020 reprezintă o dovadă clară a faptului că perturbări majore ale climei sunt în curs. Oamenii de știință sunt îngrijorați de faptul că o creștere de 1,5°C va produce o instabilitate climatică mult mai mare decât se credea anterior[36]. Predicțiile științifice alarmante estimează că o creștere catastrofală a temperaturii de 3°C va apărea până la sfârșitul secolului.

  Implicațiile pentru încălzirea globală sunt îngrozitoare: de exemplu, un raport special al IPCC din 2019 a recunoscut că jumătate din megaorașele lumii, cu aproape două miliarde de oameni, sunt situate pe zone de coastă vulnerabile. Chiar dacă creșterea temperaturii globale este limitată la doar 2°C, oamenii de știință se așteaptă ca impactul creșterii nivelului mării să provoace pagube de câteva trilioane de dolari anual și să determine migrarea a numeroase milioane de oameni din zonele de coastă[37]. Raportul special a prezentat această imagine sumbră a viitorului pe termen lung:

  „Pur și simplu am așteptat prea mult timp pentru a reduce emisiile și vom fi nevoiți să ne confruntăm cu efecte care nu mai pot fi evitate. Cu toate acestea, diferența dintre reducerea drastică a emisiilor și continuarea pe calea „facem ca de obicei" este clară: într-un scenariu cu emisii reduse, gestionarea impactului schimbărilor climatice va fi costisitoare, dar posibilă; dacă nu se va face nimic, efectele catastrofale vor fi imposibil de gestionat."[38]

Creşterea nivelului mării va continua timp de sute, poate chiar mii de ani, chiar dacă emisiile vor fi reduse la zero acum[39]. În ciuda avertismentelor clare despre catastrofă, emisiile de CO_2 continuă să crească[40]. Acest lucru ridică temeri că am putea crea o atmosferă de „seră" pe Pământ, fără precedent în experienţa umană[41].

Pe lângă faptul că creşterea temperaturii produce încălzirea oceanelor, micşorarea calotei glaciare şi acidificarea oceanelor, încălzirea globală aduce şi noi fenomene meteorologice extreme – furtuni, ploi, inundaţii şi secete – care au un impact grav asupra agriculturii şi habitatelor[42]. Se aşteaptă ca toate aceste schimbări să se intensifice de-a lungul secolului XXI şi chiar şi după aceea.

Încălzirea globală are, de asemenea, un impact direct asupra sănătăţii umane. Un raport al Organizaţiei Mondiale a Sănătăţii afirmă: „Criza climatică este o criză de sănătate ... care exacerbează malnutriţia şi alimentează răspândirea bolilor infecţioase, cum ar fi malaria. Aceleaşi emisii care cauzează încălzirea globală sunt responsabile pentru mai mult de un sfert din decesele cauzate de atac de cord, accident vascular cerebral, cancer pulmonar şi boli respiratorii cronice."[43]

- **Pandemiile**: Din mai multe motive, pandemiile – boli care se răspândesc la nivel mondial – sunt mai susceptibile de a apărea în condiţiile produse de încălzirea globală.

1. Pe măsură ce regiunile îngheţate ale Pământului încep să se dezgheţe din cauza încălzirii globale, acestea eliberează viruşi care au fost închişi timp de zeci de mii de ani. În timpul erelor glaciare precedente, este posibil ca atât oamenii, cât şi alte animale să îşi fi pierdut din rezistenţa la boli şi să fi devenit cu toţii mult mai vulnerabili la infecţii.

2. Noi pandemii apar pe măsură ce progresele economice susțin o creștere demografică spectaculoasă și duc la apariția unor populații umane mari care trăiesc în imediata apropiere a animalelor sălbatice, ceea ce permite ca bolile să treacă mai ușor la oameni.

3. Odată cu progresele tehnologice și mobilitatea ridicată, o conviețuire mai apropiată a oamenilor cu animalele sălbatice oferă virusurilor o modalitate de a face rapid o călătorie în jurul lumii. Amploarea și viteza deplasărilor moderne ale oamenilor fac aproape imposibilă punerea în aplicare a carantinei.

4. Progresele tehnologice creează posibilitatea ca teroriștii să fabrice sau să prelucreze prin bioinginerie agenți patogeni ca arme biologice pentru a produce amenințări pandemice.

Pandemiile – cum ar fi coronavirusul – sunt susceptibile de a deveni o perturbare recurentă într-o lume cu ritm rapid de încălzire[44]. Deși este puțin probabil ca pandemiile să fie catalizatorul unui colaps global al civilizației, ele dezvăluie vulnerabilitatea sistemelor noastre sociale și economice strâns interconectate. De asemenea, ele oferă un exemplu convingător al necesității unei colaborări mature, la nivel planetar. Covid a ajutat omenirea să conștientizeze vulnerabilitatea noastră colectivă și demonstrează cum un răspuns energic din partea câtorva națiuni nu va fi adecvat. În lumea noastră extrem de mobilă, noi variante ale virusului se pot răspândi pe planetă în câteva săptămâni. Oprirea virusului înainte ca noi variante să apară și să se răspândească ar necesita ca aproape toți oamenii să fie vaccinați aproximativ în același timp – un răspuns global la o amenințare globală. Covid trezește o conștiință colectivă la scară terestră, în timp ce ne confruntăm cu modul de reacție. Cu toate acestea, există diferențe esențiale între criza climatică și pandemii. Deși pandemiile dezvăluie faptul că suntem cu toții conectați în rețeaua vie a Pământului, acestea sunt în general percepute ca o amenințare relativ discretă, apropiată, imediată și personală la adresa propriei persoane și a familiei. În comparație, perturbarea climei este o amenințare mai complexă, profund interconectată, îndepărtată, vagă și generală la adresa societății și a economiei în general. Acțiunile necesare pentru a răspunde crizei climatice nu sunt simple, iar beneficiile acestor acțiuni sunt mai puțin sigure și mai puțin imediate. Ambiguitatea și incertitudinea fac mult mai dificilă o reacție unitară și o acțiune climatică decisivă. În ciuda acestor diferențe, pandemia de coronavirus aduce o contribuție importantă la trezirea omenirii la realitatea vieții într-o lume strâns interdependentă.

• **Penuria de apă**: Deși Pământul este acoperit de oceane uriașe, doar trei procente din apa de pe planetă este dulce, iar o mare parte din această apă este inaccesibilă – peste două treimi din apa dulce este blocată în calote glaciare și ghețari, iar aproape tot restul se găsește în apele subterane. Doar trei zecimi dintr-un procent din toată apa dulce din lume se găsește în lacurile și râurile de suprafață. Având în vedere creșterea enormă a populației mondiale, cu moduri de viață care necesită un consum intensiv de apă, apa devine deja o resursă limitată. În 2020, între 30 și 40%din lume se confrunta cu penuria de apă, iar până în 2025, aproximativ trei miliarde de oameni vor trăi în zone afectate de penuria de apă, două treimi din populația lumii trăind în regiuni cu stres hidric[45]. În 2019, „844 de milioane de oameni, adică 1 din 9, nu aveau acces la apă potabilă, iar 2,3 miliarde de oameni, adică 1 din 3, nu aveau acces la o toaletă"[46]. Mai mult de două miliarde de oameni trăiesc în țări care se confruntă cu un stres hidric ridicat, iar aproximativ patru miliarde de oameni se confruntă cu o penurie severă de apă cel puțin o lună pe an. Nivelurile de stres vor continua să crească pe măsură ce cererea de apă crește și efectele încălzirii globale se intensifică[47].

- **Penuria de alimente**: „În 2019, puțin peste 800 de milioane de persoane au suferit de foame, ceea ce corespunde cu aproximativ una din nouă persoane din lume."[48] În ciuda îmbunătățirilor semnificative din deceniile anterioare, perspectiva alimentară pentru viitor este sumbră din cauza perturbărilor climatice[49]. Pentru a ilustra situația dificilă, „Potrivit UNICEF, 22.000 de copii mor în fiecare zi din cauza sărăciei. Iar aceștia mor în liniște în unele dintre cele mai sărace sate de pe Pământ, departe de ochii și de conștiința lumii." Se estimează că aproximativ 27% dintre toți copiii din țările în curs de dezvoltare sunt subponderali sau au un retard de creștere[50]. Cererea globală de alimente va fi mai mult decât dublă în următoarea jumătate de secol, pe măsură ce se vor adăuga aproximativ încă două-trei miliarde de persoane. O problemă centrală în următoarea jumătate de secol este dacă omenirea poate realiza și susține o astfel de creștere enormă a producției de alimente[51]. Un alt studiu a constatat următoarele:

  „Deciziile luate în următoarele câteva decenii vor avea consecințe uriașe pentru viitorul planetei noastre, iar îmbunătățirea sistemelor noastre alimentare este esențială. Practicile actuale contribuie la această problemă, în efortul de a produce cantități record de alimente necesare pentru a hrăni populația globală … tocmai acest progres a contribuit la degradarea pe scară largă a terenurilor și a apei, la pierderea biodiversității și la creșterea emisiilor de gaze cu efect de seră. Acum, productivitatea a 23 de procente din terenurile globale s-a diminuat și aproximativ 75 procente din apa dulce se utilizează doar pentru agricultură."[52]

- **Refugiații climatici**: Între 2008 și 2015, o medie de 26,4 milioane de persoane pe an au fost strămutate din cauza dezastrelor climatice sau meteorologice, potrivit Organizației Națiunilor Unite[53]. Zeci de milioane de oameni au migrat în 2020.

- **Extincția speciilor**: Un raport al ONU concluzionează că, până la sfârșitul acestui secol, peste un milion de specii de plante și animale sunt în pericol de dispariție – multe dintre ele fiind prevăzute a fi complet dispărute în doar câteva decenii. Robert Watson, un chimist britanic, fost președinte al grupului de experți, a declarat: „Declinul biodiversității erodează fundamentele economiilor noastre, mijloacele de trai, securitatea alimentară, sănătatea și calitatea vieții în întreaga lume"[54]. Integritatea biosferei este devastată, iar pierderile includ insecte, păsări, mamifere, reptile, precum și pești. Perspectiva generală este foarte sumbră.

- **Insectele** din lume se îndreaptă cu pași repezi spre dispariție, amenințând cu o „destrămare catastrofală a ecosistemelor naturii", potrivit primei analize științifice globale[55]. Analiza a constatat că peste 40% dintre speciile de insecte sunt în declin, iar o treime sunt pe cale de dispariție. Rata de dispariție a insectelor este de opt ori mai rapidă decât cea a mamiferelor, păsărilor și reptilelor și este atât de mare încât, „dacă nu ne schimbăm modul de a produce hrană, insectele în ansamblu vor lua calea extincției în câteva decenii. Repercusiunile pentru ecosistemele planetei sunt cel puțin catastrofale."

De asemenea, **albinele** dispar într-un ritm alarmant din cauza utilizării excesive a pesticidelor în culturi și a răspândirii anumitor paraziți care se reproduc numai în coloniile de albine. *Dispariția albinelor ar putea însemna sfârșitul omenirii. Dacă albinele nu ar exista, este greu de imaginat că oamenii ar putea supraviețui.* Din cele 100 de specii de culturi care asigură 90% din hrana noastră, 35% sunt polenizate de albine, păsări și lilieci[56].

Un alt studiu a constatat că **păsările** dispar din America de Nord: Numărul de păsări din Statele Unite și Canada a scăzut cu trei miliarde, sau 29%, în ultima jumătate de secol[57]. David

Yarnold, președintele Societății Naționale Audubon, a calificat aceste constatări drept „o criză în toată regula". Kevin Gaston, un biolog în domeniul conservării, a declarat că noile descoperiri semnalează ceva mai grav: „Aceasta este pierderea naturii". „Cerurile devin pustii. Sunt cu 2,9 miliarde mai puține păsări care își iau zborul acum decât în urmă cu 50 de ani."[58] Analiza, publicată în revista *Science*, este cea mai exhaustivă și ambițioasă încercare de până acum de a afla ce se întâmplă cu populațiile aviare. Rezultatele au produs șoc în rândul cercetătorilor și al organizațiilor de conservare.

Eco-sistemul **oceanelor** este devastat, viața marină scăzând cu 49% între 1970 și 2012. Pescuitul excesiv și poluarea produc o extincție marină „fără precedent". Un raport important a constatat că toate speciile de pești și fructe de mare capturate din mediul sălbatic – de la ton la sardine – vor dispărea până în anul 2050. „Prăbușirea" a fost definită ca fiind o reducere cu 90% a abundenței de bază a speciei[59]. Un alt raport avertizează că vânătoarea și uciderea celor mai mari specii din ocean vor perturba ecosistemele timp de milioane de ani[60].

Iată cum descrie Centrul pentru Diversitate Biologică criza globală a extincției:

„Populațiile de animale sălbatice se destramă în întreaga lume. Planeta noastră se confruntă acum cu o criză globală de extincție la care omenirea nu a mai fost martoră nicicând. Oamenii de știință prezic că peste un milion de specii sunt pe cale de dispariție în următoarele decenii. Populațiile de animale sălbatice din întreaga lume dispar în ritm alarmant și cu o frecvență îngrijorătoare… Atunci când o specie dispare, lumea din jurul nostru se destramă puțin. Consecințele sunt profunde, nu doar în acele locuri și pentru acele specii, ci pentru noi toți. Este vorba de pierderi tangibile, cum ar fi polenizarea culturilor și purificarea apei, dar şi de pierderi spirituale şi culturale. Deşi sunt deseori acaparaţi de zgomotul şi graba vieţii moderne, oamenii păstrează legături emoţionale profunde cu lumea sălbatică. Fauna sălbatică şi plantele ne-au inspirat istoriile, mitologiile, limbile şi modul în care privim lumea. Prezenţa faunei sălbatice aduce bucurie şi ne îmbogăţeşte pe toţi – şi fiecare dispariţie face din casa noastră un loc mai singuratic şi mai rece pentru noi şi pentru generaţiile viitoare. Criza actuală a extincţiei este în întregime din cauza noastră."[61]

- **Populaţia globală**: La începutul anilor 2020, populaţia globală va fi de aproximativ 7,8 miliarde de locuitori[62]. Deşi proiecţiile demografice până la sfârşitul secolului sunt dificile, o estimare medie a populaţiei mondiale totale în 2100 este de aproximativ 11 miliarde. Estimările aproximative arată că, până în 2100, primele cinci ţări cele mai populate vor fi: India, cu 1,2 miliarde de oameni, China, cu 1 miliard, Nigeria, cu aproape 800 de milioane (comparabil cu întreaga populaţie a Europei în 2010), SUA, cu 450 de milioane, şi Pakistan, cu 350 de milioane[63].

Figura 3: Creșterea populației la nivel global: 1750-2100[64]

Miliarde de oameni

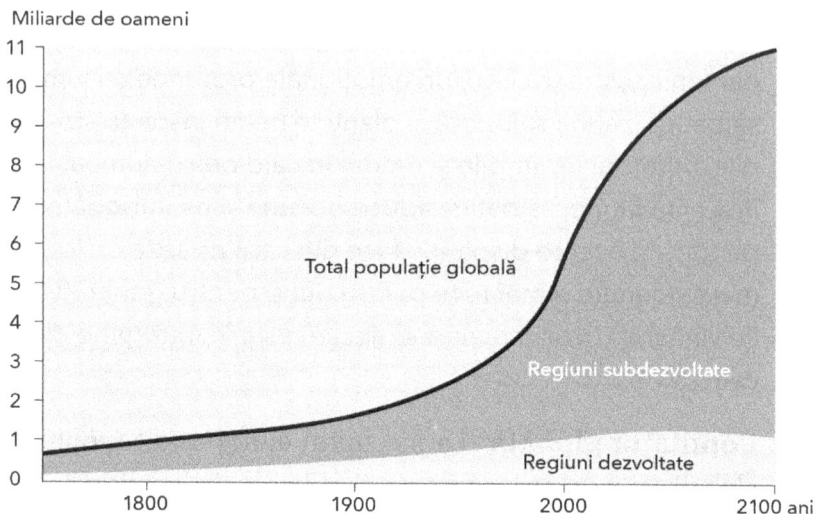

Regiuni subdezvoltate: Africa, Asia (cu excepția Japoniei), America Latină și Caraibe și Oceania (cu excepția Australiei și Noii Zeelande).

Regiuni mai dezvoltate: Europa, America de Nord (Canada și Statele Unite), Japonia, Australia și Noua Zeelandă.

O populație globală estimată la aproximativ 11 miliarde de locuitori este departe de a fi o certitudine – în special dacă nu se adoptă schimbări profunde și rapide către moduri de viață durabile. Având în vedere capacitatea actuală de producție alimentară și resursele de apă, Pământul poate susține aproximativ nouă miliarde de oameni *dacă resursele sunt împărțite în mod egal*. Cu toate acestea, odată cu scăderea productivității agricole din cauza încălzirii globale și a lipsei de apă, capacitatea de suport a Pământului este în scădere. În plus, depinde în mare măsură de modelele de consum ale națiunilor dezvoltate în raport cu restul lumii. Dacă întreaga lume ar consuma la același nivel ca și Statele Unite, Pământul ar putea susține aproximativ 1,5 miliarde de oameni. Cu un stil de viață european de clasă mijlocie, capacitatea de suport crește la aproximativ două miliarde de oameni[65]. Pământul susține nivelurile de consum din SUA doar pentru că oamenii din SUA apelează la „contul de economii" cu resurse neregenerabile, cum ar fi solul fertil, apa potabilă curată, pădurile virgine, pescăriile neexploatate și petrolul neexploatat.

„Contul nostru de economii" este deja redus, iar noi, ca specie, suntem obligați să trăim în limita resurselor. La rândul său, capacitatea de susținere a Pământului depinde nu numai de numărul de oameni de pe planetă, ci și de nivelurile și modelele de consum ale acestora. La începutul anilor 2020, comunitatea umană consuma de aproximativ 1,6 ori mai multe resurse regenerabile ale Pământului decât rata sustenabilă[66] – și asta în condițiile în care aproximativ șase miliarde de oameni duc în mod involuntar „stiluri de viață cu emisii reduse de dioxid de carbon" și nu consumă aproape nimic în comparație cu clasa de mijloc din SUA.

Având în vedere marea reticență a națiunilor mai bogate de a-și sacrifica stilul de viață bazat pe un consum ridicat și având în vedere că amprenta de consum a Pământului se apropie rapid de aproape dublul a ceea ce Pământul poate oferi pe termen lung, o dispariție dramatică a numărului de oameni pare probabilă. Este marea suferință care va rezulta *inevitabilă*? Va fi nevoie de o astfel de catastrofă pentru a-i determina pe oamenii din țările dezvoltate să facă schimbările necesare în nivelurile și modelele lor de consum? De câtă durere și suferință este nevoie pentru ca omenirea să se îndrepte către un nou echilibru și corectitudine în consumul global?

- **Creșterea/prăbușirea economică**: Rețele sigure de activitate economică din întreaga lume încep să se prăbușească. Economia globală se destramă, lanțurile de aprovizionare se rup, iar fluxul și livrarea de bunuri sunt din ce în ce mai imprevizibile. Materiale cheie (de la produse din lemn la cipuri de calculator) devin greu de găsit, porturile devin congestionate, costurile de transport cresc, iar livrările către clienți devin nesigure.

Experții sunt de acord că aproximativ 70% din activitatea economică din SUA este legată de producția de bunuri de consum, ceea ce este de înțeles pentru o economie bazată pe consum[67]. Numeroase studii concluzionează: „Emisiile sunt un simptom al consumului, iar dacă nu reducem consumul, nu vom reduce emisiile"[68]. Prin urmare, creșterea economică viitoare va fi probabil diminuată de nevoia urgentă de a reduce emisiile de carbon și, prin urmare, de necesitatea de a reduce nivelul general de consum. „Nu contează dacă vă aflați într-o climă caldă sau rece, într-o țară bogată sau mai săracă – o criză necontrolată a sistemelor Pământului va devasta economia. Această cercetare vine în contextul în care Organizația Națiunilor Unite afirmă că impactul climatic se produce mai repede și lovește mai puternic decât s-a anticipat"[69]. Riscurile asociate cu schimbările climatice nu sunt integrate în stabilirea prețurilor, ceea ce reduce stimulentele necesare pentru reducerea emisiilor – o eroare economică cu consecințe catastrofale[70].

„Următoarele două decenii vor fi decisive. Ele vor stabili dacă vom suferi daune grave și ireversibile asupra mijloacelor de trai și a lumii naturale sau dacă, în schimb, vom porni pe o cale mai atractivă de dezvoltare și creștere economică durabilă și favorabilă incluziunii. Dacă vom continua să emitem gaze cu efect de seră în ritmul actual în următoarele două decenii, atunci este probabil să depășim cu mult o creștere de 3°C. O creștere de 3°C ar fi extrem de periculoasă, producând o temperatură pe care nu am mai văzut-o pe această planetă de aproximativ trei milioane de ani. O încălzire de o asemenea amploare ar putea transforma locul în care am putea trăi, ar afecta grav mijloacele de trai, ar deplasa miliarde de oameni și ar duce la conflicte grave și de durată."[71]

• **Inechitățile economice**: Nu contează cum privim lucrurile: inegalitatea globală în ceea ce privește bogăția și veniturile se înrăutăţeşte, se adânceşte gradual. În 2017, cei mai bogaţi şase oameni din lume erau la fel de bogaţi ca jumătate din omenire![72] Şase persoane au la fel de multă avere ca 3 600 000 000 de oameni dintre cei mai săraci din lume. La fel de uluitoare este şi estimarea potrivit căreia cel mai bogat procent din populaţia lumii deţine mai multă avere decât restul populaţiei lumii la un loc[73].

Inechitatea uluitoare din Statele Unite este dezvăluită de faptul surprinzător că ratele de impozitare pentru cei mai bogaţi sunt mai mici decât pentru orice altă categorie de venituri: „Pentru prima dată, cei mai bogaţi 400 de americani au plătit în 2019 o rată totală de impozitare mai mică – cuprinzând impozitele federale, de stat şi locale – decât orice alt grup de venituri"[74]. Atât timp cât o elită bogată are puterea de a stabili regulile în avantajul lor, inegalitatea va continua să se agraveze[75].

Un mod sugestiv de a reprezenta vizual inechitatea şi nedreptatea distribuţiei globale a veniturilor este reprezentat în următorul tabel, în care veniturile lumii sunt împărţite în cinci grupe, fiecare reprezentând 20% din populaţie, de la venituri mici la venituri mari[76]. Partea lungă şi subţire a conturului (asemănătoare cu piciorul unui pahar de şampanie) reprezintă venitul anual al majorităţii – aproximativ 60% din populaţia lumii. Porţiunea în care piciorul începe să se lărgească reprezintă venitul următorilor 20%– clasa de mijloc globală. Porţiunea cea mai lată ilustrează venitul încasat de cei mai bogaţi 20%din oameni. Doar privind, este evident că familia umană este formată dintr-o clasă imensă şi săracă, o clasă de mijloc mică, dar în creştere şi o elită foarte mică şi extrem de bogată.

Aceste inegalităţi au consecinţe majore asupra climei Pământului. Aproape 50% din emisiile globale de carbon sunt generate de activităţile celor mai bogate zece procente din populația globală. În contrast puternic, cei mai săraci 50% sunt responsabili pentru aproximativ doar 10% din emisiile globale de carbon, dar trăiesc în marea lor majoritate în țările cele mai vulnerabile la schimbările climatice[77]. Având în vedere aceste disparități imense, adaptarea la schimbările climatice este deja o problemă profundă de justiție socială.

„Dreptatea" climatică înseamnă că cei care sunt cel mai puțin responsabili de schimbările climatice nu ar trebui să fie cei care să sufere cele mai grave consecințe ale acestora[78]. Cu toate acestea, inegalitățile structurale, adesea bazate pe rasă, înseamnă că comunitățile de culoare vor continua să fie afectate „primele și cele mai grav" de criza climatică[79]. Pentru a corecta acest dezechilibru, o prioritate importantă ar trebui să fie impunerea unei limite de emisii de carbon pe cap de locuitor pentru primele zece procente din emițătorii globali (aproximativ echivalentul unei emisii medii a unui cetățean european). Dacă s-ar face acest lucru, emisiile globale ar putea fi reduse cu o treime în decurs de un an sau doi!

Din punct de vedere istoric, marile disparități de avere au fost un precursor constant al unor rupturi sociale dramatice și al schimbărilor violente. Dacă omenirea dorește să evite conflicte civile profunde, atunci este vital să recunoaștem că economia actuală nu funcționează în beneficiul majorității. O schimbare voluntară în favoarea unei distribuții mult mai echitabile a avuției este un curs de acțiune foarte înțelept.

Figura 4: Distribuția averilor la nivel global

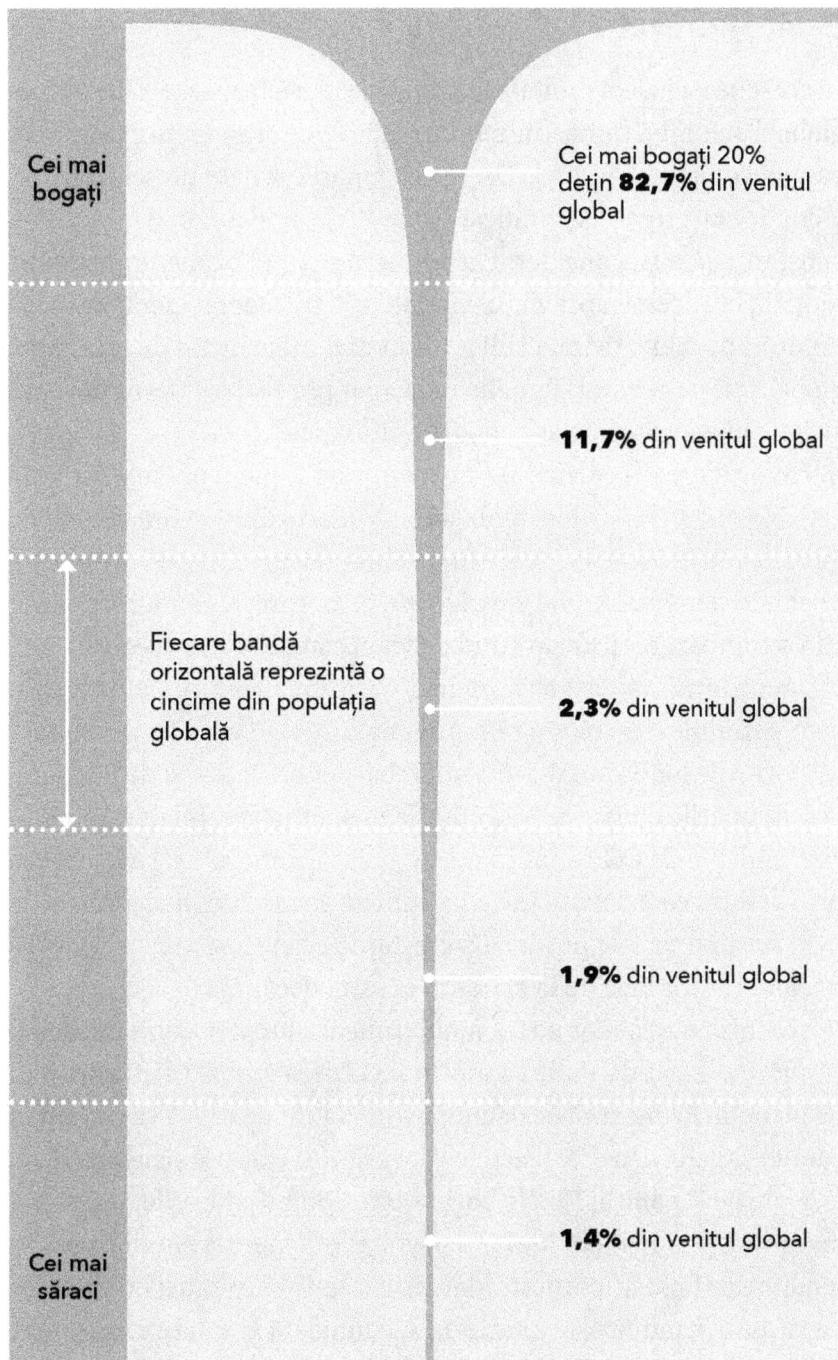

Cei mai
bogați

Cei mai bogați 20%
dețin **82,7%** din venitul
global

11,7% din venitul global

Fiecare bandă
orizontală reprezintă o
cincime din populația
globală

2,3% din venitul global

1,9% din venitul global

1,4% din venitul global

Cei mai
săraci

Scenariu: să ne imaginăm cum se vor desfășura anii 2020

În acest deceniu, comunitatea umană începe să realizeze că încălzirea globală schimbă lumea în moduri atât de profunde încât viața nu va mai fi niciodată la fel. Deși preocupările legate de schimbările climatice au crescut semnificativ înainte de anii 2020, o minoritate substanțială nu a considerat acest lucru ca fiind o amenințare existențială la adresa supraviețuirii umane[80]. În general, persoanele cu un nivel de educație mai ridicat sunt mai preocupate de încălzirea globală și, în general, femeile sunt mai predispuse decât bărbații să fie mai alarmate de schimbările climatice[81].

Menținerea încălzirii pe termen lung a planetei sub ținta de 1,5°C (sau 2,7°F) – obiectivul stabilit în acordurile climatice de la Paris, semnate în 2015 – pare imposibilă, deoarece necesită reduceri imediate și dramatice ale emisiilor de CO_2, care, la rândul lor, necesită schimbări radicale în stilul de viață care produce aceste emisii.

Acordurile de la Paris includ, de asemenea, modalități prin care națiunile dezvoltate pot ajuta națiunile în curs de dezvoltare în eforturile lor de atenuare a schimbărilor climatice și de adaptare la schimbările climatice[82]. Totuși, la începutul acestui deceniu crucial, emisiile de CO_2 sunt în creștere, iar încercările de a le reduce prin acțiuni coordonate între națiuni au eșuat. Emisiile globale de CO_2 sunt pe cale să producă o creștere periculoasă de 2°C (3,6°F) a temperaturii încă de la sfârșitul acestui deceniu.

La începutul anilor 2020, mulți oameni sunt prea puțin informați cu privire la cât de mult va afecta încălzirea globală viitorul vieții pe planetă. Pe măsură ce oamenii vor afla cât de gravă va deveni în curând situația noastră, reacțiile vor varia de la negare și neîncredere, la confuzie și panică. Elitele bogate care domină afacerile, politica și mass-media consideră încălzirea globală, dispariția speciilor și alte tendințe ca fiind importante, dar exagerate. Majoritatea liderilor fac parte dintr-o minoritate privilegiată, cufundată în confortul bogăției, al statutului, al privilegiilor și al puterii și sunt distrași de ritmul alert şi de cerinţele vieţii de zi cu zi. Preocuparea lor principală este continuarea activităţii obişnuite, în ciuda neliniştii crescânde în rândul oamenilor de ştiinţă, al tinerilor şi al universitarilor. În loc să se mobilizeze pentru acţiuni drastice şi inovaţie, elitele privilegiate caută doar ajustări graduale care să nu perturbe status quo-ul.

Mijloacele de informare în masă susţin puternic transa socială a consumerismului prin divertisment nesfârşit – sporturi, reality show-uri, filme, jocuri video şi bârfe despre celebrităţi – care glorifică stilul de viaţă al consumatorului şi deviază şi amorţeşte atenţia socială.

Deşi perturbările climatice şi o cascadă de alte dificultăţi sunt în creştere, liderii influenţi îndulcesc afirmaţiile privind o criză întrepătrunsă, a întregului sistem. În schimb, probleme precum schimbările climatice sunt prezentate ca fiind:

- Mai puţin importante decât alte probleme, cum ar fi locurile de muncă şi asistenţa medicală.

- Mai puţin urgente sau imediate decât se pretinde, aşa că avem timp suficient pentru a răspunde.

- Nu atât de largi ca domeniu de aplicare pe cât se pretinde.

- Nu atât de dificil de remediat pe cât se pretinde; presupunând că tehnologia va rezolva multe dintre probleme.

- Nu o criză a întregului sistem; mai degrabă, acestea sunt probleme individuale care pot fi rezolvate una câte una.

- Nu o problemă care să se poată rezolva individual: „Ce pot să fac? Sunt doar o persoană.”

- Nu responsabilitatea fiecăruia: „Nu eu am creat această mizerie, aşa că de ce îmi cereţi să fac curat?”

„Negarea voalată” a multor lideri se combină cu un sentiment omniprezent de neputinţă. Este de înţeles că se menţine situaţia actuală, iar instituțiile principale răspund cu măsuri timide, care nu fac mare lucru pentru a încetini înaintarea implacabilă spre un viitor dezastruos. Cu toate acestea, o mică parte a oamenilor își adaptează modul de lucru și de viață.

Statele Unite – principala națiune consumatoare din lume – ilustrează dificultatea de a aborda tranziția într-un mod constructiv. Reverendul Victor Kazanjian de la United Religions Initiative descrie cum SUA este o societate a lamentărilor, incapabilă să își accepte soarta și să se întristeze din cauza schimbărilor care ni se cer. El scrie:

> „...o mare parte din ceea ce stă la baza mâniei, a furiei și a violenței este durerea – un sentiment de pierdere peste pierdere peste pierdere. Dar în cultura noastră, nu prea avem loc pentru durere. Durerea, atunci când nu este abordată, devine supărare. Ne aflăm într-o cultură a lamen-tărilor. Durerea este exprimată prin învinovățirea celuilalt. Trebuie să abordăm durerea profundă."

În ciuda unei mari rezistențe, până la mijlocul anilor 2020, perturbările climatice și ale sistemelor naturale devin atât de mari încât încep să fisureze transa consensuală a consumerismului, a distragerii și a negării. Urgențele climatice se înmulțesc și generează o recunoaștere din ce în ce mai acută a faptului că provocări la scară terestră sunt în curs de desfășurare. Compasiunea face loc unei alarme crescânde, pe măsură ce anotimpurile de pe întreaga planetă sunt atât de perturbate încât producția de alimente este compromisă, producând regiuni de foamete severă și tulburări sociale.

Provocarea globală a anilor 2020 este de a trezi imaginația noastră socială la necesitatea stringentă de a face schimbări extra-ordinare în modul în care trăim pe Pământ și de a recunoaște că este necesară o abordare complet nouă a viitorului dacă vrem să reducem emisiile de CO_2 și să le ținem sub control.

- Treptat, cei mai privilegiați din punct de vedere material încep să treacă de la supraconsum la un stil de viață de „simplitate voluntară", în timp ce cei săraci mențin simplitatea involuntară și o luptă zilnică pentru supraviețuire.

- Există o revoltă tot mai mare împotriva inegalităților extreme în materie de bunăstare și bogăție. Se creează un consens pentru a „impozita miliardarii" pentru a finanța rețelele de siguranță în domeniul sănătății, sistemele de securitate socială și repararea infrastructurilor.

- Pentru cei mai înstăriți, dietele încep să se orienteze către vegetarianism, transportul se orientează către vehicule electrice, casele devin mai eficiente din punct de vedere energetic, iar munca se orientează către un impact redus asupra mediului și o contribuție socială și de profunzime.

- Stilul de viață ecologic trece de la o mișcare marginală pentru câțiva, la un val de experimente pentru cultura de masă. Stilurile de viață cu emisii reduse de dioxid de carbon, simple din punct de vedere material și bogate în experiențe, devin mai răspândite. Pentru cei mai mulți, este un mod relativ superficial de „a deveni ecologic".

- Materialismul și consumerismul sunt din ce în ce mai mult puse sub semnul întrebării, pe măsură ce oamenii contestă culturile de publicitate agresivă, ei declarând: suntem mai mult decât niște consumatori cărora este necesar să ni se facă pe plac; suntem cetățeni ai Pământului care doresc să participe la crearea unui viitor mai durabil.

- Încep să apară noi configurații ale activității economice care pun accentul pe reziliența locală, pe seturile de competențe și pe modelele de muncă.

Până la sfârșitul deceniului, se va produce o tranziție culturală și de conștiință, în primul rând în țările bogate, unde oamenii își permit luxul de a privi dincolo de supraviețuirea zilnică. Se dezvoltă o înţelegere lucidă a faptului că noile abordări ale vieţii sunt esenţiale – dar acţiunile sunt rareori proporţionale cu nevoile.

De câteva decenii, o revoluţie a conştientizării a luat amploare pe întreaga planetă. Un număr relativ mic, dar semnificativ, de oameni îşi dezvoltă abilităţile de conştienţă reflexivă – capacitatea de a fi pur şi simplu martori ai vieţii lor şi de a trăi cu mai puţină reactivitate şi mai multă maturitate. O fracţiune mică, dar semnificativă, a umanităţii începe să se trezească şi să se maturizeze. Cu o conştiinţă reflexivă, suntem mai clar martori ai crizelor ecologice, ai sărăciei, ai supraconsumului, ai nedreptăţii rasiale şi ai altor condiţii care ne-au divizat în trecut. Cu o perspectivă mai reflexivă, începem să dezvoltăm o înţelegere colectivă care serveşte bunăstării tuturor. Conştiinţa reflexivă oferă adezivul invizibil pentru a iniţia uniunea familiei umane într-un întreg apreciat reciproc, onorând în acelaşi timp diferenţele noastre.

Odată cu creşterea conştiinţei de a fi martor, oamenii realizează că criza întregului sistem este o criză de comunicare, iar acest lucru dă naştere diverselor iniţiative de comunicare – de la conversaţii de sufragerie la dialoguri şi conferinţe între liderii din mediul de afaceri, guvern, mass-media, educaţie, religie şi altele. Acestea sunt importante, dar dureros de inadecvate. Dimensiunea comunicării nu corespunde dimensiunii provocărilor cu care ne confruntăm. Oamenii recunosc că amploarea conversaţiei civice trebuie să fie egală cu amploarea urgenţei, care este adesea de dimensiune naţională şi globală. Tranziţia către un viitor regenerativ necesită ca milioane – şi chiar miliarde – de cetăţeni să comunice unii cu alţii. Indiferent de punctele lor de vedere, oamenii doresc să fie auziţi şi să aibă o voce în viitor. Diverse iniţiative de comunicare încep să ofere o sursă vitală de coeziune socială în lumea în curs de destrămare. Până la mijlocul deceniului, această recunoaştere produce o mişcare la scară locală, „Vocea comunităţii", şi o mişcare la scară globală, „Vocea Pământului".

Inițiativele „Vocii comunității" au ca scop mobilizarea televiziunii și redirecționarea undelor către nou nivel de dialog cetățenesc la nivel regional în marile orașe din întreaga lume. O mișcare „Earth Voice" (Vocea Pământului) lucrează pentru a mobiliza puterea și raza de acțiune a internetului care înconjoară planeta. Aceste inițiative, lansate de o comunitate diversă formată din bătrâni și tineri de încredere, au în general doar două roluri: în primul rând, să asculte preocupările cetățenilor și, în al doilea rând, să prezinte aceste preocupări pentru dialog în fața comunității sub forma unor „întâlniri urbane electronice", iar apoi să „lase lucrurile să-și urmeze cursul". Organizațiile „Vocii comunității" de succes sunt nepartizane și neutre și nu pledează pentru o anumită perspectivă; în schimb, ele servesc drept vehicul pentru ca cetățenii să aibă un cuvânt de spus în ceea ce privește propriile afaceri și viitorul lor. Conducerea unei comunități inspiră și catalizează alte comunități să își creeze propriile organizații ^Vocea comunității", iar un nou strat de dialog robust începe să se extindă în regiuni și națiuni. Pe măsură ce cetă-țenii își exprimă preocupările și votează electronic diferite soluții, ei încep să depășească blocajul de neputință din trecut.

Până la sfârșitul deceniului, trei sferturi din populația globală va deține un telefon mobil și va avea acces la internet. O inițiativă „Vocea Pământului" este în curs de desfășurare, pe măsură ce oamenii recunosc și mobilizează puterea internetului ca mijloc de atenție și acțiune colectivă. Majoritatea cetățenilor Pământului își dau seama că, prin intermediul telefoanelor mobile, au literalmente în mâinile lor tehnologia necesară pentru a se angaja într-un dialog la scară planetară și pentru a dezvolta un consens vizibil pentru un viitor viabil.

O furtună perfectă de crize globale se amplifică și provoacă omenirea să facă schimbări dramatice în modul în care cu toții comunicăm despre cum să trăim pe Pământ. Comunitatea umană a intrat pe un teritoriu necunoscut. Niciodată nu am mai fost atât de constrânși să ne unim ca regiuni, națiuni și lume. Puterea și potenţialul combinate ale mişcărilor „Vocea comunităţii" şi „Vocea Pământului" oferă instrumente practice pentru ca lumea în curs de destrămare să se ţeasă în moduri noi.

Anii 2030: Marea distrugere– Căderea liberă

Rezumat

Fragilul şi complexul sistem global a devenit atât de destrămat încât nu mai poate rezista şi, cu o viteză neaşteptată şi uluitoare, se desface şi se prăbuşeşte, în cădere liberă. Haosul, confuzia şi panica se instalează în lume. Serviciile vitale sunt întrerupte. Protecţia asigurată de poliţie şi pompieri devine sporadică. Se produc valuri de pene de curent pe măsură ce reţelele electrice la scară largă cedează. Marile instituţii (corporaţii, universităţi, sisteme de sănătate) dau faliment, ceea ce duce la un şomaj masiv. În general, fără prea multe elemente care să ţină lumea laolaltă, fundaţia se prăbuşeşte şi trăim panica colectivă a unei mari căderi.

Îndatorarea masivă creată de cheltuielile extravagante din deceniile anterioare împiedică acum multe instituţii să mobilizeze resurse pentru acţiuni creative. În loc să se ridice la înălţimea provocărilor, multe instituţii se prăbuşesc. Falimentul se extinde la oraşe întregi. Multe servicii vitale se clatină – inclusiv cele de protecţie din partea poliţiei şi a pompierilor, precum şi întreţinerea infrastructurii, cum ar fi drumurile şi reţelele electrice. Marile corporaţii dau faliment, ceea ce duce la pierderea de locuri de muncă pentru un număr mare de persoane. Marile colegii şi universităţi devin insolvabile şi îşi închid porţile. Multe biserici mari nu-şi pot permite întreţinerea şi dau faliment. Defecţiunile se răspândesc în valuri în întreaga lume, iar oamenii trebuie să se descurce din ce în ce mai mult la nivel local. În loc să acţioneze în mod creativ pentru a evita o criză climatică din ce în ce mai gravă, lumea este preocupată să facă față unor disfuncționalități care se răspândesc rapid.

Cererea globală de apă dulce depășește disponibilitățile, iar aproximativ trei miliarde de oameni suferă de penurie de apă. Diversitatea opțiunilor alimentare scade dramatic, deoarece seceta reduce productivitatea agricolă. Numărul refugiaților climatici ajunge la aproximativ o sută de milioane de persoane care migrează către zone mai favorabile. Structurile și resursele civice ale multor națiuni sunt complet depășite. Insectele polenizatoare mor, compromițând aprovizionarea cu alimente a lumii. Integritatea și sănătatea biosferei (plante, animale terestre, păsări, insecte și viața din oceane) se deteriorează rapid. Presiunile pentru supraviețuire cresc atât de mult, încât se acordă puțină atenție remedierii și refacerii ecosistemelor.

Populația globală continuă să crească, în special în Africa, apropiindu-se de un total de nouă miliarde. Diviziunile și separările de orice fel sunt în creștere – financiare, politice, generaționale, de gen, rasiale, etnice și religioase. Lumea este inundată de atât de multe dispute la atât de multe niveluri, cu atât de multe diferențe de atât de multe feluri, încât există atât de puțin loc pentru a ne ridica la o umanitate mai înaltă. Lumea este plină de învinuiri, de reproșuri, de denunțuri, de ostilitate, de condamnări și de reproșuri. Contestarea mentalității consumerismului și capitalismului crește pe măsură ce milioane de oameni luptă pentru supraviețuire.

O inițiativă „Vocea Pământului", conturată pe internet – bogată în dialog și feedback de la nivel local – prinde rădăcini în această lume în curs de destrămare. Organizațiile media sunt responsabilizate pentru a susține un nou nivel de comunicare socială. Pe măsură ce națiunile slăbesc, guvernarea este din ce în ce mai mult forțată înspre regiuni, orașe și comunități locale. Ecosatele, cartierele micuțe și alte modele rezidențiale încep să stabilească o bază rezistentă pentru orașe durabile. Rolurile de muncă se schimbă radical, deoarece comunitățile mici, care se autoorganizează, oferă noi medii de angajare cu diverse seturi de competențe adaptate la viața localizată. Simplitatea este acceptată cu părere de rău ca o abordare de tip supraviețuire a vieții – o modalitate de a nu atinge pragul de jos.

Prezentarea principalelor tendințe ale anilor 2030

- Încălzirea globală și perturbarea climei: Până la sfârșitul anilor 2030, temperaturile globale vor crește cu 2°C (3,6° F) față de nivelurile istorice. În cazul unei creșteri de 2° C, calotele de gheață vor începe să se dezintegreze ireversibil, ceea ce va duce la o creștere catastrofală a nivelului mării, cea mai dramatică în secolul următor. Pe lângă faptul că produce încălzirea oceanelor, reducerea calotei glaciare și acidificarea oceanelor, creșterea temperaturii aduce și noi fenomene extreme cum ar fi furtuni, ploi, inundații și secete care au un impact grav asupra agriculturii și habitatelor[83].

- O creștere de 2°C este considerată un punct critic de basculare a climei – începutul unei schimbări climatice nebănuite[84]. Potențialul de încălzire de neoprit începe odată cu eliberarea „gigantului adormit", metanul, de aproximativ 80 de ori mai puternic ca gaz cu efect de seră decât CO_2[85]. O creștere a metanului atmosferic amenință să anihileze câștigurile anticipate în cadrul Acordului de la Paris privind clima[86]. În plus, ne confruntăm cu perspectiva teribilă a unor bucle de auto-reimplementare care împing clima în haos înainte ca noi să avem timp să ne restructurăm sistemul energetic.

- Un alt „gigant adormit" este pădurea tropicală amazoniană, privită ca un „rezervor" de CO_2 care absoarbe carbonul. Cu toate acestea, un studiu recent arată că pădurile tropicale își pierd capacitatea de a absorbi carbonul, ceea ce va transforma Amazonul într-o sursă de CO_2 până în anii 2030 și va accelera degradarea climei, provocând efecte mult mai grave care necesită o reducere mult mai rapidă a activităților producătoare de carbon pentru a contracara pierderea absorbanților de carbon[87].

- **Refugiații climatici**: Odată cu perturbarea climei, numărul refugiaților va crește de la zeci de milioane de persoane în mișcare la o sută de milioane sau chiar mai mult, care vor migra spre zone mai favorabile până la sfârșitul anilor 2030. Migrațiile de o asemenea amploare depășesc capacitatea de adaptare a regiunilor. În perspectivă, aproximativ un milion de refugiați au destabilizat o mare parte a Europei în deceniul 2010. În cazul în care vor migra o sută de milioane sau mai mulți, se așteaptă ca impactul să fie de multe ori mai mare și cu efect inegal, acești răspândindu-se în special în emisfera nordică, mai favorizată din punct de vedere al resurselor.

- **Penuria de apă**: Cererea globală de apă depășește cu 40% utilizarea sustenabilă[88]. Până în 2030, cel puțin trei miliarde de oameni vor suferi din cauza penuriei de apă[89]. În 2019, la Cape Town, în Africa de Sud, a fost aproape de „ziua zero" – ziua în care orașul a rămas fără apă. Cape Town este doar începutul. Cel puțin alte unsprezece orașe mari riscă să rămână fără apă înainte de sfârșitul secolului: São Paulo, Brazilia; Bangalore, India; Beijing, China; Cairo, Egipt; Jakarta, Indonezia; Moscova, Rusia; Mexico City, Mexic; Londra, Anglia; Tokyo, Japonia; și Miami, SUA[90].

  „În India, o țară cu 1,3 miliarde de locuitori, aproape jumătate din populație trăiește într-o criză de apă. Mai mult de 20 de orașe - printre care Delhi, Bangalore și Hyderabad - își vor secătui toate pânzele freatice în următorii doi ani. Acest lucru înseamnă că o sută de milioane de oameni trăiesc fără apă subterană."[91]

- **Penuria de alimente**: Pentru fiecare grad Celsius de creștere a temperaturii, se așteaptă o scădere de 10-15% a randamentelor agricole. Prin urmare, se aşteaptă ca o creştere a temperaturii cu 2°C (3,6°F) să reducă productivitatea agricolă cu 20 până la 30%, într-un moment în care cererea deja împinge rezervele de alimente la limită. Zonele de penurie de alimente se transformă în zone de foamete, ceea ce duce la noi migraţii în masă şi la dezorganizare civică. (A se vedea lista de mai jos a penuriei de alimente pentru a explora modul în care dietele riscă să fie diminuate drastic[92].)

PENURIA DE ALIMENTE

În următoarele decenii, o serie de alimente vor deveni prea scumpe pentru toţi, cu excepţia celor mai înstăriţi. O listă ilustrativă este prezentată mai jos. Este edificator să parcurgeţi lista şi să bifaţi acele alimente care vă vor lipsi foarte mult pe măsură ce vor deveni din ce în ce mai costisitoare. Cu excepţia cazului în care cultivaţi multe dintre acestea sau nu aveţi o avere considerabilă, aceste alimente vor fi practic indisponibile. Acesta este un exemplu visceral al crizei climatice care loveşte.

☐ Migdale	☐ Cafea	☐ Cartofi
☐ Mere	☐ Porumb	☐ Dovleac
☐ Avocado	☐ Miere	☐ Orez
☐ Banane	☐ Sirop de arţar	☐ Creveţi
☐ Pui	☐ Piersici	☐ Soia
☐ Ciocolată (Cacao)	☐ Pesche	☐ Căpşuni
☐ Cod	☐ Alune	☐ Vin (Struguri)

Oamenii încep să creeze noi obiceiuri alimentare care să se adapteze la accesul limitat la alimentele de bază. Oamenii mai săraci sunt forţaţi să accepte un regim alimentar mai puţin nutritiv şi varietate redusă şi cu mai puţin gust – un declin semnificativ al bunăstării şi al calităţii vieţii. Este în curs de desfăşurare o revoluţie alimentară care îi privilegiază pe cei bogaţi, care pot cumpăra o cale de a scăpa de limitările alimentare cu alimente modificate genetic, produse cu efect de seră, la costuri mult mai mari.

- **Populaţia globală**: Se aşteaptă ca numărul oamenilor să ajungă la aproape nouă miliarde până în 2037[93]. O populaţie globală de nouă miliarde la sfârşitul anilor 2030 este o estimare realistă, o mare parte din creştere urmând să aibă loc în Africa, India şi Asia de Sud.

- **Extincţia speciilor**: Pornind de la previziunile făcute în anii 2020, care estimează că un milion de specii ar putea dispărea până la sfârşitul secolului, se aşteaptă ca pierderea speciilor de animale şi plante să se accelereze rapid[94]. Integritatea şi sănătatea biosferei Pământului (plante, animale terestre, păsări, insecte şi viaţa din oceane) se deteriorează rapid. Pierderea de oxigen determinată de încălzirea globală (şi de poluarea cu nutrienţi produsă de scurgerile provenite din agricultură şi din canalizare) sufocă oceanele, cu implicaţii biologice complexe şi de mare anvergură, ceea ce duce la un declin accentuat al vieţii oceanice[95].

- **Creşterea/Prăbuşirea economică**: Având în vedere presiunile extraordinare pentru o tranziţie extrem de rapidă către surse de energie regenerabilă, economia mondială se află într-o criză şi în turbulenţe profunde. Creşterea globală se blochează în ciuda eforturilor dramatice de creştere a energiei regenerabile. Presiunile economice şi sociale enorme îndepărtează naţiunile mai dezvoltate de accentul istoric pus pe creşterea economică şi consumerismul fără limite.

În întreaga lume, experimente creative sunt în curs de desfășurare pentru a descoperi modalități practice de recreare a economiei, astfel încât să funcționeze atât pentru oameni, cât și pentru planetă. Obiectivul de a crea forme auto-organizatoare și regenerative de activitate economică care să servească civilizației globale este acceptat pe scară mai largă[96]. Având în vedere strămutarea masivă a muncitorilor prin automatizare — combinată cu dislocările cauzate de perturbarea climatică și destrămarea marilor fabrici și corporații — abordările regenerative ale modului de viață favorizează dezvoltarea „economiilor locale vii".

În întreaga lume apar economii regenerative care se regăsesc în forme comunitare alternative, pentru a crea sisteme de viață mai rezistente. Cu toate acestea, se pare că este nevoie de o schimbare de o amploare insurmontabilă pentru a face o tranziție globală către energia regenerabilă și către economii regenerative concepute în mod corect și echitabil.

- **Inechitatea economică**: Cei mai bogați 1% din locuitorii planetei sunt pe cale să dețină două treimi din întreaga bogăție până în 2030[97]. Disparitățile uriașe în materie de bogăție, împreună cu cerințele economice de trecere la o economie cu emisii nete de carbon zero până în 2050, exercită presiuni extreme asupra economiei și societății globale, deja perturbate. O lipsă extremă de echitate și de încredere drenează legitimitatea sistemului economic mondial.

Cu disparități enorme în ceea ce privește bogăția și veniturile, în anii 2030 ne vom confrunta cu un deceniu de colaps economic în cascadă, în care zonele vulnerabile vor înregistra un colaps economic total. Paradigma de creștere a materialismului și a consumerismului se dezintegrează ca obiectiv social convingător – nu numai că această paradigmă subminează bunăstarea majorității oamenilor, dar contribuie și la devastarea biosferei Pământului.

Scenariu: ne imaginăm cum se vor desfășura anii 2030

În anii 2030, oamenii din întreaga lume își dau seama că urmează o adevărată catastrofă climatică. Cu toate acestea, birocrațiile înrădăcinate – de exemplu, în afaceri, mass-media, educație, religie și servicii sociale – sunt încă în mare parte nepregătite și prost echipate pentru a face față provocărilor generate de înrăutățirea climei, de deteriorarea economiei și de prăbușirea biosferei.

În țările mai bogate, cei mai mulți oameni sunt adânc îndatorați, impozitele sunt profund inegale, iar motoarele de creștere economică se strică. Are loc o rotație rapidă a liderilor și a soluțiilor politice, dar nimic nu pare să funcționeze pentru mult timp. Eforturile de a crea ordine sunt copleșite de nivelurile tot mai mari de dezordine. Coeziunea socială la scară largă este alarmant de redusă, iar mulți lideri guvernează practic fără niciun sprijin.

Nivelurile anterioare de reziliență sunt epuizate într-o spirală descendentă de confuzie birocratică și haos[98]. Nu mai avem capacitatea de a ne reveni rapid din dificultăți. Unii oameni caută securitate și aleg districte mai controlate, autoritare. Alții se îndreaptă spre comunități auto-organizate care depind de relații puternice și de abordări colaborative ale vieții.

Pe măsură ce perturbările climatice se adâncesc, diviziunile de orice fel cresc – financiare, politice, generaționale, de gen, rasiale, etnice și religioase. Singura constantă a acestui deceniu fără orizont și confuz este stresul neîncetat produs de rupturi și separări.

Cei mai bogați oameni care se bucură de o „viață bună", de confort și avantaje materiale, se confruntă cu un strigăt de protest din ce în ce mai puternic din partea a miliarde de oameni care se luptă pentru supraviețuire. Cu toate acestea, elitele bogate rezistă și se adaptează rapid la noile moduri de viață. După ce și-au investit vieţile şi identităţile în acumularea materială, acestea ripostează, susţinând că privilegiul lor este câştigat şi meritat. Deşi cei mai mulţi recunosc noile realităţi, mulţi resping noile norme de viaţă. Însă, până la sfârşitul anilor 2030, eforturile lor de a se separa în comunităţi închise şi păzite încep să se clatine, pe măsură ce miliarde de oameni săraci, care nu au nimic de pierdut şi au multe de câştigat, se răzvrătesc în semn de protest.

Odată cu înmulţirea avariilor, localizarea creşte concomitent cu o avalanşă de inovaţii sociale, economice şi tehnice. Cartierele micuţe se transformă în diverse forme de sate sustenabile, stabilind o fundaţie rezistentă pentru oraşe de tranziţie şi oraşe durabile. Comunităţile nou organizate construiesc mai mult decât structuri fizice; ele dezvoltă o nouă înţelegere a caracterului uman şi o maturitate care caută să servească bunăstării tuturor. Rolurile în muncă se schimbă radical, deoarece micile comunităţi auto-organizate oferă noi cadre pentru dezvoltarea unor seturi diverse de abilităţi de viaţă.*

Împinsă de criza climatică şi de înmulţirea declinurilor, majoritatea celor bogaţi din ţările dezvoltate recunoaşte că trebuie să transformăm culturile consumerismului şi să reducem amprenta ecologică, dacă vrem să evităm o catastrofă globală. Hipnoza culturală a consumerismului îşi pierde din putere pe măsură ce oamenii realizează că visul consumerismului neîngrădit reprezintă un viitor de coşmar devastator pentru Pământ. Ca reacţie, începe să apară o cultură globală care preţuieşte simplitatea şi sustenabilitatea. Publicitatea din mass-media, care a promovat agresiv transa culturii de consum, trece de la reclame la produse la „reclame pentru Pământ", companiile proclamându-şi angajamentul faţă de o planetă sănătoasă.

Ţările bogate sunt responsabile pentru schimbările climatice, dar cei mai afectaţi sunt cei săraci. Având în vedere impactul disproporţionat al încălzirii globale asupra ţărilor mai sărace, naţiunile mai bogate sunt presate – cu un succes modest – să îşi asume responsabilitatea de a sprijini adaptările climatice. Iniţiativele puternice sunt vitale pentru a promova un sentiment de unitate şi cooperare la nivel mondial. Cu toate acestea, schimbările climatice devastează din ce în ce mai mult viaţa de zi cu zi în ţările mai sărace – inclusiv disponibilitatea apei, producţia de alimente, asistenţa medicală, calitatea mediului şi bunăstarea populaţiilor vulnerabile, în special a femeilor şi a copiilor.

În ţările mai sărace, efectele încălzirii globale inversează adesea progresele înregistrate în ceea ce priveşte egalitatea de gen, deoarece bărbaţii sunt forţaţi să migreze pentru a găsi un loc de muncă, lăsând femeile să se ocupe de întreaga povară a creşterii copiilor, de ferme, de pescuitul local şi de îngrijirea gospodăriei. Astfel, femeile sunt mai izolate şi mai puţin capabile să găsească un loc de muncă şi o educaţie semnificativă.

Recunoscând impactul negativ al încălzirii globale asupra naţiunilor în curs de dezvoltare, se dezvoltă o mişcare globală pentru compensare, remediere şi adaptare, care încearcă să construiască un nou sentiment de parteneriat între oamenii de pe Pământ.

Mişcările trans-partizane *Vocea comunităţii*, care au început în anii 2020, devin acum surse importante de coeziune socială. Acestea continuă să se dezvolte pe Pământ, conectând omenirea în comunităţi tot mai mari, angajate în conversaţii intense. Recunoscând că scara conversaţiei trebuie să corespundă scării provocărilor, dialogurile *Vocii Pământului* devin ferm înrădăcinate în lumea în curs de destrămare. Din ce în ce mai mulţi oameni recunosc faptul că mijloacele de comunicare în masă sunt o componentă cheie a „creierului nostru social", o expresie directă a inteligenţei colective. Sloganul „Viitorul nostru merge în aceeaşi direcţie cu mass-media", este afirmat pe scară largă. Organizaţiile media sunt trase la răspundere într-un grad cu totul nou şi sunt mobilizate pentru a sprijini imaginaţia socială a umanităţii în vederea vizualizării căilor de progres către un viitor durabil şi semnificativ.

Activismul mediatic se transformă într-o forţă centrală de coeziune, pe măsură ce un număr tot mai mare de instituţii se prăbuşesc şi se fărâmiţează. Tristeţea şi durerea cresc pe măsură ce pierderile şi tragediile se amplifică în întreaga lume. *Martori cu toţii, ne dăm seama că traversăm împreună acest rit de trecere.*

Cu toate că lumea veche se destramă, iar comunicarea locală-globală este în creştere, ne lipseşte încă sprijinul general necesar pentru a ne mişca rapid într-o lume în transformare. Societatea de consum şi modurile de viaţă se schimbă lent, cei deposedaţi continuă să fie în mare parte ignoraţi, o tranziţie ecologică nu reuşeşte să mobilizeze o majoritate pentru acţiuni dramatice, iar districtele autoritare continuă să se separe în zone de control compartimentate. Având în vedere diviziunile profunde, anii 2030 sunt o perioadă de haos şi conflict agitat, fără un set general de valori şi intenţii pentru a merge mai departe.

Instituţiile financiare intră în cădere liberă. Guvernele locale şi naţionale, organizaţiile financiare, instituţiile academice, organizaţiile religioase, pentru a numi doar câteva, sunt copleşite încercând să înţeleagă ce se întâmplă şi sunt semnificativ subfinanţate atunci când încearcă să răspundă. Cu toate acestea, lupta pentru o nouă paradigmă de viaţă începe să se desfăşoare. Oamenii se întreabă: *Cum putem să ne simţim din nou acasă pe Pământ?* Avem maturitatea colectivă pentru a face în mod conştient o mare tranziţie către un nou viitor?

Anii 2040: Marea iniţiere – Tristeţea
Rezumat

În deceniul 2040, majoritatea oamenilor recunosc că pierdem cursa împotriva catastrofei climatice. Dezastrul climatic galopant nu mai este doar o posibilitate iminentă – este o realitate copleşitoare şi foarte prezentă. Pe măsură ce consecinţele haosului climatic, ale falimentelor financiare, ale anarhiei civice, ale extincţiei speciilor, ale migraţiilor în masă şi ale foametei generalizate continuă să se propage, întreaga lume se îndreaptă spre un colaps de neoprit.

Necesitatea unei transformări profunde este ancorată în experiența brută a umanității. Recunoaștem că ori ne unim într-un efort comun, ori ne confruntăm cu dispariția funcțională a speciei noastre. Înțelegem că Pământul nu se va mai întoarce niciodată la tiparele climatice din ultimii 10.000 de ani, de la sfârșitul ultimei ere glaciare. Acceptăm sentimentele de rușine, vinovăție, durere și disperare, în timp ce un viitor în ruină se conturează în jurul nostru.

Biosfera este din ce în ce mai sărăcită, slăbită și stearpă. Tulburările profunde ale climei, scăderea productivității agricole, deficitul extrem de apă și marile inegalități economice creează zone imense de foamete devastatoare. Aceasta este, de asemenea, o perioadă de „ardere mistuitoare", deoarece secetele necruțătoare usucă pământul, iar focul pârjolește regiuni vaste ale Pământului. Și este, de asemenea, o perioadă de „moarte fulgerătoare", când milioane de oameni și nenumărate specii de animale și plante pier. Omenirea se confruntă cu o dublă tragedie de proporții inimaginabile, care șochează și trezește sufletul speciei noastre.

Lanțurile de aprovizionare întrerupte duc la furt, jafuri, piețe negre și hiperinflație. Adaptările sunt împinse până la nivelul local al cartierului și al comunității, iar oamenii îi caută pe cei în care pot avea încredere și cu care pot lucra pentru a reconstrui viața de la zero. Vechile surse de valoare (măsurate în numerar, acțiuni și obligațiuni) au devenit aproape lipsite de valoare. Noile surse de valoare rezidă în relații personale puternice și în accesul la resurse rare, cum ar fi hrana, medicamentele și combustibilul, care au o importanță tangibilă. În ciuda valorii sale mari, o mișcare *Vocea Pământului* se luptă să rămână în viață, deoarece internetul se întrerupe și este reparat constant.

Lumea se cufundă în disperare colectivă. Simțind că nu am reușit să ne asumăm responsabilitățile de cetățeni ai planetei, mulți plângem după Pământul pierdut. Sufletul umanității este grav afectat de un prejudiciu moral. Ne confruntăm cu un viitor de o tristețe și disperare nesfârșită – dacă nu ne ridicăm împreună la înălțimea acestui moment de provocare.

Prezentarea principalelor tendințe ale anilor 2040

- **Încălzirea globală și perturbarea climei**: În acest deceniu, depășim o încălzire de 2°C (3,6°F) și ne îndreptăm spre un nou punct de referință de 3°C (5,4°F) – un punct critic pentru climă[99]. Metanul se revarsă în atmosferă, declanșând bucle de reacție în lanț[100]. Lumea trece de la distrugeri la colaps total și catastrofă climatică. O climă deja turbulentă și haotică capătă proporții catastrofale. Extremele climatice includ atât focul, cât și apa – regiuni mari ale Pământului se confruntă cu o secetă fără precedent care aduce incendii pe un Pământ pârjolit, în timp ce alte regiuni se confruntă cu furtuni, inundații și creșterea fără precedent a nivelului mării[101].

- **Penuria de apă**: Lipsa apei este critică pentru trei miliarde de oameni (sau mai mult). La rândul său, deficitul de apă produce o creștere dramatică a numărului de refugiați climatici care fug din regiunile afectate de secetă.

- **Penuria de alimente**: Presiunile demografice în creștere s-au combinat cu dereglările climatice, scăderea productivității agricole, deficitul de apă și inegalitățile economice și au produs zone mari de foamete devastatoare.

- **Refugiații climatici**: Se așteaptă ca cel puțin 200 de milioane de refugiați climatici să se deplaseze, creând perturbări colosale, sociale și ecologice, în timp ce comunitățile din zonele cu resurse favorabile încearcă să facă față afluxului unui număr copleșitor de oameni.

- **Populația globală**: În anii 2040, populația continuă să crească și se lovește de limite din ce în ce mai severe create de lipsa apei și a hranei și de distrugerea ecosistemelor[102]. În mod tragic, pare plauzibil ca zece la sută sau mai mult din populațiile cele mai sărace și mai vulnerabile ale Pământului să fie expuse unui risc ridicat de a muri în această perioadă de mare tranziție. Cu o populație globală de aproximativ nouă miliarde de oameni în anii 2040, acest lucru înseamnă că aproximativ 900 de milioane de oameni ar putea pieri. Aceste milioane de semeni nu vor muri în liniște și fără să fie văzuți, ci, în lumea noastră permanent în vizorul mass-media, vor muri public, dureros și vizibil. Moartea lor va fi cauzată de foamete și de boli, precum și de niveluri enorme de violență în conflictele pentru resurse tot mai puține.

Moartea a sute de milioane de oameni va produce niveluri inimaginabile de traume morale și psihologice. Suferința și moartea inutilă a sute de milioane de oameni trezește omenirea să aleagă o cale mai echitabilă și corectă de conviețuire.

- **Extincția speciilor**: Decenii de distrugere a ecosistemelor subminează bazele vieții la nivel global. Nenumărate specii dispar, lăsând Pământul într-o lume din ce în ce mai pustie. Realitatea de neclintit a colapsului ecologic confirmă faptul că suntem parte integrantă a rețelei globale a vieții și că amenințarea extincției se aplică și oamenilor.

- **Creșterea/prăbușirea economică**: Prăbușirea economică a acaparat întreaga lume, producând dezastru în rândul economiilor vulnerabile. Deși colapsurile economice încetinesc emisiile de gaze cu efect de seră, eforturile generalizate de supraviețuire au rezultatul nefericit de a împinge oamenii și comunitățile să folosească orice sursă de energie disponibilă, inclusiv cărbunele și petrolul, pentru supraviețuirea pe termen scurt. O întoarcere la combustibilii fosili contribuie la emisiile de gaze cu efect de seră chiar din momentul în care trebuie să le reducem. Deși sunt în curs eforturi pentru o reconfigurare profundă a economiei locale-globale, economiile și ecosistemele în colaps fac aceste eforturi extrem de dificile.

- **Inechitățile economice**: Tranziția extrem de complexă și dificilă către o economie globală care să funcționeze pe bază de energie regenerabilă reduce producția globală, iar civilizația este mai provocată ca niciodată să răspundă nevoilor celor săraci și să țintească spre o mai mare echitate. Tensiunile globale dintre cei care au și cei care nu au se accelerează dincolo de punctele de ruptură. Criza globală a echității și a dreptății sociale intră în conflict cu culturile consumeriste, ceea ce duce la o luptă acerbă pentru direcția viitoare a speciei noastre.

Persoanele cu cel mai redus acces la resurse se confruntă cu cele mai mari provocări în adaptarea la încălzirea globală – și acest lucru este valabil indiferent de rasă, sex, vârstă, geografie și diferențele de clasă[103]. Se intensifică eforturile generalizate pentru producția elementelor esențiale vieții la prețuri mici și pentru a limita stilul de viață de lux al celor bogați. Redistribuirea terenurilor este, de asemenea, un factor-cheie în ceea ce privește echitatea și stârnește lupte titanice pentru proprietate și partajare.

Scenariu: ne imaginăm cum se vor desfășura anii 2040

În acest deceniu, ne îndreptăm spre o perioadă de mare suferință, mai presus de tot ceea ce au trăit oamenii vreodată[104]. Un colaps global este în curs de desfășurare, generând tot felul de lipsuri – inclusiv medicamente vitale și asistență medicală, alimente de bază și apă curată. Multe corporații importante dau faliment pe măsură ce baza lor de consumatori se dezintegrează. Marile orașe dau, de asemenea, faliment pe măsură ce baza lor fiscală se prăbușește. Infrastructura cheie este abandonată și se deteriorează, deoarece aproape toate serviciile de întreținere sunt neglijate – utilitățile electrice și telefonice, serviciile de internet, drumurile, podurile, semafoarele, sistemele de canalizare, evacuarea gunoiului și sistemele de apă.

Confuzia, haosul și conflictul cresc. Pe măsură ce anarhia se răspândește, forțele de protecție private înlocuiesc poliția și forțele de ordine tradiționale. La o scară mai mare, colapsul se extinde dincolo de orașe, ajungând la state și chiar la națiuni. Pe măsură ce națiunile se prăbușesc în faliment și se destramă, la fel se întâmplă și cu organizațiile internaționale, cum ar fi Organizația Națiunilor Unite, care rezistă ca fiind puțin mai mult decât niște entități simbolice. Coerența globală este susținută și modelată nu de instituțiile internaționale, ci de o comunitate electronică în creștere rapidă, apărută din mișcările de bază din întreaga lume. Aceste mișcări de bază folosesc infrastructura șubredă globală de comunicații pentru a crea o nouă comunitate globală în conștiința noastră colectivă.

Nici sectorul public, nici cel privat nu dispun de resursele necesare pentru a susține proiecte la scară largă care ar putea oferi un răspuns semnificativ la amploarea colapsului în curs. Adaptările sunt împinse până la nivelul local, de cartier, și al comunității, unde oamenii trebuie să se bazeze pe oameni, competențe și resurse disponibile în apropiere.

În anii 2040, o mare parte din povestea omenirii poate fi descrisă sub două titluri: „Moarte devastatoare" și „Ardere mistuitoare". Deși zeci de milioane de oameni au pierit în deceniul precedent, dispariția oamenilor se intensifică, iar în anii 2040 începe o perioadă îngrozitoare de „Moarte devastatoare". Capacitatea de suportabilitate a Pământului este estimată la aproximativ trei miliarde de oameni care trăiesc în stil de viață european de clasă medie. O populație globală care se apropie de nouă miliarde depășește cu mult capacitatea estimată a Pământului[105]. Oamenii descoperă că nu suntem diferiți de restul vieții de pe Pământ care se confruntă cu extincția[106]. Un val al morții se abate asupra planetei, aducând boli, foamete și violență necruțătoare care pătează sufletul speciei noastre[107].

Matematica morții este implacabilă. Cu aproximativ nouă miliarde de oameni pe planetă în anii 2040 și, în mod prudent, cu zece la sută din populația lumii (cei mai săraci dintre săraci) care prezintă cel mai mare risc de a muri, înseamnă că 900.000.000 de oameni ar putea muri în această perioadă de zece ani. Aritmetica de bază traduce acest număr într-un total șocant de 90.000.000 de oameni care mor în fiecare an – aproximativ echivalentul a șapte holocausturi pentru fiecare an din acest deceniu.

În timp ce valuri ale morții mătură Pământul, impactul moral și psihologic al acestor pierderi zguduie psihicul uman. Această calamitate se desfășoară în timp real, cu mijloace media de înaltă definiție care dezvăluie chipurile și viețile trecătoare ale nenumăraților oameni și ale altor viețuitoare. Durerea și suferința incomensurabilă a „Morții devastatoare" sfâșie țesătura culturii și a conștiinței. Pierderile, durerea și tristețea sunt incalculabile. Acești ani sfâșietori distrug legăturile noastre cu trecutul și ne lasă moștenirea în zdrențe.

Magnitudinea tragediei și a suferinței din „Moartea devastatoare" transformă inima și sufletul speciei noastre.[108]

A doua scenă a tragediei și suferinței, care marchează acest deceniu, este „Arderea mistuitoare"[109]. Deși incendiile extreme s-au produs în zone localizate din întreaga lume încă din anii 2020, incendiile violente de pe întreaga planetă devin o urgență gravă două decenii mai târziu. Pe măsură ce încălzirea globală se intensifică, zonele de secetă severă și de incendii mistuitoare se intensifică și ele.

- O mare parte din zona Amazoniană s-a uscat și arde[110].

- Suprafețe mari din California și din vestul Statelor Unite sunt în mod cronic în flăcări, transformând pădurile vechi în mărăciniș și tufișuri[111].

- Zone largi din regiunea Los Angeles ard, asemenea regiunilor întinse din Texas și Colorado.

- Porțiuni considerabile din Mexic sunt în flăcări.

- O mare parte din Australia este mistuită[112].

- Regiuni întinse din Europa – în special sudul Franței, Portugalia și restul regiunii mediteraneene – sunt în flăcări.

- Porțiuni importante din India, Pakistan, Iran și Afganistan sunt în flăcări.

- Regiuni din nordul și sud-vestul Chinei sunt în mod regulat în flăcări.

- Zone întinse din Africa sunt cronic în flăcări – în special Etiopia, Uganda, Sudan și Eritreea.

În loc să eticheteze epoca noastră ca fiind „Antropocen", în cartea sa *Fire Age*, profesorul Stephen Pyne o definește ca fiind „Pirocen" – un viitor cu foc și convulsii atât de imense și de inimaginabile încât „arcul de cunoștințe moștenite care ne leagă de trecut s-a rupt" și ne îndreptăm spre un viitor diferit de tot ceea ce am cunoscut până acum[113].

„Arderea mistuitoare" și „Moartea devastatoare" simbolizează dezintegrarea funcțională și deconectarea civilizațiilor umane de trecut. La propriu, nu mai suntem capabili să funcționăm așa cum o făceam înainte. În ciuda marilor eforturi depuse în deceniile anterioare, experimentul evolutiv al umanității eșuează. Ultimele rămășițe de încredere în calea istorică a progresului material al umanității se scurg din lume.

Elitele puternice care au dominat globul în deceniile anterioare se retrag în enclave, în timp ce lumea se destramă în jurul nostru. Criza ecologică planetară realizează ceea ce acțiunea non-violentă și protestul nu au reușit – *trezirea umanității*. Mai presus de toate, omenirea are nevoie de o cale nouă și cu scop precis, precum și de o viziune și o voce puternică pentru a ajunge acolo.

Populația umană experimentează colectiv SCTP (Stresul Cronic Traumatic Planetar), o mentalitate cu totul nouă care cuprinde întreaga familie umană. Diferența dintre PTSD (tulburare de stres post-traumatic) și SCTP este că, în loc de un episod relativ de scurtă durată și limitat, trauma persistă pe tot parcursul vieții și este de anvergură planetară. Nu există scăpare – povara traumei colective pătrunde în sufletul umanității.

Chiar și în timp ce absorb acest deceniu de suferință imensă, oamenii își dau seama că deteriorarea biosferei noastre va produce o suferință și mai mare în deceniile următoare, pe măsură ce oamenii se confruntă cu faptul că sunt smulși din rădăcinile pământului, culturii, comunității și mijloacelor lor de trai. Deși acest lucru s-a mai întâmplat în trecut, în anii 2040 va deveni un fenomen la scară planetară. Consecințele SCTP includ:

- Niveluri extrem de ridicate de anxietate socială, frică și răspunsuri de protecție,

- O concentrare redusă a atenției și dificultăți de concentrare asupra imaginii de ansamblu,

- Amorțire emoțională și utilizare pe scară largă a alcoolului, a drogurilor și a mass-media pentru a evada,

- Reactivitate, violență și tulburări de dispoziție,

- Sentimente de neajutorare, disperare și depresie care duc la epidemii de sinucidere.

Suferința incalculabilă a acestui deceniu dizolvă vechile identități și dogme, lăsându-i pe mulți profund răniți, atât din punct de vedere psihologic, cât și social. Expertul în stres Hans Seyle scrie: „Fiecare stres lasă o cicatrice de neșters, iar organismul plătește pentru supraviețuirea sa după o situație stresantă, îmbătrânind puțin."[114]

Chiar în momentul în care avem nevoie să ne unim în cooperare, ca specie, SCTP face acest lucru mult mai dificil.

Suferința imensă a acestor vremuri nu este lipsită de merite. În goana consumeristă după o fericire continuă, mulți au pierdut contactul cu profunzimile vieții – cu sufletele noastre. Timp de peste două decenii, psihoterapeutul Francis Weller a lucrat cu grupuri, facilitând confruntări autentice cu durerea. Weller scrie:

> „Pentru oamenii tradiționali, pierderea sufletului era, fără îndoială, cea mai periculoasă situație cu care se putea confrunta o ființă umană. Ea ne compromite energia vitală, scade bucuria și pasiunea, ne diminuează vitalitatea și capacitatea de uimire și admirație, ne subminează vocea și curajul și, în cele din urmă, ne erodează dorința de a trăi. Devenim dezamăgiți și descurajați."[115]

Un mare dar se ascunde în marea suferință – o cale spre reconectarea cu sufletul nostru. Carl Jung ne-a sfătuit: „Îmbrățișează-ți durerea, căci acolo sufletul tău va înflori". Durerile nerecunoscute limitează contactul cu sufletul colectiv al speciei noastre. Pe măsură ce omenirea se confruntă cu întunericul pierderilor noastre colective, recuperăm contactul cu sufletul nostru colectiv. Francis Weller scrie:

> „...fără familiarizarea cu durerea, nu ne maturizăm ca bărbați și femei. Inima frântă, partea care cunoaște durerea, este cea care este capabilă de iubire autentică... Fără această conștientizare ... ... rămânem prinși în strategiile adolescentine ale evitării și ale luptei eroice."[116]

Durerea pune în discuție acordul tacit al societății de consum de a accepta vieți superficiale și lipsite de sentimente. Doliul reprezintă o intrare în vitalitatea naturală și nedomesticită a sufletului nostru. Acceptarea durerii este secretul pentru a fi pe deplin viu – ușa de intrare în vitalitatea sălbatică și neîmblânzită a sufletului. Naomi Shihab Nye, în poemul său „Kindness", scrie:

*Înainte de a cunoaște bunătatea ca fiind cel mai profund
lucru din interior,
Tu trebuie să cunoști durerea ca fiind celălalt lucru cel
mai profund.
Trebuie să te trezești cu tristețea,
Trebuie să o spui până când vocea ta
Prinde firul tuturor tristeților
Și vezi dimensiunea pânzei.*[117]

Amploarea durerii lumii este imensă. Descoperim ceea ce sufletul indigen a știut dintotdeauna: *Noi nu suntem separați de Pământ – viața este pretutindeni și în toate lucrurile.* Când Pământul este sărăcit, noi suntem sărăciți în aceeași proporție.

Omenirea are atât de mult de jelit pentru că pierderile sunt atât de mari: Prin Moartea devastatoare, pierdem milioane de semeni prețioși – surori și frați care își caută viața lor unică pe Pământ, cu potențialul lor nerealizat, cu relații neîmplinite, cu talente neex-primate, cu daruri neprimite de alții. De asemenea, pierdem atât de mult din restul vieții – plantele și animalele care aduc bogăție, rezistență și frumusețe în viețile noastre.

În anii 2040, nu pierdem doar nenumărate vieți, ci și orașe, cul-turi, limbi și înțelepciune. De exemplu, odată cu creșterea nivelului mării, pierdem multe dintre cele mai vechi orașe din lume, stabilite pe coastele maritime – Alexandria, Egipt; Shanghai și Hong Kong, China; Jakarta, Indonezia; Mumbay, India; Ho Chi Minh City, Vietnam; Osaka și Tokyo, Japonia; Londra, Anglia; New York și Washington, DC, SUA... și multe altele[118].

Pierderile sunt atât de răspândite și atât de fundamentale încât îi trezesc pe oameni la înțelepciunea *ubuntu*: „Sunt ceea ce sunt datorită a ceea ce suntem noi.! Atunci când sentimentul de „noi" este diminuat, eu sunt diminuat proporțional cu bogăția vieții care a fost pierdută. Atunci când suntem în contact cu esența noastră, cu sufletul nostru, suntem scufundați în ecologia mai largă a vitalității.

Împărtășim înrudirea tuturor ființelor și experimentăm în mod direct zumzetul subtil și cântecul întregii vieți de pe planetă.

În prinsoarea unei tristeți copleșitoare pentru imensitatea pierderilor noastre, tânjim să ne întoarcem acolo unde eram înainte ca durerea să ne copleșească. Cu toate acestea, știm că nu ne putem întoarce niciodată; în schimb, suntem provocați să ne acceptăm soarta și să descoperim cum această înțelepciune ne poate transforma calea spre viitor. Durerea colectivă arde prin fabulații și fațade și ne întâlnim cu umanitatea brută. În autenticitatea acestei întâlniri, mergem înainte pentru a construi noi lumi.

Îndurerați de Moartea devastatoare și de Arderea
mistuitoare, suntem goi în fața evoluției.
Durerea nu este un joc de noroc.
Aceasta este lumea reală.

Când durerea ne cuprinde, știm că această lume nu este o făcătură. Ne confruntăm cu onestitatea vieții însăși, pentru a fi onorată și acceptată pentru ceea ce este. Jennifer Welwood, profesoară de psihologie spirituală și poetă, vorbește despre aceste vremuri:

Prieteni, haideți să ne maturizăm.
Să nu ne mai prefacem că nu știm care e treaba.
Sau, dacă chiar nu am observat, să ne trezim și să observăm.
Priviți: Tot ceea ce se poate pierde, se va pierde.
Este simplu – cum am putut să nu vedem asta atât
de mult timp?
Să deplângem pierderile pe deplin, ca niște ființe umane
mature, Dar, vă rog, să nu fim atât de șocați de ele.
Să nu ne comportăm atât de trădați,
ca și cum viața și-a încălcat promisiunea secretă față de
noi. Nepermanența este singura promisiune pe care
ne-o face viața,

și ea o ține cu o strictețe nemiloasă. Pentru un copil ea pare
crudă, dar este doar sălbatică, iar compasiunea ei rafi-
nat de precisă:
Strălucitor de pătrunzătoare, luminos de adevărată
Ea înlătură irealul pentru a ne arăta realul.
Aceasta este adevărata călătorie – să ne dăruim ei!
Să nu mai facem înțelegeri pentru o trecere sigură:
Oricum nu există una, iar costul este prea mare.
Nu mai suntem copii.
Adevăratul adult uman dă totul pentru ceea ce nu poate
fi pierdut. Haideți să dansăm dansul sălbatic al lipsei
de speranță![119]

Durerea ne duce dincolo de speranță, la adevărul crud al rea‐
lității. În durerea noastră colectivă, suntem chemați să trecem
dincolo de adolescența speciei noastre, să ne recunoaștem situația
actuală, să acționăm pentru ceea ce este real și să reacționăm cât
mai bine posibil.

> *Moartea devastatoare invocă maturitatea noastră*
> *colectivă, dincolo de speranță sau disperare – și*
> *ne cheamă să ne asumăm responsabilitatea de a*
> *face munca pe care vremurile noastre de Mare*
> *Tranziție ne-o cer.*

Durerea dezvăluie profunzimi. În fața morții, suntem pregătiți
să ne întoarcem deplin către viață. Pe măsură ce ne întâlnim cu ceea
ce pare insuportabil, descoperim ce este emoționant de viu. Doliul
demolează pretențiile și străpunge discuțiile superficiale și fericite
ale culturii de consum. Am ajuns într-un punct de ancorare a isto‐
riei, în care omenirea trebuie să facă alegeri cu consecințe care se
răsfrâng în cascadă în viitorul îndepărtat. Aceasta este evoluția în
stare brută. Moartea devastatoare ne cheamă la un nivel superior
de maturitate colectivă – să depășim adolescența speciei noastre
pentru a prelua frâiele viitorului.

Cu toții ne întrebăm dacă avem maturitatea necesară pentru a pune bunăstarea vieții mai presus de interesele noastre personale. Putem aborda aceste vremuri dificile cu umilință și compasiune? Putem să vorbim mai puțin și să ascultăm mai mult suferința lumii? Putem să ne asumăm responsabilitatea modului în care trăim și să conlucrăm pentru a crea o biosferă locuibilă, înțelegând că acest lucru necesită o schimbare radicală a modului nostru de viață?

În națiunile mai bogate, cu precădere, s-a dezvoltat o criză psihologică profundă, deoarece oamenii se simt profund vinovați și rușinați de devastarea planetei și de diminuarea oportunităților pentru generațiile viitoare. Mulți sunt în doliu pentru Pământ și simt că omenirea a eșuat în marele său experiment evolutiv. După zeci de mii de ani de dezvoltare lentă, mulți simt că, în decursul unei singure generații, ne-am distrus șansa de a avea succes în evoluție și deplâng această oportunitate pierdută. Comunitatea umană recunoaște că ne confruntăm cu un viitor sumbru, în ruină și disperare tot mai profundă, dacă nu ne ridicăm colectiv la înălțimea provocării acestui moment.

Suferința și durerea sunt un foc purificator care trezește sufletul speciei noastre. Valurile de calamități ecologice au consolidat perioadele de criză economică, ambele fiind amplificate de valuri masive de tulburări civile. Reconcilierea momentană este urmată de dezintegrare și apoi de o nouă reconciliere. Dând naștere unei specii-civilizații mai conștiente și mai sustenabile, omenirea oscilează prin cicluri de contracție și relaxare, până când ne epuizăm complet și ardem barierele rămase care ne separă de integritatea noastră ca familie umană.

În sfârșit, știm cu o certitudine de nezdruncinat:
Avem de ales între dispariție și transformare.

În anii 2040, mulți se întreabă dacă dispariția umanității ar fi o tragedie sau o binecuvântare[120]. Reprezentăm o contribuție atât de prețioasă pentru Pământ încât merităm să trăim, în timp ce alte milioane de specii nu merită? O criză morală profundă invadează Pământul. Merităm noi să continuăm să existăm? Putem găsi o cale și un scop care să ne permită să ne ridicăm deasupra acestor tragedii și să fim demni de viață?

Eforturile de reconciliere încep cu o promisiune și un sentiment de speranță, pentru ca apoi să se năruie în fața haosului climatic și a prăbușirii sistemelor. Există cu adevărat o bază pentru a trăi împreună pe acest mic Pământ cu atât de multe diferențe? Știm că durerile și diviziunile unei lumi distruse trebuie acceptate înainte de a putea fi vindecate – recunoașterea rupturii noastre este primul pas pe calea spre întregire.

Împinse de o necesitate stringentă, apar inovații în construirea unor noi tipuri de comunități. Oamenii modernizează structurile vechi pentru a crea noi expresii ale comunității, de la cartiere mici și locuințe comune la sate ecologice de diferite tipuri. Comunitățile de salvare se înmulțesc pe măsură ce oamenii recunosc faptul că construcțiile la scară mai mică se pot adapta rapid la circumstanțe în schimbare. Realizând importanța unor comunități sănătoase, crește sprijinul pentru orașe de tranziție și orașe sustenabile, dar prejudiciile aduse economiei, societății și ecologiei anterioare sunt atât de mari încât acest lucru este extrem de dificil. În același timp, tensiunile cresc, pe măsură ce valuri de refugiați climatici caută securitate și supraviețuire și încearcă să se mute în comunități sănătoase.

Simplitatea vieții nu mai este considerată un mod de viață regresiv. Stilul de viață cu emisii reduse de dioxid de carbon și valorile care îl însoțesc generează o nouă considerație pentru comunitate, suficiență și bunătate. Simplitatea modului de viață încurajează comunitățile puternice să își acorde sprijin reciproc pentru supraviețuire. Pe măsură ce oamenii își dezvoltă o serie de abilități care contribuie direct la bunăstarea vecinilor lor, ei simt că adevăratele lor daruri sunt binevenite în viața de zi cu zi.

Forțele de ascensiune sunt prezente în întreaga lume, dar sunt atât de fragmentate și deconectate unele de altele încât nu pot converge în curenți ascendenți puternici de feedback care se consolidează reciproc. Lumea este distrusă. Colapsul ecologic duce la colapsul egoului. Psihicul colectiv al umanității este profund rănit. Apelurile la maturitate se intensifică, doar pentru a fi copleşite de forțele de dezintegrare care împing omenirea la niveluri primare de luptă pentru a trăi. Micile comunități devin scara de bază a securității şi supraviețuirii.

Conştiința reflecției sau a mărturiei creşte pe măsură ce umanitatea este împinsă să privească în profunzime dincolo de viața de zi cu zi şi să recunoască existența rănită pe care am creat-o ca fundament pentru viitorul nostru. Recunoaştem că aceste vremuri de tranziție vor avea ca rezultat probabil fie o coborâre finală în extincție funcțională, fie trezirea colectivă şi reconstrucția.

Comunicarea colectivă pare să ofere cel mai mare potențial de reînnoire rapidă. Comunicăm sau pierim! Pe măsură ce ne confruntăm cu realitatea colapsului profund al ecosistemelor, ştim că nu ne putem retrage din dialogurile publice şi din construirea consensului; totuşi, pentru mulți, comunicarea de la nivel local la nivel global, menită să descopere o cale de urmat, pare inutilă şi sortită eşecului.

Anii 2050: Marea tranziție – Vârsta adultă timpurie

Rezumat

Moartea devastatoare şi Arderea mistuitoare nu lasă nicio urmă de îndoială că lumea trecutului a dispărut. Omenirea poate coborî în întunericul autoritarismului sau în negrul de cerneală al extincției – sau poate alege să avanseze de la durerea profundă din sufletul nostru colectiv spre un viitor de o neaşteptată vitalitate. Timpul nostru de alegere colectivă este neînduplecat şi urgent. Cunoaştem îndeaproape cuvintele poetului Wallace Stevens:

După ultimul nu vine un da
Şi de acest da depinde lumea viitoare.[121]

Care va fi „da"-ul omenirii? „Da, ne predăm", fie autoritarismului, fie extincției funcționale. Sau: „Da, vom face o alegere curajoasă" pentru a trece la o maturitate superioară și la un viitor în curs de transformare!

Pe măsură ce realitatea unei catastrofe climatice în desfășurare și a unei crize a sistemelor întregi ajunge în casele noastre, comunitatea umană este împinsă spre reflecție pentru a regândi în mod autentic cum să meargă mai departe. Putem să transformăm modul în care gândim colectiv (mintea speciei noastre) și modul în care vedem scopul nostru de a trăi pe Pământ (călătoria speciei noastre)? Ultimele trei decenii au adus disperare și durere cutremurătoare. Am renunțat la proiectul de a încerca să ne recuperăm trecutul. Putem construi un nou viitor prin trezirea unui nou simț al speciei noastre? Avem voința socială de a face această mare cotitură? Joanna Macy rezumă situația în mod clar:

> „[Suntem] ...asistenți pe patul de moarte al unei lumi muribunde sau moașe pentru următoarea etapă a evoluției umane? Pur și simplu nu știm. Deci, ce va fi? Neavând nimic de pierdut, ce ne-ar putea împiedica să fim cea mai curajoasă, cea mai inovatoare, cea mai caldă versiune a noastră, cu putință?"[122]

Rănile profunde provocate de „Moartea devastatoare" și de „Arderea mistuitoare" bântuie psihicul colectiv al umanității. Am fost eliberați din transa superficială a materialismului și ne putem întoarce la intuiția inițială a vitalității care impregnează lumea. Paradigma vitalității onorează rădăcinile spirituale ale tuturor marilor tradiții de înțelepciune ale lumii și aduce în lume o perspectivă vindecătoare. Inițiativele pentru o reconciliere amplă și profundă pot crește și se pot răspândi din această fundație și pot începe să vindece numeroasele noastre diviziuni – rasiale, etnice, religioase, de avere și de gen.

La începutul deceniului 2020, am recunoscut că pentru a construi un Pământ locuibil va fi nevoie de o reducere rapidă a emisiilor de

CO2 până la zero emisii nete până în 2050. Acum, acest deceniu sosește cu conștientizarea înspăimântătoare a faptului că eforturile umanității, deși eroice, au fost mult prea puține și mult prea târzii. Nu am atins acest obiectiv critic[123]. Au fost depășite mai multe puncte de inflexiune, metanul continuă să se verse în atmosferă, iar temperaturile globale se îndreaptă spre o creștere terifiantă de 3°C, producând fenomene climatice extreme care vor perturba toate formele de viață. Un miliard de oameni au devenit refugiați climatici.

Pas cu pas, începem să ne îndreptăm spre maturitatea noastră timpurie, ca specie. Cu o profundă considerație pentru bunăstarea tuturor formelor de viață ca bază pentru viitor, simțim briza încurajatoare a înălțării și a posibilităților emergente. Inițiativele *Vocea comunității* răsar la nivel regional, iar la nivel global înflorește o inițiativă solidă, *Vocea Pământului*. Știm, în adâncul sufletului nostru, că suntem cu toții cetățeni ai Pământului și căutăm noi dialoguri pentru a integra această înțelegere în viața noastră de zi cu zi și pentru a conlucra pentru reconstrucția Pământului ca locuința noastră primitoare. Durerile imense ale ultimului deceniu trezesc un angajament colectiv pentru crearea unei căi spre viitor care să treacă dincolo de distragerile nesfârșite ale violenței.

Recunoscând urgența de a găsi un teren comun superior de înțelegere și vindecare, lumea se scufundă într-un ocean de comunicare. Zi și noapte, o conversație globală bogată și complexă caută înțelegere și o viziune vindecătoare pentru viitor. Am trecut pragul unei noi etape de maturitate, în care suntem dispuși să lucrăm pentru bunăstarea întregii vieți și să ne luăm angajamente pentru un viitor profund. Ne așteaptă milenii de muncă, pe măsură ce ne împăcăm cu conviețuirea și cu construirea unui viitor prosper pe un Pământ grav rănit.

Prezentarea principalelor tendințe ale anilor 2050

- Încălzirea globală și perturbarea climei: Obiectivul de zero emisii de CO2 până în 2050 nu este atins. Temperaturile globale cresc cu până la valoarea terifiantă de 3°C (5,4°F) și produc schimbări climatice extrem de perturbatoare și distructive[124]. Metanul continuă să se răspândească în atmosferă, amplificând fenomenele meteorologice extreme, reducând productivitatea agricolă, afectând zonele de coastă cu valuri de furtună și uragane și perturbând profund habitatele plantelor și animalelor. În condițiile unei încălziri și acidificări fără precedent, oceanele sunt în mare parte lipsite de viață, solul este secat și uscat, iar colapsul ecologic este larg răspândit, deoarece plantele și animalele nu se pot adapta la viteza schimbărilor climatice.

Timp de mai multe decenii, am recunoscut că, dacă temperatura crește cu 3°C, șansele de a evita o încălzire de patru grade sunt slabe, iar dacă ajungem la 4°C, se vor produce bucle de feedback și mai intense care vor face extrem de dificilă oprirea creșterii temperaturii cu 5°C[125]. Ne aflăm într-un roller-coaster spre iad.

Criza climatică deplină este în desfășurare.

- **Penuria de apă**: „Se așteaptă ca stresul hidric să afecteze 52% din populația mondială până în 2050."[126] În condițiile în care populația mondială se apropie de zece miliarde de oameni, aceasta înseamnă că peste cinci miliarde de oameni vor fi afectați de penuria de apă[127]. Această estimare ignoră probabilitatea unei perioade de Moarte devastatoare în care un miliard sau mai mulți oameni vor pieri). Pentru mulți, traiul a devenit o luptă disperată pentru supraviețuire într-o lume supraîncălzită și uscată.

- **Penuria de alimente**: Până în 2050, se preconizează că populația globală va depăși nouă miliarde de locuitori, însă rezervele de hrană sunt supuse unui stres enorm și sunt în pericol, deoarece lumea se îndreaptă spre un ecosistem din ce în ce mai sterp, lipsit de o diversitate bogată de plante și animale. Cererea de alimente este cu 60% mai mare decât în 2020, însă încălzirea globală, urbanizarea și degradarea solului au redus disponibilitatea terenurilor arabile[128]. Reamintim că se estimează că fiecare grad Celsius (1,8 Fahrenheit) de încălzire produce o scădere de 10 până la 15% a randamentelor agricole. Prin urmare, la o temperatură de 3°C, productivitatea agricolă scade cu 30 până la 45% ca urmare a creșterii temperaturilor. Mai grav, eforturile de reducere a emisiilor de carbon includ reducerea utilizării îngrășămintelor și pesticidelor pe bază de petrol. Aflate în imposibilitatea de a susține producția agricolă, stocurile de alimente scad și mai mult, iar miliarde de oameni sunt expuși riscului de a muri de foame. „Până în 2050, până la cinci miliarde de oameni ... se vor confrunta cu foametea și lipsa apei potabile, deoarece încălzirea climei perturbă polenizarea, apa dulce și habitatele de coastă. Oamenii care trăiesc în Asia de Sud și în Africa vor suporta cele mai grave consecințe."[129]

- **Refugiații climatici**: Până la jumătatea secolului, se așteaptă ca numărul refugiaților climatici să ajungă la peste 300 de milioane, posibil mult mai mare[130]. Afluența de refugiați în regiunile mai locuibile ale planetei creează premisele unor conflicte enorme.

- **Populația globală**: Se ajunge la un număr estimat de zece miliarde de oameni până în 2057[131]. Însă, această estimare nu ia în considerare „Moartea devastatoare" din anii 2040, când zece la sută sau mai mult din populația lumii ar putea pieri. Magnitudinea potențială a morții în anii 2050 pare de neimaginat, mai ales în condițiile în care deficitul de apă și productivitatea agricolă deficitară sunt în creștere.

- **Extincția speciilor**: Habitatele plantelor și animalelor de pe Pământ – pe uscat, în oceane și în aer – sunt perturbate constant, cu o viteză mult mai mare decât capacitatea lor de adaptare. Până la jumătatea secolului, aproximativ o treime din toate formele de viață de pe planetă sunt pe moarte, iar rezultatele sunt îngrozitoare. Moartea unor întregi specii de insecte duce la o răvășire în cascadă a biosferei. Cantitatea și caracterul rezervelor de hrană sunt modificate dramatic. Pajiștile sunt în pericol. Animalele care depind de plante pentru hrană sunt în pericol. Beneficiarii pe termen scurt ai acestor dispariții sunt gunoierii – gândacii de bucătărie și vulturii pe uscat și meduzele în oceane[132].

- **Creșterea/prăbușirea economică**: Până la jumătatea secolului, impactul încălzirii globale va fi dezastruos. Eforturile de reducere la zero a emisiilor de dioxid de carbon reduc creșterea economică și sunt considerate un eșec, la care se adaugă un val tot mai mare de colaps economic, falimente și dezintegrări organizaționale. Penuriile de toate felurile se intensifică, însoțite de acaparare, piețe negre, furturi generalizate și violență. Sursele tradiționale de valoare (numerar, acțiuni și obligațiuni) continuă să scadă, în timp ce valoarea rezervelor limitate de medicamente, alimente și combustibili crește. Productivitatea agricolă continuă să scadă pe măsură ce temperaturile cresc. Tulburările climatice și migrațiile umane masive perturbă profund modelele de comerț și producție. Economia globală se fracturează și se fragmentează, trecând la economii locale de viață. Mentalitatea de creștere a trecutului este înlocuită în mare măsură de o mentalitate de supraviețuire și de sustenabilitate, cu accent pe consolidarea rezilienței locale în cadrul economiilor vii.

- **Inechități economice**: Inechitățile extreme persistă în ciuda încercărilor de a crea o revoluție a echității. Impactul încălzirii globale este resimțit cel mai intens de către persoanele care sunt cel mai puțin responsabile de crearea acestuia și cel mai puțin capabile să îl atenueze. Cei mai săraci din lume fac față foametei, bolilor și dislocărilor. Sărăcia extremă – fără acces la instrumentele și resursele esențiale necesare pentru construirea unei economii locale viabile – îi forțează pe oameni să trăiască în condiții de minimă supraviețuire și îi împiedică să se alăture eforturilor de construire a unei ecocivilizații pentru Pământ. O mai mare echitate în ceea ce privește accesul la tehnologiile și resursele de bază este esențială pentru a îmbunătăți sănătatea și productivitatea persoanelor defavorizate și pentru a crea bazele unui viitor mai durabil. Îmbunătățirea condițiilor de trai ale celor mai săraci este mai mult decât o expresie a compasiunii, este modalitatea de a mobiliza un răspuns de bază cu efect de pârghie dat perturbării climatice și dezastrelor globale.

Scenariu: ne imaginăm cum se vor desfășura anii 2050

Moartea devastatoare continuă, în timp ce milioane de oameni pier în fiecare lună. Umbra suferinței inutile întunecă lumea și influențează perspectiva umanității asupra viitorului. „Arderea mistuitoare" se accelerează, pe măsură ce încălzirea globală se accelerează. Milioane de refugiați climatici caută să se mute în zonele favorizate de resurse. Eforturile bine intenționate ale comunităților locale de a împărți resursele sunt întâmpinate de valuri masive de refugiați care copleșesc rapid sistemele deja suprasolicitate. Multe comunități se văd puse la încercare mult peste capacitățile lor. Depășirea duce la conflicte violente, deoarece oamenii și comunitățile ajung la limita supraviețuirii. Violența favorizează izolarea locală și o mentalitate de „construire a zidurilor".

O criză psihologică profundă continuă să se accentueze, în special în națiunile dezvoltate, deoarece oamenii văd oportunități diminuate pentru generațiile viitoare. Mulți se cufundă într-o disperare profundă. Sufletul umanității este grav rănit moral – am devastat Pământul și am încălcat simțul nostru intuitiv al eticii.

Ne confruntăm cu un viitor de o tristeţe fără sfârşit. Avem voinţa socială de a face o mare tranziţie?

Întrebarea întrebărilor este:
Cum poate comunitatea umană să conlucreze pentru
a face faţă, cu solidaritate, provocărilor cu care ne
confruntăm acum?

Ne confruntăm cu o criză existenţială ca specie şi suntem forţaţi să ne întrebăm, din nou şi din nou: Cine suntem noi? Încotro ne îndreptăm? Suntem împinşi să ne reamintim înţelepciunea originară, aceea că trăim într-o lume pătrunsă de o vitalitate subtilă. Dreptul de a recâştiga înţelepciunea vitalităţii profunde ne conectează cu universul, ca un întreg unificat. Sentimentul nostru de identitate şi călătoria noastră evolutivă se transformă. Din ce în ce mai mult, ne considerăm atât fiinţe biologice, cât şi fiinţe cosmice care învaţă să trăiască într-o ecologie a vieţuirii. Eliberându-ne din transa consumeristă a materialismului superficial într-un univers mort, suntem eliberaţi pentru a explora modalităţi de a trăi într-un univers sensibil care oferă un sens şi un scop profund.

Împins înainte de o pierdere imensă şi tras în faţă de promisiunea unei călătorii de vindecare, sistemul nervos global se trezeşte cu o nouă capacitate de autocunoaştere colectivă. Apare o nouă „mentalitate a speciilor" sau o conştiinţă reflexivă la scară terestră. Am început să dezvoltăm capacitatea de a ne observa – de a ne recunoaşte în oglinda minţii noastre colective – şi de a ne autoghida spre niveluri mai înalte de organizare, coerenţă şi conexiune. Cu o conştiinţă reflexivă, putem asista mai clar la ceea ce se desfăşoară în lume şi ne putem alege mai conştient calea de urmat. Ieşim din bula materialismului de distragere şi trecem la o participare cu ochii deschişi la viaţă.

Familia umană recunoaşte acum că abilitatea noastră de a comunica a fost cea care ne-a permis să evoluăm de-a lungul a mii de ani până la marginea civilizaţiei planetare. Recunoaştem, de asemenea, că avem nevoie de un nou nivel de comunicare planetară care să ne permită să colaborăm şi să lucrăm împreună pentru bunăstarea tuturor. Până în anii 2050, suntem la trei generaţii de la revoluţia globală a comunicaţiilor şi avem o aversiune puternică faţă de manipularea de către mass-media de consum. Recunoaştem că supravieţuirea noastră depinde de o înţelegere precisă şi realistă a ceea ce se întâmplă în lume şi am devenit foarte neîncrezători faţă de orice încercare de manipulare a minţii noastre colective pentru putere şi profit. Avem o memorie a speciei a inundării cu distorsiuni şi dezinformări deliberate pentru a crea haos, confuzie şi distragere a atenţiei[133]. Aceste experienţe dureroase servesc drept imunizare socială pentru a reduce posibilitatea de infectare a minţii noastre colective.

O evoluţie esenţială pentru construirea unui consens global este creşterea numărului de supercalculatoare care au capacităţi atât de mari încât pot monitoriza cu uşurinţă votul a miliarde de oameni în timp real. Prin combinarea puterii inteligenţei artificiale cu înregistrările de încredere ale tehnologiilor blockchain, sistemele de supercalculatoare pot asigura votul confidenţial al miliarde de oameni în reţele sigure. Cu aceste progrese, Pământul este dinamizat de noi niveluri de comunicare de la local la global. Organizaţiile *Vocea comunităţii* proliferează la nivel local, iar o organizaţie robustă funcţionează la nivel global. Lumea este infuzată cu o comunicare clară despre viitorul nostru comun. Cei mai mulţi oameni salută un sentiment crescând de:

- *Identitate* ca cetăţeni ai Pământului. O identitate la scară globală nu diminuează alte identităţi de naţionalitate, comunitate, etnie şi aşa mai departe; mai degrabă recunoaşte realitatea interdependenţei şi responsabilitatea tuturor cetăţenilor pentru bunăstarea Pământului.

- *Împuternicire* ca cetăţeni ai Pământului. Decenii de participare la diverse forumuri electronice au demonstrat că feedback-ul cetățenilor poate avea o influență puternică asupra politicilor publice.

- *Egalitate* ca cetățeni ai Pământului. În ciuda diferențelor de avere și privilegii, în forumurile electronice, vocea și votul fiecărei persoane contează în mod egal în alegerea viitorului omenirii.

- *Solidaritate* ca cetățeni ai Pământului. Decenii de traume și suferință au creat noi legături de încredere și recunoaștere a faptului că asigurarea unui viitor transformator va fi un efort de echipă.

Apare o cale promițătoare către un viitor regenerator, util și durabil. Deși am ajuns în pragul ruinei ca specie, cu ajutorul dialogurilor local-globale și cu noi niveluri de maturitate și înțelegere colectivă, ne-am retras de pe marginea dezastrului. După ce am epuizat orice speranță de soluții parțiale, am ajuns sub haosul și tristețea acestor vremuri să descoperim un sentiment mai profund de comunitate și de scop colectiv. Am trăit o Moarte devastatoare și acum ne maturizăm într-o Trezire profundă, ca o comunitate terestră. Trecem dincolo de adolescența egocentrică a speciei și intrăm în maturitatea timpurie, cu o preocupare crescândă pentru bunăstarea întregii vieți. Recunoscând rasismul structural, inegalitățile extreme în ceea ce privește bogăția și bunăstarea, diviziunile de gen etc., căutăm vindecarea și un teren comun mai înalt care întruchipează un nou nivel de cooperare și colaborare.

Lumea se află acum într-o cursă între extincție și transformare. Prăbușirea civilizațiilor nu a afectat încă iremediabil bazele pentru construirea unui viitor viabil pentru Pământ. Pe glob apar noi configurații de viață orientate spre eco-sate la scară mică, auto-organizate și autosuficiente.

Simplitatea voluntară devine o valoare de bază și atinge totul – hrana pe care o consumăm, munca pe care o facem, casele și comunitățile în care trăim și multe altele. Modurile de viață ecologice înfloresc cu o multitudine de expresii. Oamenii recunosc faptul că restaurarea și reînnoirea Pământului ca sistem de susținere a vieții locuibile va dura secole, dar această călătorie este acum în curs de desfășurare.

O serie de factori cu potențial înălțător au ieșit din noaptea întunecată a sufletului speciilor pentru a genera un angajament puternic de a construi o lume nouă. Atunci când acești șapte factori intră în joc și încep să se consolideze reciproc, ei creează în mod colectiv un impuls suficient de puternic pentru ca omenirea să se ridice deasupra atracției descendente a autoritarismului sau a extincției. Recunoaștem că am trecut printr-o inițiere propovăduită ca specie și că un viitor al restaurării și reînnoirii este posibil dacă ne vom alege conștient calea de urmat. Alegerile cu jumătate de inimă nu vor fi suficiente. Avansul evolutiv necesită angajamentul deplin al oamenilor pentru a salva Pământul și propriul nostru viitor.

Anii 2060: Marea Libertate – Să alegem Pământul

Rezumat

Majoritatea oamenilor recunosc că ne aflăm într-un moment de cotitură în istorie. Pământul hrănitor care a susținut ascensiunea noastră până la marginea unei civilizații globale a fost transformat de incendii, inundații, secete, foamete, boli, conflicte și extincții. În loc să lăsăm aceste provocări în urmă, știm că munca noastră este să le acceptăm și să le integrăm în noi. Acceptarea este sursa de învățare fundamentală, care ne permite să rezistăm în viitorul îndepărtat.

Călătoria transformării ne cheamă să ne maturizăm și să ne impunem ca specie stabilă din punct de vedere dinamic, autoreferențială și auto-organizatoare. O nouă economie începe să se dezvolte în întreaga lume. Eco-satele și comunitățile mai mari devin motoarele unui nou tip de comerț, pe măsură ce interacționează cu alte comunități, folosind monedele locale pentru a face schimb de competenţe şi servicii – cum ar fi educaţia, asistenţa medicală, îngrijirea bătrânilor, sistemele de energie solară şi eoliană, grădinăritul organic, hidroponia, agricultura verticală, abilităţile de construcţie a locuinţelor, printre altele. Eco-satele reziliente se agregă în comunităţi reziliente, iar acestea se combină în regiuni reziliente de vieţuire cooperativă.

Din ce în ce mai mult, respectul şi grija pentru bunăstarea vieţii se bazează pe o înţelegere emergentă a faptului că universul este el însuşi un vast organism viu din care noi suntem parte integrantă. Suntem mai mult decât fiinţe biologice, suntem fiinţe „bio-cosmice" care învaţă să se simtă acasă într-un univers viu. Conştiinţa reflexivă nu mai este privită ca un lux spiritual pentru câţiva; acum este văzută ca o necesitate evolutivă pentru mulţi.

O majoritate a oamenilor aleg conştient să lucreze în numele unei comunităţi terestre fondate pe libertate, egalitate, bunăstare ecologică, simplitatea vieţii, vindecarea şi restaurarea planetei şi comunicarea autentică. O mişcare vibrantă *Vocea Pământului* oferă o coerenţă şi o direcţie din ce în ce mai clară acestei intenţii a speciei.

O specie-organism de mărimea Pământului, compusă din miliarde de indivizi, se trezeşte ca umanitate colectivă. Cu o solidaritate crescândă, alegem Pământul ca fiind casa noastră durabilă. Cu preţul unor suferinţe şi dureri de nedescris, am depăşit divergenţele trecutului pentru a descoperi o relaţie profundă, de suflet, cu Pământul şi cu ceilalţi oameni. Simţim că ne-am plătit datoriile – preţul trecerii în prima etapă a maturităţii globale – prin imensa noastră suferinţă. Marea anxietate cu privire la supravieţuirea speciei noastre este înlocuită de sentimente intense de comunitate globală, solidaritate şi rudenie – generând noi valori de optimism. Am reuşit să trecem *împreună* prin această perioadă de iniţiere profundă. Specia noastră a trecut prin perioada cea mai periculoasă cu putinţă şi am supravieţuit. Am început cu adevărat să ne cunoaştem ca familie umană, cu toate defectele şi idiosincraziile noastre. Ştim că nu există odihnă finală – că trebuie să lucrăm în permanență pentru a ne împăca cu noi înșine – și acum știm că suntem la înălțimea provocării.

Prezentarea principalelor tendințe ale anilor 2060

- Încălzirea globală se apropie rapid de un nivel catastrofal de 3°C (5+°F), iar clima globală devine haotică. Împinsă de o necesitate stringentă, lumea începe să se orienteze către utilizarea pe scară largă a geoingineriei climatice pentru a limita încălzirea globală. „Geoingineria solară" utilizată pentru a reflecta o mică parte din energia solară înapoi în spațiu, ajută la suprimarea creșterii temperaturii cauzate de creșterea nivelului de gaze cu efect de seră. Un înveliș subțire de particule combate încălzirea globală imitând cenușa fină emisă de erupțiile vulcanice, care deviază radiația solară se împrăștie în atmosferă. În timp ce acest înveliș de particule compensează creșterea rapidă a temperaturilor globale, se așteaptă ca reducerea radiațiilor solare să producă schimbări dramatice în sistemele meteorologice și în modelele de precipitații determinate de energia solară. De exemplu, cu ajutorul geoingineriei solare, musonii asiatici, de care depind culturile alimentare a două miliarde de oameni, ar putea să dispară. În ciuda riscurilor enorme, este probabil ca geoingineria solară să fie implementată la scară planetară până în anii 2060, în încercarea de a stabiliza încălzirea globală. Încălzirea globală ar putea fi, de asemenea, atenuată prin eforturi masive de captare a carbonului, care includ, de exemplu, plantarea a cel puțin un trilion de copaci pe glob.

- **Penuria de apă** creează probleme pentru mai mult de jumătate din populația lumii, generând conflicte intense și violențe pentru accesul la apă. Se lansează o inițiativă la scară planetară pentru a repartiza accesul la apă și pentru a dezvolta instalații de desalinizare alimentate cu energie solară.

- **Penuria de alimente** se acutizează pe măsură ce populația crește și productivitatea scade. Jumătate din populația lumii se confruntă cu penurie cronică și foamete. La fel ca în cazul apei, se lansează o inițiativă globală de raționalizare și alocare a alimentelor.

- **Numărul refugiaților climatici** continuă să crească dramatic. Universitatea Cornell estimează că, până în 2060, un număr record de 1,4 miliarde de oameni – aproximativ o cincime din populația lumii – ar putea deveni refugiați din cauza schimbărilor climatice[134]. Structurile civice ale unei lumi care se destramă vor fi copleșite și vor avea nevoie de cooperare globală pentru a găsi locuințe adecvate pentru oameni.

- **Extincția speciilor** se accelerează pe măsură ce plantele și animalele nu reușesc să se adapteze suficient de repede la schimbările dramatice ale climei și ale modelelor meteorologice. Pe măsură ce biosfera se degradează, o parte tot mai mare a omenirii s-ar putea înscrie într-un corp de voluntari care depun eforturi pentru reînnoirea Pământului.

- **Prăbușirea economică** este larg răspândită, producând acaparare, piețe negre și violență. Cu toate acestea, luptele pentru supraviețuire sunt contrabalansate de buzunarele burdușite ale economiilor locale la scară comunitară. Un nou tip de economie apare la nivel local, axat pe reînnoire, restaurare și regenerare.

Scenariu: ne imaginăm cum se vor desfășura anii 2060

O mare parte a umanității recunoaște că am ajuns la un punct istoric de alegere. Pământul hrănitor care a sprijinit creșterea unei civilizații globale a fost transformat. Nu se știe dacă biosfera poate fi reparată suficient pentru a susține apariția unui nou tip de civilizație umană.

S-a dat startul istoriei și ne aflăm într-o cursă pentru a trece dincolo de un dezastru creat de noi înșine.

Pas cu pas, apare o minte transformată a speciei, cu un caracter și un temperament recognoscibil. Dezvoltăm progresiv un nou nivel de maturitate colectivă și compasiune care se ridică deasupra separărilor din trecut. Făcând un pas înapoi și văzându-ne pe noi înșine ca specie conflictuală și totuși creativă, care are un potențial enorm neexploatat de inovare și bunătate, dăm naștere unei specii-civilizații funcționale. Apare o specie-organism de mărimea Pământului și, cu o solidaritate crescândă, alegem Pământul ca fiind casa noastră durabilă. Cu prețul unor suferințe și necazuri de nedescris, am depășit divergențele trecutului pentru a descoperi o relație profundă, de suflet, cu Pământul și cu ceilalți oameni.

Inteligența subiacentă, creativă și imensa răbdare a universului viu devin din ce în ce mai evidente pentru noi. Trecem un prag către noi niveluri de înțelegere colectivă a călătoriei noastre evolutive. Întreaga istorie a speciei noastre a adus această deschidere către o identitate mai largă, o umanitate mai solidă și un viitor mai primitor. Începem să ne vedem pe noi înșine ca pe niște celule în corpul unui super-organism. Pe măsură ce vechea lume se destramă și se dezintegrează, o nouă umanitate se autoasamblează din aceste fragmente.

Valuri de comunicare învăluie Pământul. O mișcare *Vocea Comunității* prinde rădăcini în regiunile metropolitane de pe întreaga planetă și creează o voce robustă, de la bază, pentru umanitate. Inițiativele „Vocea vecinătății" contribuie la cele la scară bioregională, luminând conștiința colectivă a speciei prin comunicare intensă pe tot Pământul. Aceste surse vibrante de comunicare locală se contopesc în inițiativele regionale din întreaga lume. Prin comunicare puternică, luminând majoritatea regiunilor Pământului, o fundație puternică pentru *Vocea Pământului* prinde rădăcini solide și crește.

Diviziunile de rasă, avere, sex, religie, etnie și geografie persistă. Cu toate acestea, revoluția globală a comunicațiilor a devenit o forță puternică de reconciliere. Martin Luther King Jr. spunea că, pentru a face dreptate în relaţiile umane, „nedreptatea trebuie expusă, cu toată tensiunea pe care o creează expunerea ei, la lumina conştiinţei umane şi la aerul opiniei naţionale înainte de a putea fi vindecată"[135]. Nedreptatea şi inechităţile globale au înflorit în întunericul neatenţiei şi al ignoranţei. Acum, lumina vindecătoare a conştiinţei publice creează o nouă conştiinţă în rândul comunităţii umane. Deoarece oamenii care supravieţuiesc ştiu că întreaga lume priveşte, un puternic impuls restaurator şi vindecător pătrunde în relaţiile umane. Cu nenumărate rezoluţii, petiţii, declaraţii şi sondaje din toate regiunile şi de la toate nivelurile lumii, locuitorii Pământului îşi fac cunoscute sentimentele – alegem, din nou şi din nou, să ne depăşim numeroasele diferenţe şi să ne unim în cooperare. Un angajament faţă de un viitor regenerator, cu scop definit, se consolidează – vizibil, conştient şi profund – în psihicul nostru colectiv. Împinsă de o necesitate stringentă şi atrasă de oportunităţi convingătoare, marea cotitură pe care omenirea a căutat-o iese treptat la iveală din durerea şi tristeţea deceniilor cruciale.

Miliarde de oameni au murit trecând prin iniţierea speciei noastre în vârsta adultă timpurie. Jurăm să le preţuim cu sfinţenie sacrificiul, să nu-l uităm niciodată; în schimb, facem din el un dar sacru de recunoştinţă, în timp ce învăţăm să trăim într-o vieţuire mai profundă. Întunericul morţii a aprins flacăra vitalităţii sufleteşti. În timp ce încă plângem pierderea atâtor vieţi, a atâtor culturi, a atâtor specii, pas cu pas ne angajăm la noi moduri de a trăi care onorează tot ceea ce a fost pierdut – transformând marea suferinţă în noi moduri de a fi împreună.

Epuizaţi de proiectele superficiale ale consumerismului, suntem entuziasmaţi de proiectele profunde de a învăţa să trăim în universul nostru viu. Am avut în faţă posibilitatea extincţiei noastre funcţionale şi, în schimb, am ajuns la o viaţă mai amplă. Ne acceptăm soarta – recunoscând că nu există un armistiţiu final sau o armonie de durată – şi, în schimb, ne angajăm la bunăvoinţă şi cooperare în fiecare zi – pentru totdeauna.

*Realizând că nu există o odihnă finală și că avem
abilitățile și rezistența necesare pentru călătoria
continuă, ne ridicăm la un nou nivel de conștientizare
colectivă, maturitate și responsabilitate.*

Cu un „da" colectiv, cei care au supraviețuit fac alegerea fermă de a găsi o nouă cale de urmat. Ne angajăm să alegem Pământul ca fiind casa noastră pentru un viitor profund. Viitorul nostru pe termen lung este departe de a fi sigur, dar ne angajăm în sarcina de a restaura lumea noastră profund rănită și de a ne stabili ca specie și civilizație viabilă. În noi, crește o capacitate matură de comportament etic. Pornind de la o bază de reflecție conștientă și reconciliere, comunitatea umană începe restaurarea și reînnoirea biosferei ca proiect comun, iar acest lucru promovează un sentiment profund de rudenie și conexiune. Apare o cultură globală a bunătății.

A trăi în momentul prezent, cu experiența directă de a fi în viață, devine sursa centrală a sensului și scopului. Alegem să trecem dincolo de căutările nesfârșite ale consumerismului la bogăția de a fi pur și simplu în viață în acest univers remarcabil. Împreună, trecem de la o mentalitate de deconectare și exploatare într-un univers mort la una de conectare și grijă într-un univers viu.

Anii 2070: Marea călătorie – Un viitor deschis

Rezumat

Privind în viitor, toate cele trei căi principale sunt încă prezente în lume. Care dintre acestea va prevala în cele din urmă rămâne neclar. Întregul Pământ se află încă în mijlocul unei crize a întregului sistem, iar nevoia de acțiune puternică și coordonată este atât de mare încât, în lipsa unor cetățeni care să facă un pas înainte cu un nivel ridicat de acțiune auto-organizată, nevoia extremă de luare rapidă și concentrată a deciziilor ar putea face ca autoritarismul să devină realitatea politică dominantă.

Deşi centrul de greutate socială s-a deplasat în favoarea unei căi de transformare, ameninţarea extincţiei funcţionale a umanităţii rămâne o posibilitate realistă. Noile tehnologii ne-ar putea ajuta, dar nu ne vor salva. Factorii invizibili – cum ar fi comunicarea, conştiinţa, reconcilierea, vivacitatea – vor determina rezultatul.

După o jumătate de secol de frământări şi tranziţie, vedem, cu o claritate de neclintit, că încă avem în faţa noastră trei scenarii de viitor foarte diferite:

- Extincţie funcţională şi o nouă eră întunecată.

- Dominaţie autoritară şi stagnare evolutivă.

- Transformare şi o nouă explozie de evoluţie creativă.

- Aceste rânduri scrise de T.S. Eliot spun multe:

  Nu vom înceta să explorăm, iar
  sfârşitul tuturor explorărilor noastre...
  va fi să ajungem acolo de unde am plecat
  şi să cunoaştem locul pentru prima oară.[136]

Deşi calea de urmat rămâne deschisă, centrul gravitaţiei sociale s-a deplasat decisiv în favoarea unui viitor transformaţional şi a perspectivei de a dezvolta o civilizaţie planetară din ce în ce mai matură. Pe măsură ce continuăm să învăţăm, să creştem şi să ne trezim, viitorul rămâne o chestiune de alegere colectivă. Nu am vindecat marea rană provocată Pământului. Nu ne-am stabilit în mod miraculos, într-o nouă eră de aur, de pace şi prosperitate. Continuăm să luptăm pentru supravieţuire, făcând faţă provocărilor imense ale încălzirii globale, imensei dureri şi suferinţe a muritorilor, dificultăţilor extreme de a stabili milioane de refugiaţi climatici, de a restabili cât mai multe specii de plante şi animale şi de a finaliza provocarea colosală de a face tranziţia către un viitor bazat pe energie regenerabilă. Cu toate acestea, ceea ce am realizat este important: am ajuns la un stadiu de înţelegere colectivă matură, ca specie diversă şi, deocamdată, controversată. Ştim că trebuie să lucrăm împreună, pentru totdeauna, dacă nu vrem să pierim de pe Pământ; acum, trebuie să găsim o modalitate de a trăi în echilibru cu ecologia Pământului și a universului viu.

PARTEA A IV-A

Mesaje pentru un viitor transformațional

Este 3:23
dimineața
și sunt treaz
pentru că stră-strănepoții mei
nu mă lasă să dorm.
Stră-strănepoții mei
mă întreabă în vis
Ce făceai în timp ce planeta era jefuită?
Ce făceai când Pământul se destrăma?
Așa-i că ai făcut ceva
când anotimpurile au început să se stingă?
când mamiferele, reptilele, păsările mureau?
Ai ieșit pe străzi la proteste
când democrația a fost furată?
Ce ai făcut
când
ți-ai dat seama?

—*Scara hieroglifică* de Drew Dellinger[137]

Forțe înălțătoare pentru transformare

Când vom vindeca Pământul, ne vom vindea pe noi înșine.

—David Orr

Forțele înălțătoare se activează atunci când *toată* viața este înnobilată! Alegerea *bunăstării întregii vieți* ca bază pentru bunăstarea noastră ca specie necesită o extindere și o aprofundare profundă a angajamentului nostru față de viață. O mare tranziție de la separarea profundă la comuniunea conștientă, în slujba bunăstării întregii vieți, nu se va întâmpla în mod automat. Acesta este un proces solicitant, atât la nivel individual, cât și colectiv.

Atunci când ne confruntăm cu perspectiva extincției umanității, descoperirea unor forțe care, dacă sunt alese în mod conștient, ne pot înălța pe drumul nostru evolutiv, este o comoară de neprețuit. Mai jos sunt prezentate șapte forțe înălțătoare care sunt simple, universale, cu impact emoțional și care ne pot trezi potențialul uman superior. Fibre ale acestora au fost țesute în scenariul viitoarei jumătăți de secol. Aici, forțele înălțătoare sunt explorate mai pe larg pentru a dezvălui puternicul curent ascendent pe care îl pot conferi călătoriei umane.

1. Să alegem însuflețirea

2. Să alegem conștiința

3. Să alegem comunicarea

4. Să alegem maturitatea

5. Să alegem reconcilierea

6. Să alegem comunitatea

7. Să alegem simplitatea

Le vom prezenta pe rând mai pe larg.

Să alegem însuflețirea

Universul este o singură ființă vie care conține toate ființele vii din el.
—Platon

Suntem suflete îmbrăcate în veşminte biochimice sacre, iar corpurile noastre sunt instrumentele prin care sufletele noastre îşi cântă muzica.
—Albert Einstein

Energia înălțătoare se poate genera în mod natural atunci când ne facem casă într-o paradigmă a însuflețirii care ne oferă o nouă înțelegere a naturii *realității* şi a *identității* umane – şi când acestea, la rândul lor, aduc noi perspective în *călătoria noastră evolutivă*. Schimbările de paradigmă care trezesc această triplă transformare sunt extrem de rare în istorie. Ne aflăm acum în mijlocul unei astfel de treziri a cărei esență poate fi rezumată la *trecerea de la moarte la însuflețire*: în loc să privim universul ca fiind compus din materie moartă şi spațiu gol, fără sens sau scop, universul este cunoscut şi perceput ca un organism sensibil unificat – o entitate singulară şi vie – care devine din ce în ce mai conştient şi generează expresii din ce în ce mai complexe ale însuflețirii sale.

Opinia conform căreia trăim într-un univers unificat şi viu nu este „nouă". Dimpotrivă, aceasta este înțelegerea primară a realității de către umanitate, dar a fost în mare parte uitată în ultimele câteva sute de ani. Acum este redescoperită prin convergența perspectivelor de la frontierele ştiinței şi a celor mai vechi tradiții de înțelepciune din lume.

Primele intuiții ale omului au dezvăluit o însuflețire subtilă care însoțeşte întreaga existență. Timp de cel puțin 5.000 de ani, acesta a fost punctul de vedere al tribului de indieni Ohlone, astăzi dispărut, dar care trăia sustenabil pe pământurile din zona golfului San Francisco. Antropologul cultural Malcolm Margolin a descris minunat modul în care, pentru Ohlone, natura era vie şi deborda de energie[138]. Însufleţirea nu era departe, ci, la fel ca aerul, era prezentă peste tot şi în orice. Totul era plin de viaţă, fiecare act era spiritual. Toate sarcinile – vânarea unui animal, pregătirea hranei sau confecţionarea unui coş – erau îndeplinite cu empatie pentru lumea înconjurătoare, plină de viaţă şi putere. Percepţia că trăim într-un univers viu nu era limitată la culturile indigene. Cu mai bine de două mii de ani în urmă, Platon a scris povestea sa despre creaţie – *Timaeus* – şi a descris universul sau cosmosul ca pe o fiinţă singulară, vie, înzestrată cu un suflet.

În ciuda acestor rădăcini profunde ale însufleţirii, ideea de univers ne-însufleţit şi de materialism fără viaţă a prins rădăcini cu aproximativ 300 de ani în urmă în societăţile occidentale. Materialismul consideră materia moartă şi spaţiul gol ca fiind singura realitate adevărată şi consideră universul ca fiind lipsit de însufleţire sau de un sens şi un scop mai profunde. Această viziune şubredă şi sărăcită a realităţii, a identităţii umane şi a călătoriei noastre evolutive a fost extrem de puternică dintr-un motiv simplu – a transformat lumea într-o resursă care trebuie consumată. Dacă natura era în esenţă materie moartă, atunci era logic să con- sumăm ceea ce e mort în beneficiul celor vii – noi înşine. Această logică simplă a fost nemiloasă în acordarea permisiunii pentru exploatarea neîngrădită a naturii. Dată fiind absenţa unei restricţii etice, paradigma materialismului mort a fost nemiloasă în exercitarea puterii – continuând cu toată forţa până când a ajuns la limitele înţelegerii superficiale şi simpliste ale existenţei. Această limită este acum la vedere, deoarece vedem cum logica sinucigaşă a materialismului mort duce la dispariţia speciei noastre, împreună cu o mare parte din restul vieţii de pe Pământ. Ne confruntăm acum cu paradoxul unei mari sărăciri ca preţ al abundenţei materiale. Ne sinucidem. Distrugerea ecosistemelor ne împinge să ne amintim de cea mai veche înţelegere a existenţei şi să revendicăm fundamentul etic al acesteia: Dacă lumea care ne înconjoară este vie, atunci sarcina noastră matură este de a ne îngriji în mod conştient de tot ceea ce este viu şi de a o trata cu mare respect. Există o diferenţă clară şi simplă între aceste două paradigme: dacă lumea este moartă la temelii, atunci, să o exploatăm, să o consumăm şi să o epuizăm. Dacă este vie, să avem grijă de ea şi să îi folosim darurile cu recunoştinţă şi moderaţie. Mintea modernă a privit natura ca fiind moartă şi, prin urmare, insensibilă. La rândul nostru, nu avem decât o consideraţie superficială pentru modul în care o folosim (şi abuzăm). Cu nepăsare şi distanţă, bogăţia şi profunzimea lumii au fost aplatizate în resurse de exploatat. Orice îmbunătăţire existentă în paradigma mecanicistă se rezumă la un strat superficial de fericire bazată pe consumul mai multor lucruri materiale.

În schimb, o paradigmă a însufleţirii abundă în forţe înălţătoare. Întregul nostru univers a apărut dintr-un punct de energie în urmă cu aproape 14 miliarde de ani şi a înflorit în existenţă cu aproximativ două trilioane de galaxii, fiecare cu o sută de miliarde sau mai multe sisteme stelare! Existenţa noastră este o ilustrare uimitoare a unei forţe înălţătoare, deoarece ne ridicăm în mod continuu dintr-un fundament generator de energie. O forţă vitală extraordinară este atât *fundamentală* (dând naştere şi susţinând universul nostru), cât şi *emergentă*, dând naştere la nenumărate expresii ale însufleţirii. Vedem o însufleţire irepresibilă pretutindeni: de exemplu, în iarba care creşte prin crăpăturile trotuarelor, în zonele friguroase ale oceanului arctic, în căldura arzătoare din adâncurile oceanelor, în straturi de argilă aflate la kilometri sub Pământ care nu au văzut niciodată lumina soarelui şi apă. Susţinerea unui întreg univers şi naşterea a nenumărate expresii de viaţă reprezintă o uimitoare forţă înălţătoare. Trezindu-ne la însufleţire, redescoperim energia continuă de la temelia întregii existenţe. Dacă energia înălţătoare la scară cosmică poate crea şi susţine trilioane de galaxii, atunci cu siguranţă poate oferi energia necesară pentru a transforma durerea cauzată de degradarea Pământului de către materialism în bucuria de a trăi într-o grădină înfloritoare, bogată în posibilităţi.

Puterea „însuflețirii"

Lumea noastră care se prăbușește ne provoacă cu o întrebare de nezdruncinat: „Există o experiență de viață atât de larg împărtășită încât să ne poată atrage împreună într-o călătorie comună spre un viitor prosper?" Răspunsul este un simplu „Da". Dincolo de numeroasele noastre diferențe, cu toții împărtășim experiența de a fi pur și simplu în viață, iar această experiență remarcabilă oferă o bază de nezdruncinat pentru ca umanitatea să se reunească într-o călătorie comună de tranziție și transformare[139].

Când însuflețirea personală devine transparentă față de însuflețirea universului viu, experiențele de mirare și uimire apar în mod natural. Pe măsură ce devenim deschiși către dimensiunile cosmice ale ființei noastre, ne simțim mai bine acasă, mai puțin egocentrici, avem mai multă empatie pentru ceilalți și o dorință sporită de a fi în slujba vieții. Aceste schimbări de perspectivă sunt extrem de valoroase pentru construirea unui viitor durabil și cu scop. Unul dintre cei mai importanți cercetători din lume ai tradițiilor de înțelepciune ale umanității a fost Joseph Campbell. Am avut privilegiul de a fi coautorul unei cărți împreună cu el, *Changing Images of Man*, în care am explorat arhetipurile profunde care ne atrag spre viitor în aceste vremuri de tranziție[140]. Într-un interviu revelator, Campbell a fost întrebat dacă cea mai profundă căutare a oamenilor este „căutarea sensului". A răspuns:

> „Oamenii spun că ceea ce căutăm cu toții este un sens al vieții. Eu nu cred că asta căutăm cu adevărat. Cred că ceea ce căutăm este o experiență de a fi în viață, astfel încât experiențele noastre de viață din planul pur fizic să rezoneze cu propria noastră ființă și cu cea mai profundă realitate, astfel încât să simțim cu adevărat extazul de a fi în viață."[141]

Un citat atribuit filozofului Blaise Pascal este clar: „Scopul vieții nu este fericirea, pacea sau împlinirea, ci *însuflețirea*"[142].

Howard Thurman, renumit autor, filosof, teolog și lider al drepturilor civile, a spus: „Nu întrebați de ce are nevoie lumea. Întrebați ce vă face pe voi să trăiți și mergeți să faceți asta. Pentru că lumea are nevoie de oameni care au prins viață."[143]

Însuflețirea este singura noastră bogăție adevărată

Psihologul și filosoful Erich Fromm a scris că experiența noastră de însuflețire este cel mai prețios dar pe care îl putem împărtăși cu ceilalți. Atunci când împărtășim experiența de însuflețire interioară– recunoștința și temerile, înțelegerea și curiozitatea, umorul și tristețea – oferim esența ființei noastre. Împărtășind însuflețirea noastră, îmbogățim viața celorlalți. Le trezim sentimentul de însuflețire împărtășindu-le propria noastră experiență de a fi vii în acest moment. Nu împărtășim cu intenția de a primi ceva de la ceilalți; în schimb, împărtășirea în sine este un dar al nostru care trezește o însuflețire reciprocă în ceilalți, într-un flux care ne îmbogățește reciproc.

Joanna Macy, expert spiritual și ecologist, face legătura între activismul climatic și experiența noastră de însuflețire:

> „Momentul actual este un moment extraordinar pentru a fi în viață. Dat fiind faptul că o conștientizare a colapsului iminent este o invitație de a ne pune întrebări profunde despre semnificație, pe care, de obicei, le amânăm - iar unii dintre noi nici măcar nu ajungem să le punem. *Disperarea climatică îi invită pe oameni să se întoarcă la viață...* Calea prin disperare presupune să te simți pe tine însuți ca parte a unui întreg mai mare și să te abandonezi misterului creației. Criza climatică ne invită să ne implicăm în misterul vieții cu o perspectivă nouă și cu inima deschisă."[144]

Anne Baring, expertă în filozofie jungiană, descrie cum culturile de consum au dificultăți în a înțelege experiența culturilor indigene şi că: „viaţa Cosmosului, viaţa Pământului şi viaţa umanităţii au fost o singură viaţă, permisă şi informată de un spirit animat"[145].

Ea scrie că marea revelaţie a timpului nostru este faptul că „trecem de la povestea unui cosmos mort, insensibil, la o nouă poveste a unui Cosmos care este viu, vibrant şi care este baza primară a propriei noastre conştiinţe"[146].

Un univers fără viaţă este lipsit de conştiinţă şi, prin urmare, este indiferent la orice sens al scopului uman. Fiind separat din punct de vedere existenţial forme de viaţă separate existenţial, ne putem strădui în mod eroic să impunem universului un motiv al existenţei noastre, dar acest lucru este în cele din urmă fără rezultat într-un cosmos inconştient de viaţă. În contrast izbitor, un univers viu pare să aibă intenţia de a genera sisteme autoreferenţiale şi auto-organizatoare în interiorul său la orice scară. Noi suntem expresii ale vieţii care, după aproape 14 miliarde de ani, permit universului să privească înapoi şi să reflecteze asupra sa. O paradigmă a universului viu aduce o schimbare profundă în scopul nostru evolutiv:

> *„Viaţa se ocupă atât de perpetuarea ei însăşi, cât şi de depăşirea ei însăşi; dacă tot ceea ce face este să se menţină, atunci a trăi înseamnă doar a nu muri."[147]*
> —Simone de Beauvoir

Dincolo de diferenţele de limbă şi de istorie, există un punct de vedere comun – universul este un sistem viu, care se prezintă ca o creaţie nouă în fiecare moment. Noi suntem o parte inseparabilă a acestui proces de regenerare. Această înţelegere este bine cunoscută şi recunoscută pe scară largă de mistici, poeţi şi naturalişti[148]:

> *Cerul este sub picioarele noastre, dar şi deasupra capetelor noastre.*
> —Henry David Thoreau[149]

> *Cu cât privim mai adânc în natură, cu atât mai mult ne dăm seama că ea este plină de viaţă. Din această*

cunoaştere se naşte relaţia noastră spirituală cu universul.
—Albert Schweitzer[150]

Şi mă duc în pădure să-mi pierd minţile şi să-mi găsesc sufletul.
—John Muir[151]

Nu doar frumoase, totuşi – stelele sunt ca şi copacii din pădure, vii şi respiră. Şi veghează asupra mea.
—Haruki Murakami[152]

Scopul vieţii este de a face ca bătăile inimii tale să se potrivească cu cele ale universului, de a face ca natura ta să se potrivească cu natura însăşi.
—Joseph Campbell[153]

Dacă vrei să cunoşti divinitatea, simte vântul pe faţă şi căldura soarelui pe mână.
—Buddha[154]

Cred în Dumnezeu, doar că eu îi spun Natură.
—Frank Lloyd Wright[155]

Trezirea la conexiunea noastră conştientă cu universul viu ne extinde în mod natural sfera de preocupare şi compasiune – şi ne luminează calea de a lucra împreună pentru a construi un viitor durabil. Nu este vorba de o filosofie abstractă, ci de experienţa viscerală de a trăi pur şi simplu experienţa noastră unică. Cuvintele lui Florida Scott-Maxwell, la vârsta de 90 de ani, descriu cu putere acest punct de vedere: „Trebuie doar să revendici evenimentele vieţii tale pentru a te oferi ţie însuţi. Atunci când posezi tot ceea ce ai fost şi ai făcut, eşti înverşunat de real"[156].

Pe măsură ce ne trezim la însufleţirea din centrul fiinţei noastre, ne conectăm simultan cu vitalitatea universului.

Însuflețirea nu costă nimic și ne este oferită în mod gratuit, fiind un drept din naștere. Experiența însuflețirii este aici, disponibilă în orice moment. Însuflețirea este o experiență întrupată, puternică și împărtășită la nivel universal. Pentru a ilustra, am cerut participanților dintr-o comunitate de învățare pe care o cofacilitez să descrie ce înseamnă pentru ei „a fi pe deplin viu". Răspunsurile au fost imediate și directe: „A fi în flux." „Mintea care revine acasă la corp." „Să simt întreaga gamă a propriilor emoții." „Să trăiesc cu un scop și fără așteptări." „Exprimarea deplină a darurilor mele sufletești." „Conexiune profundă cu natura."[157]

O cale de viață dedicată dezvoltării unei însuflețiri depline poate fi considerată doar o fantezie de către cei care trăiesc în mentalitatea materialismului și a consumerismului. Totuși, această viziune se schimbă. Mentalitatea materialismului este transformată de noile descoperiri ale științei, de viziunile durabile ale tradițiilor de înțelepciune și de experiența directă a unei mari părți a umanității. Integrând aceste surse diverse de înțelegere, descoperim că însuflețirea este experiența nouă – și fără vârstă – care oferă omenirii un loc de întâlnire și de vindecare colectivă.

Cea mai apropiată legătură a noastră cu cele mai vechi credințe ale popoarelor străvechi provine din tradițiile indigene cu rădăcini adânci în trecutul îndepărtat al umanității. Înțelepciunea autohtonă i-a susținut pe strămoșii noștri în timp ce au îndurat condiții extrem de dure, timp de câteva sute de mii de ani. Cum trăiesc privesc viața și lumea oamenii care continuă să susțină aceste tradiții străvechi?

Tribul Koyukon din nordul central al Alaskăi
Membrii tribului Koyukon trăiesc „într-o lume care privește, într-o pădure de ochi". Ei cred că, oriunde ne-am afla, nu suntem niciodată cu adevărat singuri, deoarece împrejurimile, indiferent cât de îndepărtate sunt, sunt conștiente de prezența noastră și trebuie tratate cu respect.[158]

Sarayaku Kichwa, din jungla amazoniană ecuadoriană

Cred că „Totul în junglă este viu și are un spirit."

Luther Standing Bear, Lakota Sioux din regiunea Dakota de Nord și Dakota de Sud

„Nu exista vid în lume. Nici în cer nu existau locuri libere. Pretutindeni exista viață, vizibilă și invizibilă, iar fiecare obiect ne stârnea un mare interes pentru viață. Lumea era plină de viață și înțelepciune; pentru Lakota nu exista singurătate completă."[159]

Ideea și experiența unei prezențe vii și conștiente care pătrunde în lume este împărtășită de majoritatea (poate chiar de toate) culturilor indigene. Poporul Koyukon din Alaska descria lumea naturală ca pe o „pădure de ochi", conștientă de prezența noastră, indiferent cine sau unde ne aflăm. O intuiție conexă ne spune că o forță vitală sau un „vânt sacru" suflă prin univers și aduce cu sine o capacitate de conștientizare și de comuniune cu toată viața.

În concordanță cu opiniile indigene, găsim o intuiție uimitoare cu privire la natura universului în diverse tradiții spirituale. Cele mai multe tradiții spirituale văd universul ca pe o apariție continuă și nouă în fiecare clipă – un întreg care apare într-un proces complex, de o precizie și putere impresionante:

Creștinism: *„ Dumnezeu creează întregul univers, în întregime și în totalitate, în acest prezent, acum. Tot ceea ce a creat Dumnezeu... Dumnezeu creează acum, deodată."*[160]

—Meister Eckhart, mistic creștin

Islam (Sufi): *„ În fiecare clipă ai o moarte și o revenire. În fiecare clipă lumea se reînnoiește, dar noi, văzând continuitatea apariției sale, nu suntem conștienți de faptul că se reînnoiește."*[161]

—Jalāl ad-Dīn Muhammad Rūmī, profesor și poet Sufi din secolul al XIII-lea

Budism (Zen): „ *Proclamația mea solemnă este că în fiecare clipă se creează un nou univers.*"[162]

—D. T. Suzuki, profesor și erudit Zen

Hinduism: „ *Întregul univers contribuie neîncetat la existența ta. Prin urmare, întregul univers este corpul tău..*"[163]

—Sri Nisargadatta, profesor Hindu

Taoism: „ *Tao este forța vitală care susține viața și mama tuturor lucrurilor; toate lucrurile se ridică și cad fără încetare din Tao.*"[164]

—Lao Tzu, fondator al taoismului

Cât de răspândită este experiența de însuflețire și de unitate profundă care insuflate în viața de zi cu zi? Cât de des simt oamenii însuflețirea și conexiunea intimă cu natura și cu lumea întreagă? Sondajele științifice au explorat această întrebare esențială:

- Un sondaj global la care au participat 7.000 de tineri din 17 țări, realizat în 2008, a constatat că 75 % dintre ei cred într-o „putere superioară", iar majoritatea spun că au avut o experiență transcendentă, cred în viața de după moarte și cred că este „probabil adevărat" că toate lucrurile vii sunt conectate[165].

- În 1962, un sondaj Gallup realizat în rândul populației adulte din SUA a constatat că 22 la sută dintre aceștia au declarat că au avut experiențe de conștientizare care dezvăluie legătura noastră intimă cu universul. Gallup a raportat că acest procent a crescut la 31% până în 1976. Un sondaj Newsweek a constatat o creștere de până la 33% până în 1994. Un sondaj Pew Research a raportat că „momentele de revelație sau de fervoare religioasă bruscă" au crescut în mod dramatic la 49% din populația adultă, până în 2009[166].

- Într-un sondaj național realizat în SUA în 2014, aproape 60% dintre adulți au declarat că simt în mod regulat un sentiment profund de „pace și bunăstare spirituală", iar 46% spun că au un sentiment profund de „uimire față de univers" cel puțin o dată pe săptămână[167].

• Un motiv important pentru aceste schimbări poate fi creșterea dramatică a meditației din ultimii ani. O noutate New Age în anii 1960 a devenit o mișcare centrală în secolul al XXI-lea. Procentul adulților care meditează crește rapid: de la un procent estimat de patru la sută din populația SUA în 2012 la peste 14% doar cinci ani mai târziu (2017)[168]. Meditația, dieta și exercițiile fizice sunt acum considerate activități obișnuite pentru sănătate și bunăstare.

Figura 5: Creșterea numărului de experiențe de conștientizare în SUA între 1962-2009, în funcție de procentajul populației

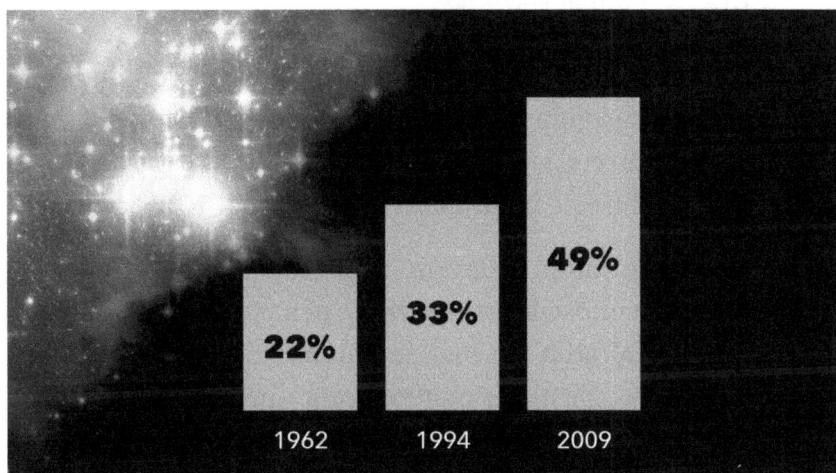

Aceste sondaje arată că experiențele de conștientizare, de comuniune și de conectare cu vitalitatea universului nu sunt un fenomen marginal, ci sunt familiare pentru o mare parte a publicului. Omenirea se trezește în mod măsurabil la o viziune despre noi înșine ca fiind inseparabili de universul mai larg[169].

Până acum câteva decenii, orice sugestie conform căreia universul ar putea fi privit ca un sistem viu unificat era considerată o fantezie de către știința tradițională. Acum, datorită descoperirilor din fizica cuantică şi din alte domenii, intuiţia străveche a unui univers viu unificat este reconsiderată, pe măsură ce ştiinţa înlătură superstiţiile pentru a dezvălui cosmosul ca fiind un loc uimitor de surprinzător, de profund, de dinamic şi de unitar[170].

- **Un întreg unificat**: În ultimele decenii, fizica cuantică a confirmat în mod repetat că universul este o unitate unică, vastă şi profund conectată cu sine însăşi, pretutindeni şi în orice moment. Un citat celebru al lui Albert Einstein contestă viziunea separării: „O fiinţă umană este o parte a întregului numit de noi „univers", o parte limitată în timp şi spaţiu. Noi ne percepem pe noi înşine, propriile gânduri şi sentimente ca pe ceva separat de restul. Un fel de iluzie optică a conştiinţei. Căutarea eliberării din această robie este singurul obiect al adevăratei religii."[171]

- **Mai mult invizibil**: În mod uimitor, oamenii de ştiinţă contestă opinia conform căreia materia-energie este tot ceea ce există în univers, iar acum ei cred că majoritatea covârşitoare a universului este invizibilă şi nu materială!

Oamenii de ştiinţă estimează acum că aproximativ 95% din universul cunoscut este invizibil pentru simţurile noastre fizice, 72% alcătuit din energie „întunecată" (sau invizibilă) şi 23% compus din materie „întunecată" (invizibilă)[172]. Biologia noastră este o manifestare a celor patru procente din univers compuse din materie vizibilă. Această nouă înţelegere din partea ştiinţei confirmă percepţia iniţială a umanităţii că, la baza lumii fizice, se află o lume invizibilă mult mai largă, cu energie nevăzută şi o putere imensă.

Iată un punct de vedere şi mai cuprinzător al lui Albert Einstein: „Ceea ce noi am numit materie este energie, a cărei vibra-ţie a fost coborâtă în aşa fel încât să fie perceptibilă pentru simţuri. Materia este spiritul redus la punctul de vizibilitate. Nu există materie."

Figura 6: Compoziţia universului:
Procentaje de materie şi energie vizibilă şi invizibilă

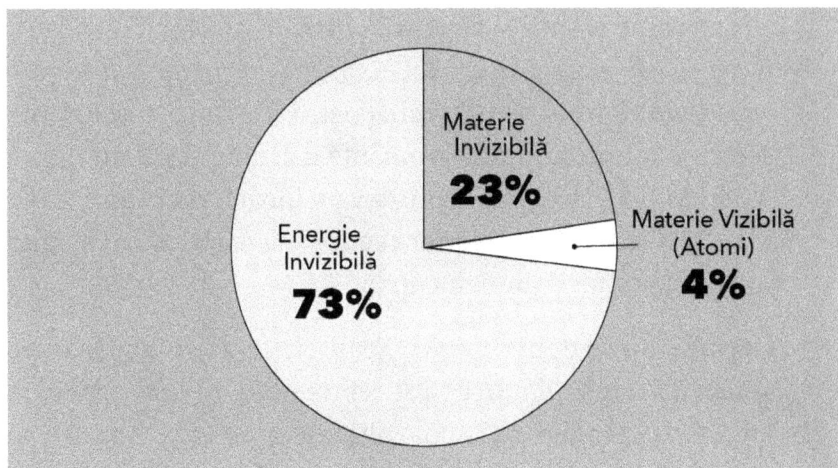

- **În regenerare**: În fiecare moment, întregul univers revine proaspăt, ca o orchestraţie singulară a expresiei cosmice. Nimic nu rezistă. Totul este flux. În cuvintele cosmologului Brian Swimme, „Universul iese dintr-un abis atotcuprinzător nu doar acum paisprezece miliarde de ani, ci în fiecare clipă"[173]. În ciuda aparenţelor exterioare de soliditate şi stabilitate, atunci când ştiinţa explorează în profunzime, vedem dovezi că universul este un sistem regenerator.

- **Conştiinţă la orice scară**: O gradaţie a conştiinţei pare să fie prezentă în tot universul, astfel încât conştiinţa nu se opreşte niciodată complet pe măsură ce explorăm expresii din ce în ce mai mici ale vieţii; în schimb, conştiinţa scade pe măsură ce complexitatea organică se reduce – de la oameni la câini, insecte, plante şi creaturi unicelulare, iar apoi continuă să se estompeze în materia anorganică, cum ar fi electronii şi quarcii, care posedă o formă extrem de simplă de conştiinţă, congruentă cu natura lor simplă[174]. Mai mult, deoarece universul este un tot unitar și nu există părți independente, sugerează că universul însuși are conștiință, o expresie a naturii sale holistice, care poate fi experimentată de oameni ca fiind conștiința cosmosului sau „conștiința cosmică"[175]. Puterea generativă a „Universului mamă" – care a dat naștere „universului nostru fiică" – sugerează că există un ocean subiacent de vivacitate și conștiință generatoare din care poate izvorî un întreg univers și care poate crește dintr-o sămânță mai mică decât un singur atom, la un sistem vast cu câteva trilioane de galaxii. Max Planck, dezvoltatorul teoriei cuantice, a declarat: „Consider conștiința ca fiind fundamentală"[176].

• **Capabil să se reproducă**: O capacitate vitală pentru orice sistem viu este abilitatea de a se reproduce. Un punct de vedere tot mai răspândit în cosmologie este că universul nostru se reproduce prin găuri negre. Fizicianul John Gribbin scrie: „În loc ca o gaură neagră să reprezinte o călătorie fără întoarcere spre nicăieri, mulți cercetători cred acum că este o călătorie fără întoarcere spre undeva – spre un nou univers în expansiune, cu propriul său set de dimensiuni"[177].

O nouă imagine a universului nostru se conturează. Viața există în viață. Viața noastră este inseparabilă de un suflu vital al unui cosmos viu. Universul este un „super-organism" unificat care se regenerează continuu în fiecare moment, iar acest lucru include conștiința, o capacitate de cunoaștere, care permite sistemelor de la orice scară a existenței să exercite o anumită măsură de libertate de alegere.

Noi nu suntem ceea ce credeam că suntem. Dacă luăm în considerare enormitatea universului, cu miliardele sale de galaxii care se învârt, fiecare cu miliarde de stele, este firesc să tragem concluzia că suntem absolut minusculi în scara cosmică a lucrurilor. Cu toate acestea, acest punct de vedere este radical greșit. Noi nu suntem creaturi mici – la scara globală a universului, suntem literalmente giganți! Imaginați-vă că aveți o riglă care măsoară de la cea mai mare scară a universului cunoscut la cea mai mică. La cea mai mare scară, vedem sute de miliarde de galaxii, iar la cea mai mică scară, călătorim în adâncul nucleului unui atom și apoi mult mai jos, până la tărâmurile inimaginabil de mici ale universului nostru regenerativ. Dacă plasăm dimensiunea oamenilor alături de această riglă cosmică, constatăm că ne aflăm în intervalul de mijloc. De fapt, există mai multă micime în noi decât măreție dincolo de noi! La scara cosmică a lucrurilor, suntem cu adevărat creaturi enorme – suntem giganți! Ca ființe colosale, ne este ușor să trecem cu vederea vârtejurile de activitate regeneratoare care acționează continuu la scara cu adevărat microscopică a universului.

Thomas Berry, cercetător al religiilor lumii, descrie legătura inseparabilă a individului cu universul: „Purtăm universul în ființa noastră, așa cum universul ne poartă pe noi în ființa sa. Cele două au o prezență totală una față de cealaltă și față de acel mister mai profund din care atât universul, cât și noi înșine am apărut"[178]. Cât de extraordinar: un câmp de însuflețire creează și susține universul nostru, menținându-l cu răbdare în îmbrățișarea sa cuprinzătoare timp de miliarde de ani, producând în același timp expresii tot mai conștiente de însuflețire, din ce în ce mai capabile să privească înapoi cu o conștiință reflexivă și să-și aprecieze originile.

Pe măsură ce învățăm să ne recunoaștem experiența de însuflețire și pe măsură ce întâlnim însuflețirea de la temelia universului ca experiență simțită – când viața întâlnește viața – se deschide o fereastră și apar în mod natural experiențe de trezire. Atunci când experiența noastră de însuflețire se conectează cu cea a universului, imensă, recunoaștem, ca experiență directă, că facem parte din marea plenitudine a vieții. Aceasta este ceea ce suntem: atât o însuflețire biologică unică, cât și o parte inseparabilă a însuflețirii cosmice. Suntem atât biologici, cât și cosmici prin natura noastră – suntem ființe „bio-cosmice". Într-un paradox uluitor – descris minunat de psihoterapeutul Thomas Yeomans – pe măsură ce creștem în maturitatea noastră spirituală şi devenim una cu toată viaţa, devenim în acelaşi timp din ce în ce mai complet şi unic noi înşine.

Atunci când aducem împreună aceste numeroase fire de înţelepciune – înţelegeri indigene, tradiţii spirituale, înţelepciunea naturii, experienţa directă şi dovezile ştiinţifice – ele transformă înţelegerea noastră despre *realitate* (de la mort la viu), iar acest lucru transformă înţelegerea noastră despre *identitatea* umană (ca fiind de natură atât biologică, cât şi cosmică), iar acest lucru transformă înţelegerea *călătoriei* noastre evolutive (învăţăm să trăim într-un univers viu).

Să recapitulăm: Paradigma materialismului presupune că locuim într-un univers care nu este viu la bază, este fără conştiinţă, sens sau scop. Ca urmare, ne identificăm cu natura noastră materială sau biologică, şi nimic mai mult. Eu gândesc şi, prin urmare, sunt gândurile pe care le gândesc şi nimic mai mult. În schimb, într-un univers viu, fiinţa noastră include conştiinţa care se întinde într-o ecologie nemărginită dincolo de creierul nostru gânditor. Prin urmare, în calitate de fiinţe conştiente, identitatea noastră poate ajunge mult dincolo de natura noastră biologică şi de activitatea noastră mentală. Suntem fiinţe de dimensiune atât biologică, cât şi cosmică – repet: *suntem fiinţe bio-cosmice.* La fel cum ne putem cultiva şi îmbunătăţi capacitatea de gândire, ne putem îmbunătăţi şi capacitatea noastră de cunoaştere nemărginită în unitatea universului. Extinderea şi aprofundarea capacităţii noastre naturale de conştiinţă cosmică ne transformă identitatea şi călătoria evolutivă.

Cu toate acestea, fiind neobosit de realişti, nu pare probabil să ne întoarcem de pe calea separării – cu inechităţile sale crescânde, consumul excesiv de resurse şi rănirea profundă a Pământului – decât dacă descoperim o cale spre viitor atât de cu adevărat remarcabilă, transformatoare şi primitoare, încât să fim atraşi împreună de prezenţa simţită a invitaţiei sale. Această cale trebuie să fie atât de convingătoare precum o posibilitate simţită, încât să fim atraşi în explorare în momentul prezent. Această cale este dezvăluită de intuițiile care converg din știință și din tradițiile de înțelepciune ale lumii.

Descoperim că, în loc să luptăm pentru un sens și un miracol al supraviețuirii într-un univers mort, suntem invitați să învățăm și să creștem pentru totdeauna în ecologiile profunde ale unui univers viu.

A accepta invitația de a învăța să trăim într-un univers viu reprezintă o călătorie atât de extraordinară, încât ne cheamă să vindecăm rănile istoriei și să realizăm un viitor remarcabil pe care îl putem atinge doar împreună. Pe măsură ce ne deschidem în dimensiunile cosmice ale ființei noastre, ne simțim mai acasă, mai puțin egocentrici, mai empatici față de ceilalți și tot mai atrași să fim în slujba vieții. Aceste schimbări de perspectivă sunt extrem de valoroase pentru construirea unui viitor durabil.

Pentru a accepta invitația de a învăța să trăim conștient într-un univers viu înseamnă să începem un nou capitol în evoluția umanității, cu o înțelegere transformată a realității, a identității umane și a călătoriei noastre evolutive.

Chiar și numai pentru câteva momente, putem întrevedea și cunoaște existența ca pe o totalitate fără cusur. Atingerea, chiar și pentru câteva clipe, însuflețirii universului ne poate transforma viața. Poetul sufi Kabir, profund iubit, a scris că a văzut universul ca pe un corp viu și în creștere „timp de cincisprezece secunde, iar acest lucru l-a transformat într-un servitor pe viață"[179]. Indiferent de cât de banală este circumstanța, indiferent de cât de aparent banală este situația, putem deveni întotdeauna conștienți de însuflețirea și conștiința subtilă din interiorul și din jurul nostru. Putem întrevedea universul viu în lumina aurie a unei după-amiezi târzii sau în strălucirea unei mese vechi din lemn, care strălucește cu o profunzime și o prezență inexplicabile. De asemenea, putem fi martori ai vivacității zbuciumate a existenței în locuri care pot părea foarte îndepărtate de natură – o încăpere plină doar de plastic, oţel cromat şi sticlă va afişa cu ferocitate vivacitatea în stare brută. În contemplarea blândă a oricărei părţi a realităţii obişnuite, putem întrezări puternicul uragan de energie care suflă cu o forţă tăcută prin toate lucrurile şi care, cu o „pădure de ochi", este conştient de existenţa noastră. Spaţiul gol ne va dezvălui, de asemenea, că este un ocean de însufleţire dansantă – o subtilă simfonie de arhitectură transparentă care oferă în mod activ un context pentru ca materia să se manifeste.

Să te naşti ca fiinţă umană este un dar rar şi preţios. Deşi avem darul unui corp pentru a ne ancora experienţa, este important să ne recunoaştem natura bio-cosmică.

Suntem fiinţe bio-cosmice:
Corpurile noastre sunt vehicule biodegradabile
pentru a dobândi experienţe de suflet.

În calitate de conducte compostabile pentru experienţe de învăţare cosmică, corpurile noastre sunt expresii ale unei vitalităţi creative care, după aproape 14 miliarde de ani, permite universului să privească înapoi şi să reflecteze asupra sa. Deoarece cosmosul este un sistem de învăţare, un scop principal pentru a fi aici este acela de a învăţa atât din plăcerile, cât şi din durerile existenţei. Dacă nu ar exista libertatea de a face greşeli, nu ar exista durere. Dacă nu ar exista libertatea de a face descoperiri autentice, nu ar exista nici extazul. În libertate, experimentăm atât plăcerea, cât şi durerea, în procesul de dezvoltare a identităţii noastre ca fiinţe de dimensiuni atât pământeşti, cât şi cosmice.

Ne aflăm pe Pământ ca agenţi ai acţiunii autoreflexive şi creative, angajaţi într-o perioadă de mare tranziţie, învăţând în mod conştient să trăim într-un univers viu. Un vechi proverb grecesc vorbeşte direct despre călătoria noastră de învăţare: „Aprinde-ţi lumânarea înainte ca noaptea să te cuprindă." Dacă universul nu ar fi viu la bază, ar fi nevoie de un miracol pentru a ne salva de la dispariţie în momentul morţii şi apoi pentru a ne duce de aici într-un rai (sau tărâm al făgăduinței) de viață continuă. Cu toate acestea, dacă universul este viu, atunci noi suntem deja cuibăriți și creștem în cadrul însuflețirii sale.

Toate lucrurile se sfârșesc.
Toată ființa continuă.
Aceasta este natura fiecăruia.

Atunci când corpul nostru fizic moare, fluxul de viață pe care îl reprezentăm își face trecerea spre o casă potrivită în ecologia mai largă a vitalității. Nu avem nevoie de un miracol care să ne salveze – noi existăm deja în cadrul miracolului însuflețirii sustenabile. În loc să fim salvați de moarte, sarcina noastră este să aducem o atenție conștientă la vivacitatea mereu emergentă aici și acum. Trecem de la a ne vedea pe noi înșine ca niște creații accidentale care rătăcesc printr-un cosmos lipsit de viață, fără sens sau scop, la a ne vedea angajați într-o călătorie sacră de descoperire într-un cosmos viu, de o profunzime și o bogăție uimitoare. Cynthia Bourgeault, o mistică a zilelor noastre și preot episcopal, scrie: „Fiecare dintre noi și fiecare acțiune pe care o facem are o calitate a vitalității, un parfum sau o vibrație care îi sunt proprii. Dacă forma exterioară a ceea ce suntem în această viață este transmisă de corpurile noastre fizice, forma interioară – adevărata noastră frumusețe și autenticitate – este redată de calitatea însuflețirii noastre. Aici se află secretul ființei noastre"[180].

Învățând să trăim într-un univers viu,
învățăm să trăim în ecologia profundă a existenței.
Aceasta este o chemare atât de uimitoare către natura
noastră sufletească din partea compasiunii profunde a
unui univers viu încât am fi cosmic de proști dacă am
ignora o invitație a cărei valoare este dincolo de orice
preț sau măsură.

O veche zicală spune că „un mort nu spune povești". În mod similar, nici „un univers mort nu spune povești". În schimb, un univers viu este el însuşi o poveste vastă, care se spune continuu, cu nenumărate personaje care joacă drame captivante de conştientizare şi de exprimare creativă, inseparabile de măiestria artistică a creării lumii. Universul este o creaţie vie, în desfăşurare. Sfânta Tereza de Avila a văzut acest lucru atunci când a scris: „Rămâne sentimentul că şi Dumnezeu este în călătorie"[181]. Dacă ne recunoaştem în mod conştient ca participanţi la o grădină cosmică a vieţii care a crescut cu răbdare de-a lungul a miliarde de ani, ne putem trezi la energia înălţătoare a vitalităţii şi putem trece de la sentimentele de separare cosmică la sentimente de participare cosmică, curiozitate şi iubire.

Să alegem conștiința

„În istoria colectivă, ca şi în istoria individuală, totul depinde de dezvoltarea conştiinţei."
—Carl Jung

Înţelepciunea străveche sugerează că există trei miracole în viaţă. În primul rând, faptul că există ceva. În al doilea rând, că există fiinţe vii (plante şi animale). În al treilea rând, lucrurile vii ştiu că există. Cel de-al treilea miracol este capacitatea de conştiinţă autoreflexivă şi este fundamental pentru natura noastră ca oameni. Denumirea noastră ştiinţifică este *Homo sapiens sapiens* – nu suntem doar „sapienţi" (fiinţe cu capacitatea de a cunoaşte), ci suntem fiinţe care pot „şti că ştiu" şi ne putem observa sau putem fi martori în timp ce ne mişcăm în viaţa de zi cu zi. Vedem că atunci când nu funcţionăm în mod automat – nu urmăm moduri de viaţă obişnuite şi preprogramate – avem libertatea de a alege. Conştiinţa şi libertatea sunt parteneri intimi în dansul evoluţiei. Conştiinţa reflexivă este un ajutor de nădejde pentru energia înălţătoare şi mişcare în această perioadă de iniţiere pentru specia noastră.

Primul pas către înnobilare şi evoluţie este de a vedea pur şi simplu „ceea ce este" – de a deveni un observator sau martor imparţial al propriei noastre experienţe. Reflecţia onestă şi mărturia lipsită de prejudecăți sunt fundamentale pentru a ne înnobila viețile. Acordând atenție vieții noastre în oglinda conștiinței, ne putem împrieteni cu noi înșine și putem ajunge la o mai mare stăpânire de sine. Capacitatea de auto-reflecție onestă ne ajută să trecem peste pălăvrăgeala superficială a vieții noastre și să descoperim experiența directă a existenței noastre.

Peter Dziuban scrie despre relația dintre conștiință și însuflețire[182]. El descrie „însuflețirea" ca fiind o experiență directă, în loc de ceva la care ne gândim. El ne cere să ne imaginăm o petrecere cu degustare de vinuri, la care scopul este degustarea. La fel este și cu viața. Suntem aici pentru a gusta ceea ce înseamnă să fim vii – pentru a experimenta direct și a ne trăi însuflețirea. Dziuban scrie: „Viața nu este nimic dacă nu este vie!". În simplitatea tăcerii, putem degusta viața. Însuflețirea noastră nu este un gând, ci o prezență vie. Însuflețirea nu este nici un gând despre însuflețire – este *experiența directă a însăși însuflețirii.*

> „Ești conștient și viu. Cuvintele și gândurile sunt cele de care ești *conștient.* Cuvintele și gândurile în sine nu sunt niciodată conștiente - doar tu ești. Așadar, asta ești cu adevărat, această conștiință pură - nu cuvinte și gânduri inconștiente *despre* ea. O diferență uriașă. Gândirea este un proces de schimbare. Însuflețirea este o Prezență neschimbătoare."[183]

A fi martori sau a privi cum ne mișcăm prin viață nu este un proces mecanic, ci o experiență vie în care „degustăm" în mod conștient propria viață și ne împrietenim cu noi înșine, inclusiv cu acele momente de îndoială, furie, teamă și dorință pe care am prefera să le ignorăm. Un „eu observator" sau „eu martor" ne oferă capacitatea de a face un pas în spate față de identificarea completă cu dorințele, emoțiile și gândurile corpului fizic. Cu oglinda demnă de încredere a conștiinței reflexive, ne putem vedea pe noi înșine ca și cum am fi la distanță. Din această perspectivă, observăm că, deși experiența noastră corporală este o parte din noi înșine, suntem mai mult decât senzaţiile, plăcerile şi durerile corpului nostru. Vedem, de asemenea, că, deşi experienţa emoţională este o parte din noi, suntem mai mult decât experienţa noastră de furie, fericire şi tristeţe.

Prin aducerea conştiinţei reflexive în viaţa noastră, experimentăm mai multă spaţialitate şi libertate. Nu ne mai identificăm exclusiv cu senzaţiile, emoţiile şi cu fluxul nostru interior de dialoguri mentale. Detaşarea şi perspectiva oferite de cunoaşterea reflexivă sprijină reconcilierea necesară pentru a trece prin această perioadă de mare tranziţie. Atunci când suntem prezenţi cu conştiinţa reflexivă, nu mai funcţionăm în mare parte în mod automat. Extinderea conşti-enţei reflexive la scară socială – văzându-ne în oglinda mass-mediei (internet, televiziune şi alte instrumente ale sistemului nervos global) – schimbă totul. Recunoaşterea faptului că trăim într-o ecologie comună a conştiinţei împleteşte familia umană într-un întreg care se apreciază reciproc, onorând în acelaşi timp diferenţele noastre.

Conştiinţa reflexivă este vitală pentru a face faţă stresului şi provocărilor globale intense. Am intrat într-o furtună perfectă de probleme critice şi interconectate care necesită un nivel fără prece-dent de reflecţie şi reconciliere la nivel global, inspirate de o viziune comună a unui viitor durabil. Iată cum eminentul om de ştiinţă Carl Sagan a exprimat situaţia noastră atunci când a depus mărturie în faţa Congresului în 1985 cu privire la modul în care efectul de seră va schimba sistemul climatic global:

> „Ceea ce este esenţial pentru această problemă este o conştiinţă globală. O viziune care transcende identificările noastre exclusive cu grupările generaţionale şi politice în care, din întâmplare, ne-am născut. Soluţia la aceste probleme necesită o perspectivă care să îmbrăţişeze planeta şi viitorul, pentru că suntem cu toţii în această seră împreună."[184]

Este important de menţionat că trezirea conştiinţei nu se termină cu conştientizarea sau cu atenţia reflexivă. Dincolo de conştiinţa reflexivă şi de polaritatea observator şi observat, sau privitor şi privit, putem evolua către conştiinţa unitară. Dacă perseverăm cu o atenţie conştientă susţinută, distanţa dintre observator şi observat se reduce treptat până când devenim un flux unic şi integrat de experienţă. Pe măsură ce cunoscătorul şi ceea ce este cunoscut converg şi devin una în experienţă, ne dăm seama că suntem inseparabili de ceea ce observăm. Deoarece universul este un întreg profund unificat, noi pur şi simplu permitem cunoaşterii noastre conştiente să coincidă cu ceea ce este cunoscut. Renunţăm la obiectivarea realităţii ca fiind ceva ce trebuie să fie văzut „acolo, în afară" şi realizăm că realitatea poate fi experimentată direct „aici, înăuntru". Putem trece dincolo de „a reflecta" asupra vieţii şi ne putem muta în experienţa de „a coincide cu" (sau pur şi simplu de *a fi*) viaţa[185].

O nouă atmosferă socială va creşte într-o cultură a conştiinţei empatice. Indiferent unde se află oamenii în lume, vom şti din ce în ce mai mult că ne aflăm printre rude. Sentimentul nostru de identitate se va extinde şi îi vom considera pe toţi ca fiind „cetăţeni empatici ai cosmosului" – fiinţe cufundate în adâncurile unui univers viu, care simt o înrudire profundă cu viaţa întreagă.

Cuvântul „pasiune" înseamnă „a suferi", iar cuvântul „compasiune" înseamnă literalmente „a suferi cu". Dacă privim oamenii trecând printr-o tranziţie dureroasă, putem deveni una cu experienţa suferinţei şi vom acţiona natural pentru a uşura această suferinţă. Înotând în oceanul mai mare al vieţii, ştim intuitiv că, dacă Pământul suferă, noi toţi ne scăldăm într-un ocean de suferinţă subtilă. Recunoaştem că experienţa noastră de viaţă este permeabilă şi că împărtăşim orice măsură de fericire sau de suferinţă creată pentru întreg.

Pe măsură ce presiunea necesităţii exterioare se întâlneşte cu atracţia capacităţii interioare neexploatate, omenirea îşi trezeşte capacitatea de reflecţie şi cunoaştere conştientă. Conştientizăm că, dacă suntem distraşi şi în negare, şi dacă trecem cu vederea urgenţa şi importanţa profundei tranziţii aflate acum în desfăşurare, vom rata o ocazie unică, irepetabilă, de a evolua.

Fiecare generație, în calitate de protector al viitorului, face sacrificii pentru următoarea. Generația actuală este împinsă de un Pământ rănit și trasă de un univers primitor pentru a face un dar fără precedent viitorului umanității: trezirea împreună, cu echidistanță și maturitate, pentru a realiza în mod conștient potențialul nostru bio-cosmic și cu scopul de a învăța să trăim într-un univers viu.

Conștiința martoră sau reflexivă trece de la statutul de lux spiritual pentru cei puțini din lumea fragmentată de odinioară, la cel de necesitate socială pentru cei mulți din lumea noastră modernă și interdependentă. Calitatea atenției noastre personale și sociale este cea mai prețioasă resursă și cel mai prețios dar pe care îl putem oferi vieții. Străvechile vorbe înțelepte capătă un nou sens: „Prețul libertății este vigilența eternă". Nivelul nostru de vigilență socială este fundamental pentru funcționarea unei societăți libere. Dacă nu suntem atenți în timp ce se iau decizii de importanță evolutivă, atunci ne pierdem efectiv viitorul. Acum este momentul să fim foarte treji, atât personal, cât și colectiv.

Pentru a se elibera de intruziunea inutilă a guvernului, indivizii și comunitățile trebuie să-și dezvolte capacitatea de autoreglare conștientă într-un ritm cel puțin egal cu cel în care ordinea socială devine mai complexă, mai interdependentă și mai vulnerabilă. Aducând conștiința reflexiv în lumea noastră interconectată, reușim să fim martori obiectivi, de exemplu, la rănile profunde ale rasismului, sărăciei, intoleranței, discriminării de gen. Conștiința de observație ne permite să luăm distanță și să experimentăm umanitatea noastră comună dintr-o perspectivă imparțială, oferind un liant invizibil pentru a uni familia umană într-o comunitate viabilă.

Dezvoltarea unei societăți mai conștiente și mai reflexive permite apariția multor alte capacități favorabile, printre care:

- **Autodeterminarea** — Una dintre expresiile cele mai de bază ale maturizării conștiinței este o capacitate sporită de autodeterminare. O societate conștientă este capabilă să își analizeze opțiunile, precum și să se observe pe sine în procesul de alegere. Suntem capabili să ne observăm sinele colectiv „din exterior", aşa cum o cultură sau o naţiune poate privi o alta. O societate reflexivă nu are încredere oarbă într-o anumită ideologie, lider sau partid politic. În schimb, ea se reorientează în mod regulat, privind dincolo de sloganuri şi obiective vagi pentru a alege calea preferată spre viitor.

• **Acceptarea erorilor** — O societate mai conştientă recunoaşte că învăţarea socială implică în mod inevitabil greşeli. Prin urmare, erorile nu sunt considerate în mod automat ca fiind „negative", ci sunt acceptate ca feedback important în procesul de învăţare.

• **Starea de echilibru** — O societate mai conştientă tinde să fie obiectivă şi să reacţioneze cu calm la impulsurile şi atracţiile stresante ale tendinţelor şi evenimentelor. Ea dă dovadă de echilibru, de obiectivitate şi de o încredere de neclintit din centrul său, de pasiunile momentului.

• **Incluziunea** - O societate mai conştientă caută continuu sinergia, pe măsură ce diferite grupuri etnice, regiuni geografice şi perspective ideologice sunt invitate în mod activ în căutarea unui teren comun mai stabil.

• **Capacitatea de a anticipa** — Văzând lumea mai obiectiv dintr-o perspectivă mai largă, o societate reflexivă tinde să ia în considerare în mod conştient căi alternative în viitor. În loc să aşteptăm pasiv ca crizele să ne forţeze să acţionăm, acordăm mai multă atenţie şi răspundem la semnalele de pericol.

• **Creativitatea** — O societate conştientă nu este blocată în tipare obişnuite de gândire şi comportament. În loc să răspundă cu soluţii preprogramate, ea explorează opţiunile cu o stare de spirit proaspătă şi flexibilă.

Aceste calități ale unei conștiințe reflexive care se trezește produc o puternică energie înnobilatoare pentru a trece prin perioada noastră de inițiere colectivă.

Să alegem comunicarea

Comunicarea este sufletul civilizației. Capacitatea de a comunica a permis oamenilor să progreseze de la culegători și vânători la marginea unei eco-civilizații planetare. Împuternicită de internet și televiziune, familia umană trece de la o istorie a separării la un viitor al comunicării și conexiunii globale instantanee. În fiecare zi, mai mult de jumătate din umanitate ajunge în realitatea extinsă a televiziunii și a internetului. Cu o viteză uluitoare, dezvoltăm abilități de comunicare de la local la global care ne transformă comunicarea colectivă și conștiința ca specie. Pe măsură ce internetul devine mai rapid, mai inteligent și mai cuprinzător, el împletește umanitatea într-o singură rețea de comunicare care funcționează ca un „creier" pentru planeta Pământ.

Nemaifiind izolați unii de alții, suntem martori colectivi ai lumii noastre aflate într-o tranziție profundă. Trezirile și inovațiile care au loc într-o parte a planetei sunt comunicate instantaneu în întreaga lume, permițându-ne să ne trezim împreună. Cu o viteză uluitoare, omenirea se trezește din somnul colectiv pentru a se descoperi ca o singură specie, unită printr-o rețea extraordinară de comunicare planetară. Pământul începe să își stabilească o voce care transcende interesele locale și naționale.

Aceste instrumente pot oferi omenirii o fereastră clară pentru a vedea lumea și o oglindă de nezdruncinat în care să ne vedem pe noi înșine. Cu ajutorul internetului și al televiziunii, dispunem de tehnologii extraordinar de puternice pentru a ne scoate din negare și distragere și a ne îndrepta spre un viitor de transformare profundă. Cu toate acestea, prin controale autoritare, aceleași instrumente pot contracta atenția noastră socială într-o realitate înghesuită și cenzurată. Este important să fim conștienți de ambele posibilități. Putem fie să ne ridicăm la potențial uman mai înalt cu aceste instrumente puternice de comunicare, fie să coborâm într-o fântână întunecată a autoritarismului digital.

Din punct de vedere istoric, atunci când un guvern autoritar ajunge la putere, una dintre primele acțiuni pe care le întreprinde este să închidă o țară pentru a împiedica fluxul liber de comunicare cu lumea exterioară. În continuare, acestea pun capăt libertății de exprimare și disidenței în interiorul țării. Dictaturile digitale care limitează comunicarea atât în interiorul, cât și în exteriorul unei țări sunt în creștere în întreaga lume. Țări precum China și Rusia închid site-uri de internet, oprimă opoziția și impun pedepse draconice cu închisoarea pentru disidență online.

În alte țări, cum ar fi SUA, restricțiile asupra libertății mass-media sunt impuse nu de guvern, ci de autocenzura companiilor media care caută să își maximizeze profiturile prin producerea de programe de divertisment pline de publicitate comercială. În SUA, putem vedea rezultatele acestei prejudecăți a consumatorului în nivelurile extrem de inadecvate de atenție acordată catastrofei climatice, extincției speciilor și altor domenii ale crizei tot mai profunde a Pământului. Pentru a ilustra: dacă adunăm numărul de minute de acoperire climatică din partea rețelelor de televiziune (ABC, CBS, NBC și Fox), pentru un an întreg, observăm că numărul total de minute de programe de știri a scăzut de la puțin peste patru ore în 2017 la puțin peste două ore în 2018[186]. *Două ore de atenție colectivă acordată crizei climatice globale timp de un an întreg! Acesta este un nivel de atenție uimitor de inadecvat pentru o democrație modernă care se confruntă cu o criză planetară!* Alți factori, cum ar fi dispariția în masă a speciilor, sunt în esență ignorați cu totul.

Total minute știri relevante pe posturile
ABC, CBS, NBC și Fox

4,3 ore

2,3 ore

1,9 ore

| 2017 | 2018 | 2020 |

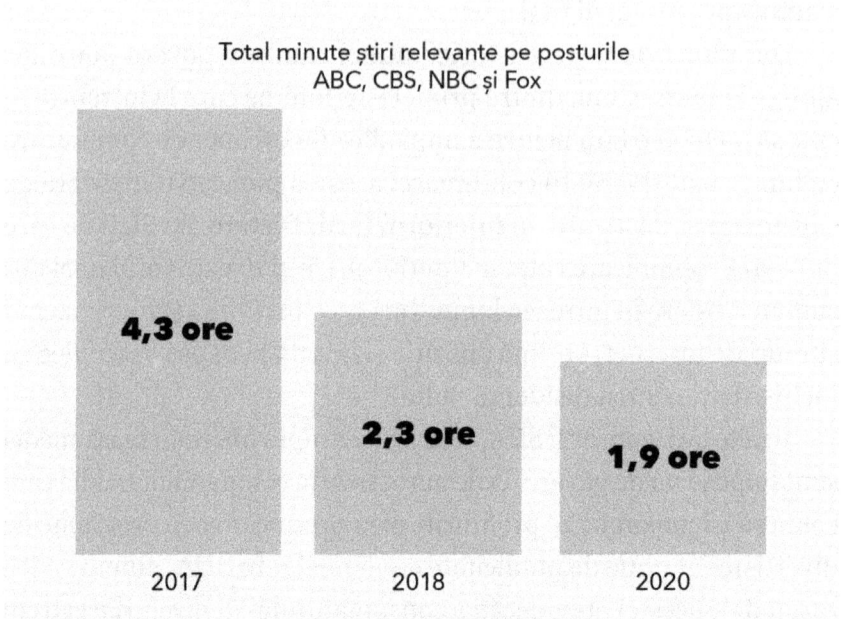

În 2020, timpul de antenă acordat schimbărilor climatice în cadrul emisiunilor de știri televizate a scăzut și mai mult – cu 53%. Pe parcursul unui an întreg, aceste emisiuni de știri au transmis despre schimbările climatice timp de 112 minute în total (mai puțin de două ore) în 2020 – cea mai scăzută acoperire din 2016 încoace[187]. Această scădere drastică a timpului de antenă acordat schimbărilor climatice a avut loc în ciuda numeroaselor evenimente meteorologice extreme alimentate de climă, a unor rapoarte importante privind efectele schimbărilor climatice, a unor atacuri repetate asupra mediului din partea unor interese politice și comerciale și a unor alegeri prezidențiale în care schimbările climatice au fost în centrul atenției. În general, timpul alocat știrilor climatice în 2020 a reprezentat doar patru zecimi de unu la sută din emisiunile de știri difuzate la televiziune. *Acest nivel infim de atenție ilustrează cu o claritate surprinzătoare modul în care, în slujba profiturilor*

corporatiste, SUA sunt ţinute în beznă în mod devastator de către reţelele de televiziune.

Cum poate omenirea să treacă dincolo de această sărăcire debilitantă şi inutilă a conştiinţei şi înţelegerii noastre colective? În opinia mea, trebuie să folosim mass-media pentru a schimba mass-media. În loc să direcţioneze proteste în masă către o companie petrolieră sau către o birocraţie guvernamentală, dacă cetăţenii ar direcţiona acelaşi nivel de protest către companiile şi posturile de televiziune şi ar atrage atenţia asupra eşecului lor aproape complet de a servi interesul public, s-ar putea produce o creştere dramatică a timpului de emisie dedicat explorării provocărilor de o importanţă capitală pentru viitorul nostru. De exemplu, ce s-ar întâmpla cu înţelegerea publică a crizei Pământului dacă, în loc de jumătate de procent din timpul de emisie, televiziunile ar dedica zece la sută sau chiar 20% din prime-time acestei ameninţări existenţiale? Ar genera cu siguranţă o creştere rapidă şi revoluţionară a preocupării, înţelegerii şi implicării publicului!

Este vital să recunoaştem rolul principal al mass-mediei în promovarea nebuniei colective a materialismului. Este literalmente o nebunie din partea noastră să supraconsumăm Pământul şi să forţăm o coborâre fie în autoritarism digital, fie în extincţie funcţională, ca specie. SUA reprezintă exemplul principal al acestei nebunii – unde o persoană obişnuită se uită la televizor mai mult de patru ore pe zi – ceea ce înseamnă că americanii se uită la televizor, *ca civilizaţie, mai mult de un miliard de ore-persoană pe zi.* La rândul său, se estimează că americanul mediu va viziona peste 25.000 de reclame pe an! Reclamele sunt mult mai mult decât reclame pentru produse; ele sunt mesaje şi poveşti extrem de sofisticate care prioritizează şi promovează valori şi moduri de viaţă materialiste.

Este posibil să nu existe o provocare mai periculoasă pentru viitorul nostru decât hipnoza culturală creată de televiziunea comercială, care trivializează viaţa umană şi distrage atenţia umanităţii de la ritul nostru de trecere la vârsta adultă timpurie. *Mentalitatea civilizaţiilor este programată pentru stagnare evolutivă şi eşec ecologic prin programarea televiziunii pentru succes comercial.* Companiile media ne spun că ar trebui să consumăm mai mult, în timp ce preocupările noastre ecologice pentru Pământ ne spun că trebuie să consumăm mai puţin. Carl Jung spunea că schizofrenia este o stare în care „visul devine realitate". Visul american al stilului de viaţă consumist a devenit realitatea noastră primară – din ce în ce mai departe de realitatea Pământului şi de potenţialul nostru evolutiv. Cu zeci de ani în urmă, profesorul Gene Youngblood a avertizat cu privire la posibilitatea ca mass-media să blocheze o mentalitate materialistă şi să frâneze evoluţia umană, prin simplul control al percepţiei alternativelor.

> „Ordinea industrială nu rezistă nu prin conspiraţie, ci pur şi simplu din inerţie, pur şi simplu pentru că nu există o cerere populară pentru o alternativă definită în mod specific... Dorinţa se învaţă. Dorinţa se cultivă. Este un obicei format prin repetare continuă... Dar nu putem cultiva ceea ce nu este disponibil. Nu comandăm un fel de mâncare care nu se află în meniu. Nu votăm pentru un candidat care nu se află pe buletinul de vot... Rareori selectăm ceea ce este insuficient disponibil, rar pus în valoare, rar prezentat... Ce ar putea fi un exemplu mai radical de totalitarism decât puterea mass-media de a sintetiza singură realitate relevantă din punct de vedere politic, specificând pentru majoritatea oamenilor, în cea mai mare parte a timpului, ce este real şi ce nu este real, ce este important şi ce nu este important?...
> Aceasta este, în opinia mea, însăşi esenţa totalitarismului: controlul dorinţei prin controlul percepţiei...
> Ceea ce împiedică frustrarea noastră să modelăm noi instituţii este incapacitatea de a percepe alternative, ceea ce duce la absenţa dorinţei, deci a cererii, pentru aceste alternative."[188]

Situația noastră este fără precedent în istorie. Noi, oamenii, ne confruntăm cu provocarea inovatoare de a ne uni în numele unui viitor sustenabil și semnificativ pentru noi toți. Martin Luther King Jr. a descris această provocare astfel:

> „Suntem provocați să ne ridicăm deasupra limitelor înguste ale preocupărilor noastre individualiste și să ne îndreptăm spre preocupările mai largi ale întregii umanități.
>
> ...Prin geniul nostru științific am făcut din lume un cartier; acum, prin geniul nostru moral și spiritual, trebuie să facem din ea o frăție."[189]

Aceștia sunt ani cruciali pentru viitorul comunicării interumane. Va fi comunicarea – sângele vital al speciei noastre – slabă, lipsită de strălucire și palidă, sau puternică, creativă și colorată? Modul în care comunicăm bine va face o diferență enormă referitor la capacitatea de a mobiliza suficientă energie pentru a ne ridica deasupra curentului descendent al extincției sau al autoritarismului.

Este util să recunoaștem atât punctele forte, cât și punctele slabe ale celor două tehnologii care se află în centrul revoluției comunicațiilor: televiziunea și internetul.

- Televiziunea are acoperire largă, dar este în general superficială.

- Internetul are o mare profunzime de acoperire, dar este în general limitat.

Izolate una de cealaltă, aceste instrumente generează o comunicare care tinde să fie *superficială și limitată*. Cu toate acestea, combinând puterea amândurora, putem trezi o comunicare care este *profundă și largă*! Acestea nu sunt tehnologii concurente, ci complementare și extrem de sinergice. Instrumentele pentru o revoluție în comunicare sunt la îndemână, dacă le vom folosi în mod conștient.

Revenind la împuternicirea locală, ne putem baza pe experiența de peste un secol a SUA cu „New England Town Meetings", în cadrul căreia locuitorii unui oraş votau asupra problemelor de interes comun. În epoca modernă, putem considera o întreagă zonă metropolitană (San Francisco, Philadelphia, Paris etc.) ca fiind un „oraş", iar locuitorii din acea zonă sunt eligibili pentru a „vota" şi a-şi oferi opiniile consultative cu privire la preocupări cheie, cum ar fi criza climatică.

O adunare orăşenească electronică la scară metropolitană nu este o fantezie – fezabilitatea acestei abordări a fost demonstrată cu zeci de ani în urmă (în 1987) în zona golfului San Francisco. Am fost codirector al unei organizaţii non-profit şi nepartizane numită „Bay Voice" – vocea electronică a zonei Golfului. În colaborare cu postul de televiziune ABC-TV, am produs emisiunea nepartizană Electronic Town Meeting, de o oră, difuzată la o oră de maximă audienţă. *Am înţeles că, în SUA, posturile de televiziune (ABC, CBS, NBC şi Fox) care utilizează undele publice au o obligaţie legală strictă „de a servi interesul public, convenienţa şi necesitatea" comunităţii pe care o deservesc, înainte de a-şi servi propriile interese de a face profit.*[190] Pentru a construi organizaţia „*Vocea comunităţii*", am reunit o coaliţie diversă de grupuri de cetăţeni – inclusiv diferite grupuri etnice, organizaţii de afaceri şi sindicale şi organizaţii de mediu. Această coaliţie largă a reprezentat cu adevărat diversele puncte de vedere şi interese ale comunităţii din Zona Golfului. Pentru a produce emisiunea pilot, am colaborat cu două mari universităţi (Stanford şi UC Berkeley), am dezvoltat un eşantion ştiinţific sau aleatoriu de cetăţeni care puteau participa oferind feedback de la domiciliu. Celor care au fost de acord li s-a trimis o listă de numere de telefon care corespundeau diferitelor opţiuni pe care le puteau apela (acest experiment a fost realizat cu mai mult de un deceniu înainte ca internetul să fie utilizat pe scară largă).

Emisiunea pilot „Electronic Town Meeting" (abreviat în continuare ca „ETM") a început cu un mini documentar informativ, pentru a plasa problema noastră în context. După acest scurt documentar, am trecut la dialogul în studio cu experţi şi cu un public divers din studio. Pe măsură ce au apărut întrebări cheie în discuția din studio, acestea au fost prezentate eșantionului științific care a vizionat programul „*Vocea comunității*" de la domiciliu. Aceștia și-au introdus voturile, care au fost apoi prezentate atât participanților din studio, cât și telespectatorilor de acasă. Șase voturi au fost luate cu ușurință în timpul emisiunii de o oră în prime-time, care a fost vizionată de peste 300.000 de persoane din Zona Golfului. Cu șase voturi, opiniile și atitudinile generale ale publicului din Zona Golfului au fost stabilite în mod clar. (Vizionați primele 3 minute și jumătate din acest clip)[191].

Succesul episodului pilot din 1987 începe să demonstreze potențialul de a obține o creștere spectaculoasă a domeniului de aplicare și a profunzimii dialogului la scară metropolitană și a construirii consensului. În prezent, este pe deplin posibil să se dezvolte organizații nepartizane de tip *Vocea comunității* sau ETM-uri care combină televiziunea cu feedback-ul pe internet de la un eșantion de cetățeni selectați științific. Cu ajutorul acestor instrumente simple, publicul poate cunoaște mentalitatea colectivă cu un grad ridicat de acuratețe. Prin intermediul unor întâlniri municipale periodice online, perspectivele și prioritățile cetățenilor pot fi aduse rapid la cunoștința publicului, iar procesul democratic poate fi ridicat la un nou nivel de implicare și funcționare.

Valoarea și scopul organizațiilor *Vocea comunității* nu este de a microgestiona guvernul prin democrație directă; mai degrabă, este ca cetățenii să descopere preocupările și prioritățile lor împărtășite pe scară largă, care îi pot ghida pe reprezentanții lor în guvern. Din punctul meu de vedere, scopul organizațiilor *Vocea comunității* nu este de a se implica direct în decizii politice complexe, ci de a le permite cetățenilor să își exprime opiniile generale care pot ghida procesul de elaborare a politicilor. Implicarea cetățenilor în alegerea drumului nostru spre viitor nu va garanta că se vor face întotdeauna alegerile „corecte", ci va garanta că cetățenii vor fi implicați și interesați de aceste alegeri. În loc să se simtă cinici și neputincioşi, cetăţenii se vor simţi interesaţi şi responsabili pentru viitorul nostru colectiv.

Marile zone metropolitane din întreaga lume reprezintă scara naturală pentru organizarea acestui nou nivel de dialog cetăţenesc şi construirea consensului. Conducerea unei comunităţi ar putea inspira alte comunităţi să îşi creeze propriile organizaţii *Vocea comunităţii*, iar un nivel complet nou de dialog susţinut şi semnificativ ar putea să se extindă rapid în toate ţările şi pe tot globul. Cetăţenii şi-ar putea exprima opiniile, ar putea propune şi dezbate soluţii şi ar putea contribui la depăşirea blocajelor.

În ceea ce priveşte punerea în funcţiune a organizaţiilor „*Vocea comunităţii*", niciun factor nu va avea un impact mai mare asupra concepţiei, caracterului şi punerii în aplicare a adunărilor orăşeneşti online decât cine le sponsorizează. Luaţi în considerare trei posibilităţi majore:

- În primul rând, dacă aceste întâlniri ETM (Electronic Town Meetings) sunt sponsorizate de posturile de televiziune comerciale, acestea vor fi concepute pentru a vinde publicitate şi a distra audienţa – nu pentru a informa cetăţenii şi a implica publicul în alegerea viitorului său.

- În al doilea rând, în cazul în care aceste întâlniri ETM sunt sponsorizate de guvernele locale, de stat sau naţionale, acestea ar fi probabil folosite ca instrumente de relaţii publice, mai degrabă decât ca un forum autentic pentru un dialog deschis cu comunitatea.

- În al treilea rând, întâlnirile ETM sponsorizate de organizaţii sau instituţii orientate spre o anumită problemă care reprezintă un anumit grup etnic, rasial sau de gen s-ar concentra probabil pe preocupările grupului respectiv.

Se desprinde o concluzie critică: *este nevoie de o organizaţie independentă, nepartizană,* Vocea comunităţii*, care să acţioneze* *în numele tuturor cetăţenilor* în calitate de sponsor al reuniunilor orăşeneşti electronice. Odată ce organizaţiile *Vocea comunităţii* vor fi înfiinţate şi vor funcţiona în marile zone metropolitane, ar fi foarte practic să se unească pentru a crea ETM-uri regionale; de exemplu, oraşele de pe coasta maritimă ar putea să se alăture întrun efort comun pentru a răspunde problemei creşterii nivelului mării. Odată ce ETM-urile regionale sunt în curs de desfăşurare şi bine ancorate în comunicaţii de încredere, următorul pas ar fi crearea unor dialoguri naţionale pentru viitorul pe care ni-l dorim. Dincolo de ETM-urile regionale şi naţionale, dispunem deja de capacitatea tehnologică de a crea ETM-uri globale cu un sistem *Vocea Pământului care ar putea supraîncărca energia înălţătoare a umanităţii la scară planetară. Vocea Pământului* este practică şi realizabilă:

- *Televiziune:* Deja, între trei şi patru miliarde de oameni urmăresc Jocurile Olimpice la televizor la nivel mondial[192]. Majoritatea cetăţenilor de pe Pământ au acces la televizoare, în raza de acţiune a unui semnal TV[193].

- *Internet*: În 2021, aproximativ 65% din populaţia globală avea acces la internet[194]. Se preconizează că accesul la internet va ajunge la 75% din comunitatea globală până la sfârşitul acestui deceniu[195].

Deşi recunoaştem cu greu puterea imensă a unei mişcări nepartizane a *Vocii Pământului*, avem deja instrumente cu o putere uimitoare care ne permit să începem să comunicăm pentru a ne croi un viitor funcţional şi cu scop.

Următoarea mare superputere nu va fi o naţiune sau un grup de naţiuni; ci, mai degrabă, va fi miliardele de cetăţeni obişnuiţi care înconjoară Pământul şi care vor cere, cu o voce colectivă, o cooperare şi o acţiune creativă fără precedent pentru a avea grijă de Pământul nostru aflat în pericol şi pentru ca omenirea să crească într-o civilizaţie planetară matură.

O nouă superputere se naște din vocea și conștiința comună a cetățenilor lumii, mobilizați printr-o revoluție a comunicațiilor de la local la global. Atunci când oamenii vor fi mai mult decât niște receptori pasivi de informații – ca *martori* ai perturbării climei, ai sărăciei intense și ai extincției speciilor - dar vor fi capabili să ofere o *voce* colectivă pentru schimbare, atunci se va dezlănțui în lume o nouă și puternică forță de transformare creativă. Și chiar la timp! *Niciodată în istorie nu au mai fost chemați atât de mulți oameni să facă schimbări atât de radicale într-un timp atât de scurt.*

Odată ce cetățenii vor ști ce vor face alți cetățeni din întreaga lume și odată ce vor ști, în inimile și mințile lor, ce reprezintă o acțiune adecvată, ei și reprezentanții lor în guvern vor putea acționa rapid și cu autoritate. Democrația a fost adesea numită arta posibilului. Dacă nu știm ce gândesc și ce simt concetățenii noștri în legătură cu eforturile colective de a crea un viitor durabil și cu scop, atunci plutim neputincioși într-o mare de ambiguitate – incapabili să ne mobilizăm pentru acțiune constructivă. O democrație și o societate matură necesită participarea activă și consimțământul unui public informat, nu o simplă consimțire pasivă. Odată ce omenirea își va dezvolta capacitatea simplă de reflecție socială susținută și autentică, vom avea mijloacele de a ajunge la o înțelegere comună și la un consens lucrativ în ceea ce privește acțiunile adecvate pentru un viitor pozitiv. Acțiunile vor putea apoi să vină rapid și voluntar. Ne putem mobiliza în mod intenționat, iar fiecare persoană poate contribui cu talentele sale unice la construirea unui viitor care să confirme viața. Sunt de acord cu Lester Brown, președintele Worldwatch Institute, care a declarat: „Industria comunicațiilor este singurul instrument care are capacitatea de a educa la scara necesară, în timpul disponibil."

Să alegem maturitatea

În ultimii 40 de ani, când am vorbit în fața unor audiențe diverse din întreaga lume, am început adesea prin a pune o întrebare simplă: „Când observați familia umană și comportamentul nostru, care este părerea dumneavoastră despre stadiul general de viață al speciei noastre? Ne comportăm ca niște copii, adolescenți, adulți sau bătrâni?". Am adresat aceeași întrebare unor diverși lideri de afaceri din Brazilia, SUA și Europa; unor lideri spirituali din Japonia și SUA; unor femei care au absolvit programe pedagogice în India; unor grupuri non-profit și grupuri de studenți din SUA, Canada și Europa; unei comunități internaționale de femei cu roluri de conducere și nu numai. Oriunde am pus această întrebare, răspunsul este imediat și copleșitor: *Aproximativ trei sferturi dintre ei spun că omenirea, luată în ansamblu, se află în stadiul adolescenței în ceea ce privește comportamentul său ca specie!* Cele mai frecvente motive oferite pentru acest punct de vedere sunt:

- Adolescenții sunt adesea *rebeli* și vor să-și dovedească independența. Omenirea s-a răzvrătit împotriva naturii, încercând să-și demonstreze independența și superioritatea.

- Adolescenții pot fi *nechibzuiți* și înclinați să trăiască fără să țină cont de consecințele comportamentului lor, simțind adesea că sunt nemuritori. Familia umană a consumat în mod nechibzuit resursele naturale ca și cum acestea ar dura la nesfârșit, poluând aerul, apa și pământul și a eliminat o parte semnificativă a animalelor și plantelor de pe Pământ.

- Adolescenții sunt frecvent preocupați de *aspectul exterior* și de potrivirea materială. Mulți oameni sunt preocupați de modul în care își exprimă identitatea și statutul prin intermediul posesiunilor materiale.

- Adolescenții sunt înclinați spre *satisfacție* instantanee. Ca specie, căutăm plăceri pe termen scurt, ignorând în mare măsură nevoile pe termen lung ale altor specii sau ale propriilor noastre generații viitoare.

- Adolescenții au tendința de a se aduna în grupuri sau găști, și adesea exprimă acest lucru prin gândire și comportament de tip „înăuntru vs. afară”. O mare parte a umanității este grupată în grupări politice, socio-economice, rasiale, religioase și de altă natură, care ne separă unii de alții, favorizând o mentalitate de tipul „noi împotriva lor”.

Întrezăresc o posibilitate plină de speranță în aceste rezultate. Dacă reușim să trecem de la adolescența noastră colectivă la vârsta adultă timpurie, rebeliunea se poate transforma în colaborare; nepăsarea poate deveni discernământ; obsesia pentru aspectul exterior poate face loc atenției la integritatea interioară; concentrarea pe satisfacția personală poate deveni dorința de a fi de folos celorlalți; iar separarea în găști și grupuri închise poate deveni preocupare pentru bunăstarea unei comunități mai mari.

Adolescenții au calități importante de care avem nevoie pe măsură ce ne maturizăm și ajungem la vârsta adultă timpurie: ei au adesea enorm de multă energie și entuziasm debordant și, cu curajul și îndrăzneala lor, sunt gata să se arunce în viață și să facă o diferență în lume. Mulți adolescenți au o ambiție ascunsă de măreție și simt că, dacă li se oferă o șansă, pot realiza lucruri remarcabile. Intrând în vârsta adultă timpurie, ca specie, ne putem elibera de constrângerile trecutului, putem trezi energia, creativitatea și curajul neexploatate și putem lucra pentru a atinge măreția care acum este înfrânată.

Maturizarea este în întregime naturală, însă este important să recunoaștem cât de solicitantă este această călătorie: Maya Angelou a scris aceste rânduri cu rezonanță, care descriu dificultatea de a crește:

> Sunt convinsă că majoritatea oamenilor nu se maturizează. Găsim locuri de parcare și ne onorăm cărțile de credit. Ne căsătorim și îndrăznim să avem copii și numim asta maturizare. Cred că ceea ce facem noi este în mare parte să îmbătrânim. Purtăm o acumulare de ani în corpurile și pe fețele noastre, dar, în general, noi, cei adevărați, copiii din interior, suntem încă inocenți și timizi ca magnoliile.[196]

Toni Morrison a spus într-un discurs inaugural: „Adevărata maturitate este o frumusețe dificilă, o glorie câștigată cu greu, de care nu ar trebui să li se permită forțelor comerciale și insipidității culturale să te priveze"[197].

Când îi întreb pe oameni ce i-a motivat să treacă de la adolescență la vârsta adultă, apar teme comune care sunt instructive pentru inițierea și marea tranziție a umanității. Oamenii menționează adesea:

- *O întâlnire cu moartea* – moartea unui prieten sau a unui membru al familiei a trezit o înțelegere a mortalității noastre și a modului în care avem un timp limitat pe Pământ pentru a învăța și a crește. Amenințarea extincției noastre este o motivație puternică pentru a trece la începutul vieții noastre de adulți.

- *Modelele de rol* îi inspiră pe adolescenți să depășească comportamentele actuale și să exploreze noi însușiri latente. Modelele de rol actuale tind să fie vedete de cinema, vedete sportive și muzicieni populari. Cu toate acestea, aceste modele de rol tind să încurajeze comportamente adolescentine mai degrabă decât să ne atragă spre maturitatea timpurie.

- Împins să *își asume responsabilitatea* pentru bunăstarea altora – de exemplu, îngrijirea unui frate sau a unei surori, a unui părinte bătrân, a unui prieten bolnav sau acceptarea unei slujbe suplimentare pentru a câștiga bani pentru familie. Acum suntem împinși dincolo de propriile limite să ne asumăm responsabilitatea pentru bunăstarea Pământului.

- Împinși să aruncăm o *„privire realistă în oglindă"* – să vedem cum trăim în moduri adolescentine, cum ar fi prioritizarea consumului în detrimentul serviciului. Internetul și televiziunea ne oferă un feedback reflexiv și o privire pătrunzătoare asupra noastră. Putem vedea mai clar consecințele comportamentului nostru și nevoia de a trece la un nivel mai înalt de maturitate.

Dacă, în general, comunitatea umană se află încă în adolescență, acest lucru explică o mare parte din comportamentul nostru actual şi sugerează modul în care ne-am putea comporta diferit dacă am trece în mod colectiv la vârsta adultă timpurie:

- **Adulţii care se maturizează tind să acorde prioritate celorlalţi înaintea lor înşişi.** Odată cu maturizarea, adulţii devin capabili să privească dincolo de nevoile şi dorinţele egocentrice şi, în schimb, să se gândească la modul în care pot servi bunăstării celorlalţi şi a Pământului. În loc să fie egocentrici, adulţii pot fi altruişti şi pot face sacrificii pentru ceilalţi fără a se simţi resemnaţi. O persoană şi o societate mature pot găsi bucurie în succesul altora şi pot obţine satisfacţie din faptul că îşi împărtăşesc norocul cu ceilalţi.

- **Adulţii care se maturizează tind să respecte angajamentele pe termen lung şi să aleagă gratificarea întârziată.** Dacă dorim să contribuim la bunăstarea generaţiilor viitoare şi să oprim supraconsumul Pământului, atunci este vital să atingem un nivel mai ridicat de maturitate. Dincolo de generozitatea simbolică, societatea şi economia globală trebuie reconfigurate pentru echitate şi binele comun. Aceasta este cu adevărat o întreprindere potrivită adulţilor maturi.

- **Adulţii care se maturizează au tendinţa de a avea un mai profund al modestiei.** Adulţii sunt mai lipsiţi de pretenţii şi se simt mai puţin preocupaţi de nevoia de a se afirma în faţa celorlalţi; în schimb, au tendinţa de a alege moduri mai modeste de a fi şi de a trăi. Odată cu o maturitate mai profundă apare o mai mare preocupare pentru corectitudine şi pentru drepturile egale ale celorlalţi.

- **Adulţii care se maturizează au tendinţa de a se accepta mai mult pe sine şi de a-i accepta pe ceilalţi.** O persoană sau o societate matură a fost îmbogăţită de experienţa de viață și tinde să realizeze că suntem aici pentru mai mult decât pentru a căuta plăcerea – suntem aici pentru a învăța, a crește și a contribui la bunăstarea celorlalți. La maturitate, ne acceptăm umanitatea și avem o mai mare compasiune pentru noi înșine și pentru ceilalți.

• **Adulții care se maturizează au tendința de a vorbi mai puțin și de a asculta mai mult**. O persoană matură va avea tendința de a asculta pentru a înțelege, mai degrabă decât pentru a găsi ocazii de a întrerupe și de a-și susține punctul de vedere. În vremurile noastre de tensiuni și conflicte în creștere, trebuie să ascultăm profund, în special populațiile mai tinere și marginalizate. Ascultarea și învățarea converg, ca abilități neprețuite pentru o lume aflată într-o mare tranziție.

• **Adulții care se maturizează au tendința de a face curat** în urma lor. Adulții nu se așteaptă ca alții să curețe mizeria pe care o fac ei. În loc să aștepte ca alții să se ocupe de sarcini, adulții preiau frâiele propriei vieți.

• **Adulții care se maturizează recunosc că eșecul și pașii greșiți fac parte din creștere.** Nu vom trăi întotdeauna din cele mai înalte idealuri, moravuri sau calități ale noastre. Oamenii maturi își vor da seama când nu sunt aliniați cu valorile și angajamentele lor, iar apoi vor integra ceea ce au învățat pentru a se descurca mai bine.

• **Adulții care se maturizează sunt conștienți că fiecare dintre noi are puncte slabe**. Maturizarea implică recunoașterea faptului că punctele noastre de vedere pot limita modul în care ne vedem și ne înțelegem pe noi înșine, pe ceilalți și lumea în general. Maturizarea înseamnă să ne recunoaștem propriile prejudecăți și limite și, cu o anumită doză de umilință, să dezvoltăm empatie față de perspectivele și punctele de vedere ale altor persoane.

Aceste schimbări practice şi semnificative, luate împreună, ar putea aduce o îmbunătăţire extraordinară a călătoriei umane. Ele arată că una dintre cele mai importante schimbări necesare este ca omenirea să recunoască modul în care suntem profund înrădăcinaţi într-o reţea de relaţii interconectate. Supravieţuirea umană depinde acum de faptul că oamenii se trezesc şi îşi iau locul în reţeaua vieţii, devenind cocreatori responsabili împreună cu restul lumii vii şi trăind cu respect, reverenţă şi grijă conştientă pentru bunăstarea întregii lumi vii.

Să alegem reconcilierea

Numeroasele diviziuni din lumea noastră absorb o cantitate imensă de timp şi energie care, dacă ar fi vindecată, ar putea elibera energia şi atenţia necesare pentru a promova şi a crea o lume funcţională şi cu scop. Conflictele, agitaţia, împotrivirile, antagonismul etc. ocupă atenţia personală şi publică şi ne distrag atenţia de la a ne reuni pentru a găsi un teren comun mai înalt pentru a face faţă crizei existenţiale, în folosul viitorului nostru colectiv. Cu adevărat, ne confruntăm cu posibilitatea extincţiei noastre funcţionale ca specie şi, fără a vindeca aceste diviziuni, eforturile noastre pentru un viitor durabil şi regenerator vor eşua.

Nedreptatea şi inechităţile înfloresc în întunericul neatenţiei. Expunerea la lumina vindecătoare a conştientizării publice creează o nouă conştiinţă în rândul tuturor celor implicaţi. Odată cu revigorarea comunicării, lumea devine transparentă faţă de ea însăşi. Din ce în ce mai mult, mass-media aduce nedreptatea, opresiunea şi violenţa în centrul atenţiei şi opiniei publice. În lumea noastră bogată în comunicaţii şi strâns interdependentă, va fi dificil ca vechile forme de represiune şi violenţă să continue fără ca opinia publică mondială să se întoarcă împotriva opresorilor.

Pe măsură ce capacitatea conştiinţei noastre colective se va trezi, rănile psihice profunde care s-au întipărit de-a lungul istoriei umanităţii vor ieşi la suprafaţă. Vom auzi vocile care au fost ignorate și durerea care nu a fost exprimată. Profesorul Christopher Bache explică:

> „Nivelul inconștientului colectiv pare să se ridice. Pe măsură ce o face, aduce cu el nămolul psihic al istoriei. Primul pas spre conștientizare este întotdeauna purificarea. Reziduul karmic al alegerilor făcute de nenumărate generații de ființe umane pe jumătate conștiente se ridică în conștiința noastră individuală și colectivă, pe măsură ce ne confruntăm în masă cu moștenirea trecutului nostru."[198]

Poate părea neînțelept să aducem la lumina zilei partea întunecată a trecutului umanității, dar dacă nu o facem, această durere nerezolvată va trage pentru totdeauna în jos conștiința noastră și va diminua potențialul nostru viitor. Din fericire, claritatea plină de compasiune a conștiinței reflexive oferă spațiul psihologic pentru ca vindecarea să aibă loc.

A fi ascultat este primul pas spre vindecare. Atunci când ne simțim luați în seamă și auziți prin ascultarea activă a celorlalți, ne deschidem deplin față de durerile noastre, precum și față de cele ale altora. Recunoscând și ascultând poveștile celor care au suferit, construim o bază de compasiune care să ajute procesul de vindecare. Ascultarea colectivă a poveștilor despre rănile umanității este vitală pentru vindecarea societății. Vindecarea înseamnă să recunoaștem și să plângem în mod public nemulțumirile legitime, căutând remedii juste și realiste.

În termenii cei mai simpli, vindecarea culturală înseamnă depășirea separărilor noastre profunde – unora de alții, de Pământ și de cosmosul viu. Vindecarea are loc atunci când realizăm că forța vitală care ne unește este mai profundă decât diferențele care ne despart. Prin vindecare culturală conștientă, familia umană poate avansa dincolo de conflictele etnice cronice, de opresiunea rasială, de nedreptatea economică, de discriminarea de gen și de alte inumanități care ne divizează. Dacă putem fi martori la rezervorul de durere nerezolvată acumulată de-a lungul istoriei, vom elibera un imens stoc de creativitate și energie. Putem forma un rezervor de forță înălțătoare odată cu eliberarea energiei colective a umanității în slujba construirii unui viitor pozitiv și încurajator. Ce proiect remarcabil pentru specia umană ar putea fi acesta. Pe măsură ce lumea interioară a experienței umanității se angajează în mod conștient în lumea exterioară a acțiunii, putem începe sarcina comună de a construi o specie-civilizație durabilă, satisfăcătoare și de suflet.

Toți oamenii sunt parte din oceanul comun al conștiinței. Indiferent de sex, rasă, avere, religie și așa mai departe, cu toții participăm la ecologia profundă a conștiinței, iar acest lucru oferă un teren comun pentru adunare, pentru înțelegere reciprocă și pentru reconciliere. Reconcilierea nu înseamnă că nedreptățile și nemulțumirile din trecut sunt șterse; mai degrabă, prin faptul că sunt recunoscute în mod conștient și cuplate cu eforturi sincere de restaurare, acestea nu mai stau în calea progresului nostru colectiv. Atunci când nedreptățile sunt recunoscute în mod conștient, împreună cu scuze publice și remedii, ambele părți se eliberează de necesitatea de a continua procesul de învinovățire și de resentimente, în schimb, ambele se pot concentra pe acțiuni restaurative și de cooperare pentru făurirea unui viitor constructiv. Comunitatea Pământului se află în fața unei alegeri dure pentru viitor – alegem:

- **să depunem efort** ca și comunitate umană, acceptând toate *sacrificiile* care vor fi necesare, sau

- **să ne desp**ărțim **în** grupuri umane, suportând toate *violențele* care vor rezulta în mod inevitabil?

Prin reconciliere și conlucrare, noi, oamenii, putem realiza cu adevărat realizări uimitoare. O adevărată înălțare poate veni din vindecarea rănilor divizării și din unirea eforturilor comune ca specie. Aceasta nu este o fantezie, ci realitatea clară a situației actuale a lumii noastre. Suntem atât de divizați în atât de multe privințe, încât a lucra împreună într-un efort comun pare aproape imposibil. Cu toate acestea, parcursul înflăcărat în timpul nostru de profundă inițiere poate arde numeroasele bariere care ne despart acum de întreg și de efortul colectiv ca specie.

În cazul în care comunitatea Pământului alege să depună efort comun și să colaboreze pentru bunăstarea tuturor, o cascadă de acțiuni și inovații se poate revărsa rapid din claritatea voinței noastre sociale unificate. Totuși, dacă voința socială a oamenilor nu se trezește în numele bunăstării noastre *colective*, ci rămâne profund divizată, atunci se pare că probabil să ne îndreptăm fie spre siguranța aparentă a autoritarismului, fie ne fragmentăm în nenumărate subgrupuri, pe măsură ce rănile și diviziunile nerezolvate continuă, generând separare din ce în ce mai adâncă și violență sporită.

Doar împreună putem realiza o mare tranziție către comunitatea planetară. Tranziția este un efort de echipă – toate mâinile, pe punte! Un efort de echipă este imposibil dacă suntem profund divizați ca și comunitate umană. Lumea este inundată de discriminare rasială și de gen, de genocid, de războaie religioase, de opresiunea minorităților etnice și de dispariția altor specii. Unele dintre aceste tragedii s-au perpetuat și au prins rădăcini de-a lungul a mii de ani, iar acest lucru face colaborarea pentru un efort comun extrem de dificilă. Cu toate acestea, fără o reconciliere profundă și autentică dincolo de aceste bariere și altele, omenirea va rămâne separată și neîncrezătoare – iar viitorul nostru colectiv va fi grav periclitat[199]. Oricât de dificil și de inconfortabil ar fi acest proces, reconcilierea conștientă care include mărturisirea adevărului, scuze publice și remedii semnificative este o parte vitală a vindecării noastre colective – esențială pentru ca omenirea să avanseze împreună în călătoria noastră.

O lume divizată împotriva ei însăși este o rețetă pentru colapsul global și pentru dispariția funcțională a umanității. Putem fi de acord cu vorbele înțelepte ale lui Martin Luther King Jr.: „Trebuie să învățăm să trăim împreună ca frații sau să pierim împreună ca proștii"[200]. În cuvintele activistului sud-african anti-apartheid Alan Paton, „Nu este vorba de «iartă și uită», ca și cum nimic rău nu s-ar fi întâmplat vreodată, ci de «iartă și mergi înainte», bazându-ne pe greșelile trecutului și pe energia generată de reconciliere pentru a crea un nou viitor."[201]

Deși putem vedea direcțiile generale ale unui viitor durabil, familia umană este departe de a fi pregătită să colaboreze. Pentru a se reuni, familia Pământului trebuie să se angajeze într-un proces de reconciliere autentică în mai multe domenii:

- **Reconciliere de gen, rasială, sexuală și etnică** — Discriminarea divizează profund umanitatea împotriva ei însăși. Pentru a lucra împreună pentru viitorul nostru comun, trebuie să construim o cultură globală a respectului reciproc care să ne permită să lucrăm împreună, ca egali. Acest lucru nu înseamnă că vom ignora diferențele de gen, rasiale, sexuale și etnice; mai degrabă învățăm să respectăm și să includem diferențele, iar apoi acționăm pentru a transforma structurile și sistemele opresive. Trecem dincolo de prejudecățile limitative ale celorlalți și țesem o nouă cultură a respectului, a incluziunii și a corectitudinii.

- **Reconciliere între generații** — Dezvoltarea durabilă a fost descrisă ca fiind cea care satisface nevoile actuale fără a compromite capacitatea generațiilor viitoare de a-și satisface nevoile[202]. Deoarece multe națiuni industriale consumă pe termen scurt resurse vitale neregenerabile, opțiunile disponibile pentru generațiile viitoare de a-și satisface nevoile vor fi foarte limitate. Trebuie să ne împăcăm de-a lungul generațiilor, pentru a depune eforturi împreună. De exemplu, adulții îi pot sprijini pe tineri ascultându-le nevoile, punând în lumină mișcările și preocupările tinerilor și acordând atenție modului în care stilul de viață al generației actuale a contribuit la crearea crizei climatice.

- **Reconciliere economică** — Există disparități enorme între bogați și săraci. Reconcilierea necesită reducerea acestor diferențe și stabilirea unui standard minim global de bunăstare economică care să ajute oamenii să își realizeze potențialul. Narasimha Rao, profesor la Yale, afirmă că „reducerea inegalității – în interiorul țărilor și între ele – ar îmbunătăți capacitatea noastră de a atenua unele dintre cele mai grave efecte ale schimbărilor climatice și ar asigura un viitor climatic mai stabil... schimbările climatice, în esența lor, sunt o problemă de echitate"[203]. Cercetările Organizației Națiunilor Unite arată că inegalitatea globală se referă adesea mai mult la disparitățile în materie de oportunități decât la disparitățile de venituri[204]. Poate că cea mai profundă schimbare va consta în deconectarea modului în care valoarea personală este asociată cu poziția fiecăruia într-o ierarhie a bogăției sau a clasei sociale.

• **Reconciliere ecologică** — A trăi în armonie sacră cu biosfera Pământului este esențial dacă vrem să supraviețuim și să evoluăm ca specie. Restaurarea biosferei este vitală, deoarece viitorul nostru comun depinde de prezența unei mari diversități de plante și animale. Pentru a trece de la indiferență și exploatare la o administrare respectuoasă va fi nevoie de reconciliere cu comunitatea mai largă a tuturor formelor de viață de pe Pământ și de onorarea celor care au păstrat cultura reciprocității sacre cu toate formele de viață. Culturile de consum plasează dorințele materiale ale câtorva persoane mai presus de nevoile întregii comunități terestre, iar acest lucru a condus la dezastre ecologice. Noi, oamenii, suntem o parte inseparabilă a Pământului, iar ceea ce se întâmplă cu Pământul se întâmplă și cu noi.

• **Reconciliere religioasă** —Intoleranța religioasă a produs unele dintre cele mai sângeroase războaie din istorie. Reconcilierea tradițiilor spirituale ale lumii este vitală pentru viitorul umanității – de exemplu, între catolici și protestanți în Irlanda de Nord, între arabi și evrei în Orientul Mijlociu, între musulmani și hinduși în India. Pe măsură ce tradițiile religioase și spirituale ale lumii devin mai accesibile prin intermediul internetului și al rețelelor de comunicare socială, putem descoperi ideile de bază ale fiecărei tradiții și le putem vedea pe fiecare ca pe o fațetă diferită a bijuteriei comune de înțelepciune spirituală umană.

Multe dintre aceste diviziuni sunt extrem de evidente în lumea noastră și, odată cu perturbarea climei, vor avea un impact disproporționat, tot mai profund, asupra femeilor și a celor săraci. Iată un rezumat convingător dintr-un mesaj informativ recent al Oxfam:

> „În inima țărilor, comunitățile cele mai sărace – în special femeile – sunt adesea cele mai vulnerabile. Comunitățile sărace tind să locuiască în case prost construite, pe terenuri mărginașe, care sunt mai expuse riscului de fenomene meteorologice extreme, cum ar fi furtunile sau inundațiile. Adesea, acestea locuiesc în zone cu o infrastructură precară, ceea ce îngreunează accesul la servicii esențiale, cum ar fi asistența medicală sau educația, în situații de urgență. Este puțin probabil ca acești oameni să aibă asigurări sau economii care să îi ajute să își reconstruiască viața după un dezastru. Mulți dintre ei depind de agricultură sau de pescuit – activități care sunt deosebit de vulnerabile la condițiile meteorologice extreme și neregulate. Odată cu creșterea frecvenței și intensității pericolelor legate de climă, capacitatea persoanelor care trăiesc în sărăcie de a face față șocurilor se erodează treptat. Fiecare dezastru îi conduce pe aceștia într-o spirală descendentă de sărăcie și foamete și, până la urmă, de strămutare. Atunci când sunt forțate să își părăsească locuința, femeile și copiii sunt deosebit de vulnerabili la violență și abuzuri... Copiilor strămutați li se refuză adesea educația, ceea ce îi blochează într-un ciclu intergenerațional de sărăcie."[205]

Apariţia unei paradigme a „universului viu" trezeşte o perspectivă feminină profundă care onorează unitatea vieţii[206]. De cel puţin 50.000 de ani încoace şi până acum aproximativ 6.000 de ani, o perspectivă de tip „Zeiţa Pământ" a ghidat relaţia oamenilor cu lumea[207]. Arhetipul feminin recunoştea şi onora vitalitatea şi puterile regenerative ale naturii şi fertilitatea vieţii. Apoi, în urmă cu aproximativ 6.000 de ani, odată cu apariţia oraşelor-state, a unor clase mai diferenţiate (preoţi, războinici, negustori) şi a unor culturi mai complexe, o mentalitate masculină şi spiritualitatea de tip „Zeul Cer" au devenit dominante şi au susţinut dezvoltarea societăţii umane organizate în structuri şi instituţii la scară mai mare. O mentalitate masculină, patriarhală, a crescut şi s-a dezvoltat de-a lungul a mii de ani şi a încurajat creşterea individualismului, a diferenţierii şi emancipării oamenilor. De asemenea, aceasta a sprijinit separarea crescândă a umanităţii de natură şi exploatarea acesteia, ceea ce a condus la actuala noastră criză ecologică. În schimb, perspectiva de tip „Zeiţa Cosmică" priveşte natura generativă şi susţinută a universului mai mult din punct de vedere feminin. Depăşirea a mii de ani de separare printr-o reconciliere profundă care onorează femininul sacru şi afirmarea unităţii vieţii este vitală dacă vrem să ne ridicăm deasupra diviziunilor trecutului.

Este nevoie de maturitate personală şi socială pentru a recunoaşte şi vindeca nedreptăţile şi rănile, astfel încât familia umană să poată conlucra pentru bunăstarea noastră comună. Aducerea la cunoştinţa publică a nemulţumirilor legitime, deplângerea greşelilor trecutului, asumarea răspunderii pentru ele şi apoi căutarea unor remedii corecte şi realiste – acest acţiuni dificile se află în centrul erei reconcilierii.

Avem nevoie de o comunicare fără precedent pentru a descoperi umanitatea comună într-o mentalitate de o modestie ieşită din comun.

Odată cu reconcilierea şi restaurarea, energia socială care a fost blocată anterior în opresiune şi nedreptate poate fi eliberată şi poate deveni disponibilă pentru relaţii productive.

Procesul de reconciliere este complex şi implică trei etape majore: cei afectaţi trebuie să fie audiaţi public, cei care au greşit trebuie să îşi ceară scuze public şi să îşi asume responsabilitatea pentru impactul acţiunilor lor, iar apoi trebuie să ofere compensaţii sau remedii care să corecteze nedreptăţile trecutului şi să ofere o bază de mai mare integritate pentru ca toţi să se îndrepte împreună spre viitor.

A fi ascultat este primul pas pentru a fi vindecat. Ascultând şi dând atenţie poveştilor celor care au suferit, începem procesul de vindecare. Ascultarea colectivă a rănilor psihicului şi sufletului umanităţii este vitală pentru vindecarea noastră colectivă. A asculta nu înseamnă a uita; în schimb, înseamnă a aduce rănile divizării în conştiinţa colectivă şi a ne aminti de acestea în timp ce căutăm modalităţi de a ne îndrepta spre viitor.

Arhiepiscopul Desmond Tutu ştia mai multe despre procesul de reconciliere decât majoritatea. El a fost preşedintele Comisiei pentru Adevăr şi Reconciliere (TRC), înfiinţată pentru a investiga crimele comise în perioada apartheidului din Africa de Sud, între 1960 şi 1994. Când apartheidul a luat sfârşit, majoritatea persoanelor de culoare din Africa de Sud a trebuit să aleagă între trei modalităţi diferite de a căuta dreptate şi de a trăi împreună cu minoritatea albă a ţării. Puteau alege justiţia bazată pe *pedeapsă* – ochi pentru ochi; sau justiţia bazată pe *uitare* – nu te gândi la trecut, ci doar mergi înainte în viitor; sau justiţia bazată pe *restaurare* – acordarea amnistiei în schimbul adevărului. Arhiepiscopul Tutu a explicat alegerea lor:

„Credem în justiţia restaurativă. În Africa de Sud, încercăm să ne găsim calea spre vindecare şi spre restabilirea armoniei în cadrul comunităţilor noastre. Dacă justiţia retributivă este tot ceea ce căutaţi prin litera legii, sunteţi istorie. Nu veți cunoaște niciodată stabilitatea. Aveți nevoie de ceva dincolo de represalii. Aveți nevoie de iertare."[208]

Un al doilea pas pentru a fi vindecat este ca cel care a greșit să prezinte scuze publice sincere. Iată câteva exemple de scuze publice importante[209]:

- În 1988, o lege a Congresului a prezentat scuze „în numele poporului Statelor Unite" pentru întemnițarea americanilor de origine japoneză în timpul celui de-al Doilea Război Mondial.

- În 1996, oficialii germani și-au cerut scuze pentru invadarea Cehoslovaciei în 1938 și au creat un fond pentru compensarea victimelor de origine cehă ale abuzurilor naziste.

- În 1998, prim-ministrul japonez și-a exprimat „profund regret" pentru tratamentul aplicat de Japonia prizonierilor britanici în timpul celui de-al doilea război mondial.

- În 2008, Congresul Statelor Unite și-a cerut scuze în mod oficial pentru „păcatul originar" al țării – tratamentul aplicat afro-americanilor în perioada sclaviei și pentru legile ulterioare care îi discriminau pe negri, ca cetățeni de mâna a doua în societatea americană.

Un alt exemplu important de scuze publice și de vindecare socială este încercarea de a vindeca relația dintre aborigeni și coloniștii europeni din Australia. În 1998, Australia a comemorat prima sa „Zi a scuzelor" pentru a-și exprima regretul și a împărtăși durerea în legătură cu un episod tragic din istoria Australiei – îndepărtarea organizată a copiilor aborigeni de familiile lor pe criterii de rasă.

În cea mai mare parte a secolului al XX-lea, copiii aborigeni au fost îndepărtați cu forța de familiile lor cu scopul de a fi asimilați în cultura occidentală[210]. „Ziua Regretelor" marchează o modalitate a australienilor de a se împăca cu istoria lor și de a rememora împreună, o modalitate de a construi un viitor pe o bază de respect reciproc. Patricia Thompson, membră a consiliului indigen, a declarat: „Ceea ce ne dorim este recunoaştere, înţelegere, respect şi toleranţă – unii faţă de ceilalţi, de către ceilalţi, pentru ceilalţi". În oraşe, oraşe şi centre rurale, în şcoli şi biserici, oamenii îşi opresc activităţile zilnice pentru a recunoaşte această nedreptate. În plus, sute de mii de australieni au semnat „Cărţi cu scuze". O cerinţă esenţială pentru reconciliere este cererea conştientă de scuze, precum şi comemorarea.

Al treilea pas spre reconciliere este restituirea sau plata de compensaţii. Arhiepiscopul Desmond Tutu a explicat rolul restituirii atunci când a spus că reconcilierea implică mai mult decât recunoaşterea şi rememorarea nedreptăţii: „Dacă îmi furi stiloul şi spui «îmi pare rău» fără să-mi înapoiezi stiloul, scuzele tale nu înseamnă nimic."[211] Este necesară şi restituirea. Scuzele creează o consemnare veridică. Restituirea creează o nouă acţiune. Scopul compensaţiei este de a remedia condiţiile materiale ale unui grup şi de a restabili echilibrul sau egalitatea de putere şi de oportunităţi materiale[212].

Cu o reconciliere autentică – care include ascultarea, rememorarea, prezentarea de scuze şi compensarea – diviziunile şi suferinţele din trecut nu trebuie să stea în calea armoniei viitoare. Acest lucru nu este la fel de simplu ca furnizarea de bani sau de terenuri sau de politici menite să elimine inegalităţile. Rănirea profundă a celor oprimaţi se manifestă, de asemenea, sub forma unei traume generaţionale pe care nicio sumă de bani nu o va şterge. Adevărata compensaţie trebuie să asigure vindecarea şi integritatea.

Oricât de dificil şi inconfortabil ar fi acest proces, este o etapă vitală în vindecarea noastră colectivă, care poate aduce un impuls extraordinar umanităţii, pentru a merge mai departe în călătoria noastră comună. La fel cum o maree crescândă ridică toate bărcile, la fel şi un nivel crescut de comunicare globală poate aduce toate nedreptăţile în lumina vindecătoarc a conştientizării publice. Capacitatea noastră de a comunica cu noi înşine, ca specie planetară, cu privire la aceste răni dureroase va fi esențială pentru a genera energia înălțătoare a reconcilierii.

Să alegem comunitatea

Problema „alegerii Pământului" ridică o altă întrebare: simțim că noi înșine aparținem Pământului? Ne simțim acasă aici – unde „acasă" nu este doar un loc fizic, ci și un sentiment în corpul, inima și sufletul nostru? Casa noastră fizică ne conectează cu o comunitate locală care, la rândul ei, ne conectează cu Pământul? Casa și comunitatea în care locuim poartă un limbaj și un sentiment invizibil care se comunică prin structura sa fizică. Arhitectul Christopher Alexander scrie despre „limbajul tiparelor" comunicat de casele, comunitățile și orașele în care locuim.

> „Un limbaj model exprimă înțelepciunea profundă a ceea ce aduce vitalitate în viața comunității noastre. Însuflețirea este un termen pentru „calitatea care nu are nume": un sentiment de întregire, spirit sau măreție, care, deși are forme variate, este precis și verificabil în experiența noastră directă."[213]

Calitățile însuflețirii exprimate în modelele fizice ale caselor și comunităților noastre comunică un mesaj care poate fi tăcut pentru urechile noastre, dar puternic pentru intuiția noastră. Cum putem „să alegem Pământul" dacă nu simțim că facem parte din tiparele sale și că aparținem acestui loc?

Oamenii din țările mai dezvoltate din punct de vedere material caută adesea să trăiască într-o splendidă izolare. În suburbiile întinse, casele unifamiliale sunt proiectate pentru a fi separate de alte case, adesea cu un gard pentru o separare clară de vecini. Trăind într-o izolare configurată, tot ceea ce avem nevoie pentru a ne susține viața de zi cu zi poate fi cumpărat din magazine bine aprovizionate sau comandat online pentru o livrare rapidă. Nu este nevoie să îi deranjaţi pe ceilalţi sau ca ei să vă deranjeze pe dumneavoastră. Pot trece ani de zile fără a vă cunoaşte vecinii apropiaţi.

Designul fizic al locuinţelor şi al comunităţii noastre creează o experienţă fie de apartenenţă înălţătoare, fie de izolare existenţială. Vieţile noastre moderne au fost deseori concepute pentru o separare deliberată, iar acest lucru contrastează profund cu rădăcinile stră-vechi ale existenţei tribale bazate pe relaţii strânse cu alţi oameni, cu natura locală şi cu forţele invizibile din lume. Cuvântul african *ubuntu* evidenţiază importanţa comunităţii. *Ubuntu* se referă la ideea că ne descoperim pe noi înşine prin relaţiile cu ceilalţi. *Ubuntu* este definit drept conştientizarea că „*Sunt cine sunt datorită a ceea ce suntem cu toţii*". Ne dezvoltăm prin interacţiunile noastre cu ceilalţi. La rândul său, calitatea acestor relaţii se află în centrul vieţii noas-tre. Cu *ubuntu*, suntem deschişi şi disponibili pentru ceilalţi şi ne simţim parte a unui întreg mai mare. *Ubuntu* înseamnă relaţionare şi forţă înălţătoare. Izolarea este înstrăinare şi decădere.

O existenţă singulară, izolată, poate funcţiona bine cu acces la abundenţa materială şi la lanţuri de aprovizionare bine puse la punct pentru achiziţionarea de alimente şi produse care să ne susţină viaţa. Cu toate acestea, atunci când lanţurile de aprovizionare se rup, iar banii nu pot cumpăra accesul uşor la lucrurile de care avem nevoie, calitatea relaţiilor noastre cu ceilalţi ne defineşte din nou viaţa.

Inovaţiile în proiectarea fizică a comunităţilor sunt vitale pentru a transforma modul în care trăim pe Pământ. Modelele de viaţă care prioritizează suburbiile în expansiune şi gospodăriile izolate nu sunt potrivite pentru durabilitate. Modelele de viaţă hiper-individualizate creează bariere solide în calea inovaţiilor viitoare. Creşterea creează formă, iar forma limitează creşterea. Creşterea urbană creează un model de viaţă – cum ar fi o suburbie în expansiune – şi, odată ce aceste forme fizice sunt ancorate în pământ, ele limitează capacitatea de a crea noi modele de viaţă.

O lume în transformare necesită noi configuraţii de locuire mai bine adaptate la o ecologie, o societate şi o economie în schimbare rapidă. La rândul său, un spectru de inovare începe să se dezvolte de la nivel local la nivel global:

- **Cartierele de buzunar** în general, sunt formate din câteva case legate între ele pentru a promova un sentiment de comunitate şi de vecinătate, cu un nivel sporit de conexiune însufleţitoare.

  Cartierele de buzunar sunt, în general, grupuri de case sau apartamente de vecinătate grupate în jurul unui spaţiu deschis comun – o curte cu grădină, o stradă pietonală, o serie de curţi unite sau o alee comună – toate acestea având un sens clar al proprietăţii şi al administrării comune. Acestea se pot afla în zone urbane, suburbane sau rurale. Un cartier de buzunar *nu* este un cartier mai larg, format din câteva sute de gospodării şi o reţea de străzi, ci un tărâm format din aproximativ o duzină de vecini care interacţionează zilnic în jurul unui bun local comun – un fel de cartier izolat în interiorul unui cartier.

- **Eco-satele** sunt fie proiectate recent, fie, mai frecvent, modernizate pentru a oferi un mod de viaţă integrat pentru aproximativ o sută de persoane. Eco-satele sunt comunităţi intenţionate, unite de valori comune şi cu scopul de a deveni mai durabile din punct de vedere social, cultural, economic şi ecologic. De obicei, acestea sunt deţinute la nivel local şi guvernate prin procese participative. O trăsătură obişnuită a multor eco-sate sau comunităţi de conlocuire este o casă comună pentru întâlniri, aniversări şi mese regulate împreună; o grădină comunitară organică; o zonă de reciclare şi compostare; o micro-reţea de energie regenerabilă; un mic spaţiu deschis pentru întâlniri comunitare; poate un spaţiu de joacă şi un spaţiu de conversaţie pentru adolescenţi; şi un atelier cu unelte pentru artă, meşteşuguri şi reparaţii.

Eco-satele pot include o microeconomie în care membrii comunității fac schimb de ore pentru a crea o economie locală, oferind servicii cum ar fi asistență medicală, îngrijire a copiilor, îngrijire a bătrânilor, grădinărit, educație, construcții ecologice, rezolvarea conflictelor, internet și suport electronic, pregătire a alimentelor și alte abilități care oferă o legătură și o contribuție satisfăcătoare pentru comunitate. Scara este suficient de mică pentru ca toată lumea să se cunoască și totuși suficient de mare pentru a susține o microeconomie cu roluri de muncă semnificative pentru mulți. Eco-satele au cultura și coeziunea unui orășel și rafinamentul unui oraș, deoarece aproape toată lumea este conectată cu ajutorul internetului și al altor instrumente electronice de comunicare. Eco-satele încurajează expresii unice ale sustenabilității, deoarece încurajează simplitatea modului de viață, cresc copii sănătoși, celebrează viața în comunitate, cu ceilalți, și caută să onoreze Pământul și generațiile viitoare. Înflorirea diverselor eco-sate poate aduce o puternică forță înălțătoare în viețile noastre[214].

- **Orașele de tranziție** reunesc cartierele de buzunar și eco-satele într-un oraș de câteva mii de locuitori. În general, acestea sprijină, de la început, proiectele care au ca scop creșterea autosuficienței locale și reducerea efectelor nocive ale schimbărilor climatice și ale instabilității economice. Rețeaua „Transition Network", fondată în 2006, a inspirat crearea de inițiative de orașe de tranziție în întreaga lume[215].

- **Orașele durabile** caută să reunească cartierele de buzunar, eco-satele și orașele de tranziție într-un sistem mai larg de viață durabilă și ecologică. Un oraș durabil este modelat după structura rezistentă și autosuficientă a ecosistemelor naturale. Un oraș ecologic caută să ofere o viață sănătoasă locuitorilor săi fără a consuma mai multe resurse regenerabile decât produce, fără a produce mai multe deșeuri decât poate asimila și fără a fi toxic pentru el însuşi sau pentru ecosistemele învecinate[216]. Locuitorii tind să aleagă moduri de viaţă ecologice care întruchipează principii de corectitudine, justiţie şi echitate.

• **Eco-civilizaţiile** preiau lecţiile învăţate la scară mai mică şi le extind la naţiuni, grupuri de naţiuni şi la întreaga comunitate terestră. Eco-civilizaţiile răspund perturbărilor climatice globale şi nedreptăţilor sociale cu abordări alternative de viaţă bazate pe principii ecologice. O civilizaţie ecologică se îndreaptă spre un viitor regenerativ cu o sinteză de concepte economice, educaţionale, politice, agricole şi sociale pentru un trai durabil[217].

Un spectru complex de inovaţii în domeniul imobiliar, al activităţii economice şi al modurilor de viaţă ecologice ilustrează modul în care începem să ne reconfigurăm viaţa locală pentru a ne adapta la noile realităţi globale. Urgenţa trecerii la o economie cu zero emisii de carbon îndepărtează omenirea de o „economie a egoismului" care devastează Pământul, către o „economie a însufleţirii" care îmbunătăţeşte relaţia noastră cu Pământul.

În lumea noastră, care se transformă rapid, apar proiecte de adaptare a vieţilor noastre la forme înnobilatoare de viaţă ecologică, într-un spectru larg – de la cea mai mică scară a cartierelor de buzunar până la cea mai mare scară a unor întregi eco-civilizaţii. Pe măsură ce secolul avansează, se vor dezvolta milioane de experimente în forme inovatoare de viaţă regenerativă. Comunităţi alternative de orice design imaginabil se vor adapta la condiţiile locale şi vor oferi insule de sustenabilitate, securitate şi sprijin reciproc. Cu toate acestea, ca o notă de precauţie, forţa eco-satelor şi a comunităţilor locale ar putea deveni o slăbiciune dacă acestea sunt văzute în primul rând ca refugii izolate de siguranţă pentru a face faţă furtunilor tranziţiei. *Bărcile de salvare nu ne vor salva atunci când întregul Pământ se scufundă şi devine inospitalier pentru viaţă.* Este vital ca această coeziune care se dezvoltă în cadrul colaborărilor locale să se extindă la scară mai largă şi să ofere liantul social care să ţină împreună reţelele mai mari. Sinergiile dintre cartierele de buzunar şi eco-satele locale trebuie să urce la scara oraşelor de tranziţie şi a oraşelor durabile şi, în cele din urmă, la scara lumii ca ecocivilizaţie. Aceste sinergii creează o puternică ascensiune de-a lungul întregului spectru al inovării.

Să alegem simplitatea

Magnitudinea şi viteza de perturbare a climei este uimitoare şi va necesita schimbări dramatice în modul în care trăim pe Pământ. În ultimele câteva sute de ani, societăţile orientate spre consum au exploatat resursele globale în beneficiul unei fracţiuni a umanităţii. Scopul acestei abordări a fost acela de a găsi fericirea prin consum şi de a ne satisface *dorinţele* materiale fără a ţine cont în mod conştient de *nevoile* unui Pământ locuibil. Această abordare egoistă ruinează Pământul şi viitorul omenirii. În loc să ne întrebăm ce *dorim* noi, oamenii (ceea ce vrem, după ce tânjim sau râvnim), suntem chemaţi să răspundem la o întrebare mult mai importantă: de ce are *nevoie* ecologia globală a vieţii (ceea ce este esenţial, de bază, necesar) pentru a construi un viitor regenerativ pentru Pământ? Pentru a trăi în mod durabil pe Pământ, trebuie să alegem moduri de viaţă care să potrivească ce şi cât consumăm cu capacităţile de regenerare ale Pământului şi cu nevoile restului vieţii cu care împărţim biosfera. În loc ca o minoritate bogată să tragă omenirea în jos, o majoritate generoasă poate trăi cu moderaţie şi bunătate şi poate aduce o îmbunătăţire extraordinară a vieţii pe Pământ.

Un studiu privind ceea ce este necesar pentru „Viaţa dincolo de creştere" a constatat că „o ţară precum Japonia ar trebui să îşi reducă consumul de resurse şi impactul asupra mediului cu (aproximativ) mai mult de 50%, în timp ce Statele Unite ar trebui să reducă cu un factor de 75%"[218]. Prin urmare, atunci când ne întrebăm „Ce putem face pentru a susţine ecologia vieţii?", prima acţiune de impact pe care o putem întreprinde este să ne aliniem vieţile personale cu nevoile de regenerare ale Pământului. În plus, minoritatea bogată trebuie să recunoască faptul că o majoritate sărăcită trăiește la limita existenței materiale și, pentru ei, simplitatea vieții este involuntară – au puține opțiuni și puține alegeri în lupta zilnică pentru supraviețuire.

Deși simplitatea este intens relevantă pentru construirea unei lumi apte de muncă, această abordare a modului de viață nu este o idee nouă. Simplitatea are rădăcini adânci în istorie și își găsește expresia în toate tradițiile de înțelepciune ale lumii. Cu mai bine de două mii de ani în urmă, în aceeași perioadă istorică în care creștinii spuneau: „Nu-mi dați nici sărăcie, nici bogăție" (Proverbe 30:8), Lao Tzu, fondatorul taoismului, declara: „Am doar trei lucruri de învățat: simplitate, răbdare, compasiune. Acestea trei sunt cele mai mari comori ale voastre"; Platon și Aristotel au proclamat importanța „mediei de aur" – o cale fără excese și fără deficit prin viață; iar budiștii au încurajat o „cale de mijloc" între sărăcie și acumularea irațională. În mod clar, înțelepciunea simplității nu este o revelație nouă[219]. Ceea ce este nou este realitatea omenirii care se împotrivește limitelor creșterii materiale și recunoaște importanța construirii unei noi relații cu aspectele materiale ale vieții.

Simplitatea nu se opune consumului de resurse; în schimb, ea plasează consumul material într-un context mai larg. Simplitatea nu încurajează respingerea progresului material; dimpotrivă, o relație de avansare cu aspectele materiale ale vieții se află în centrul unei civilizații care se maturizează. Arnold Toynbee – un istoric renumit care a investit o viață întreagă în studierea creșterii și decăderii civilizațiilor din întreaga lume – a sintetizat esența creșterii unei civilizații în ceea ce a numit *Legea simplificării progresive*[220]. El a scris că progresul unei civilizații nu trebuie măsurat prin cucerirea de terenuri și oameni; în schimb, adevărata măsură a creșterii este capacitatea unei civilizații de a transfera cantități tot mai mari de energie și atenție de la latura materială a vieții la latura nematerială – domenii precum creșterea personală, relațiile de familie, timpul petrecut în natură, maturitatea psihologică, explorarea spirituală, expresia culturală și artistică și consolidarea democrației și a cetățeniei.

Reamintim că fizica modernă recunoaște că 96% din universul cunoscut este invizibil și nematerial. Aspectul material (inclusiv galaxiile, stelele și planetele și ființele biologice) constituie doar aproximativ patru la sută din universul cunoscut. Dacă aplicăm aceste proporții la viața noastră, atunci se cuvine să acordăm o mai mare atenție aspectelor invizibile, care sunt adesea ignorate și care reprezintă chiar aspectele pe care Toynbee le descrie ca fiind expresia progresului nostru ca civilizație.

Toynbee a alcătuit, de asemenea, cuvântul „eterializare" pentru a descrie procesul prin care oamenii învață să obțină aceleași rezultate, sau chiar mai importante, folosind mai puțin timp, resurse materiale și energie. Buckminster Fuller a numit acest proces „efemerizare", deși punea accentul pe realizarea unor performanțe materiale mai mari în mai puțin timp, cu mai multă ușurință și mai puțină energie investite. Pornind de la ideile lui Toynbee și Fuller, putem redefini progresul ca fiind un proces dublu, care implică rafinarea simultană atât a laturii materiale, cât și a celei nemateriale ale vieții.

Odată cu simplificarea progresivă,
partea materială a vieții devine mai ușoară, mai
puțin împovărătoare, mai ușoară, mai elegantă și mai
lipsită de efort și, în același timp, latura nematerială a
vieții devine mai vitală, mai expresivă și mai artistică.

Simplitatea implică co-evoluția atât a aspectelor interioare, cât și a celor exterioare ale vieții. Simplitatea nu neagă latura materi-ală a vieții, ci mai degrabă ne cheamă la un nou parteneriat în care aspectele materiale și nemateriale ale vieții co-evolează în concor-danță una cu cealaltă.

Aspectele exterioare includ elementele de bază, cum ar fi locu-ințele, transportul, producția de alimente și generarea de energie. Aspectele interioare includ învățarea abilităților de a atinge lumea cu tot mai multă ușurință și iubire – pe noi înșine, relațiile noastre, munca noastră și trecerea noastră prin viață. Prin rafinarea atât a aspectelor exterioare, cât și a celor interioare ale vieții (simplitatea exterioară combinată cu bogăția interioară), putem promova un progres autentic și putem construi o lume durabilă *și* plină de sens pentru miliarde de oameni, fără a devasta ecologia Pământului. O etică a moderației și a „suficientului" va crește în importanță pe măsură ce comunicațiile globale vor dezvălui inegalități vaste în ceea ce privește bunăstarea materială. Justiția economică nu necesită replicarea modului de viață din epoca industrială la nivel global; în schimb, înseamnă că fiecare persoană are dreptul la o parte echitabilă din bogăția mondială, adecvată pentru a asigura un nivel de trai „decent" – suficientă hrană, adăpost, educație și asistență medicală suficientă pentru un standard rezonabil de decență umană[221]. Având în vedere concepțiile inteligente de a trăi ușor și simplu, un standard și un mod de viață decent ar putea varia semnificativ în funcție de obiceiurile locale, ecologie, resurse și climă.

Pentru a realiza o mare tranziție în câteva decenii este necesar să inventăm noi abordări ale modului de viață care să transforme fiecare aspect al vieții – munca pe care o facem, comunitățile și casele în care trăim, alimentele pe care le consumăm, mijloacele de transport pe care le folosim, hainele pe care le purtăm, simbolurile de statut care ne modelează modelele de consum și așa mai departe. Putem numi acest mod de viață „simplitate voluntară" sau „simplitate conștientă" sau „viață ecologică"[222]. Oricum ar fi descrisă, avem nevoie de mai mult decât de o schimbare a stilului nostru de viață.

O schimbare de *stil* implică o schimbare superficială sau exterioară – un nou capriciu, isterie sau modă. Avem nevoie de o schimbare mult mai profundă a modului nostru de viață, o schimbare care să recunoască faptul că Pământul este casa noastră și că trebuie menținut pentru un viitor pe termen lung. Viața ecologică începe cu înțelegerea faptului că trăim cu toții într-o contingență reciprocă și că, de asemenea, creăm siguranță, confort și compasiune în viețile noastre comune.

O economie conştientă din punct de vedere ecologic îşi va muta accentul de la simpla expansiune fizică la o creştere mai calitativă, de o mai mare bogăţie, profunzime şi conexiune. Produsele vor fi proiectate cu o eficienţă din ce în ce mai mare (făcând tot mai mult cu tot mai puţin), sporindu-şi în acelaşi timp frumuseţea, rezistenţa şi integritatea ecologică.

Simplitatea voluntară nu încurajează o viaţă în sărăcie, deficienţă şi lipsuri, atunci când traiul poate fi transformat, prin proiectare inteligentă, într-o simplitate elegantă[223]. Nivelul de satisfacţie şi de frumuseţe în viaţă poate fi crescut, reducând în acelaşi timp cantitatea de resurse consumate şi cantitatea de poluare produsă.

Cum putem trezi un nou respect pentru a trăi simplu într-o lume atât de concentrată pe consumul material? Pentru a face un viraj spre simplitate şi sustenabilitate, este util să ne amintim paradigma însufleţirii şi cum, timp de zeci de mii de ani, strămoşii noştri au fost conştienţi de faptul că trăiesc în cadrul unei ecologii subtile a însufleţirii. Această conştientizare a fost înlocuită temporar de viziunea conform căreia universul nostru este format în principal din materie moartă şi spaţiu gol, fără scop sau sens. Reamintim logica celor două paradigme luate în considerare anterior:

- Dacă universul este considerat mort din temelii, atunci este firesc ca Pământul să fie exploatat şi epuizat;

- Dacă universul este văzut ca fiind viu la baza sa, atunci este firesc să preţuim Pământul şi să avem grijă de el.

Cum putem trece la o mentalitate de vieţuire regenerativă, când o mare parte a lumii trăieşte în prezent într-o mentalitate de exploatare? Un citat profund din Antoine de Saint-Exupéry sugerează o cale: „Dacă vrei să construieşti o corabie, nu aduna oameni pentru a aduna lemne şi nu le atribui sarcini şi muncă, ci mai degrabă învaţă-i să tânjească după imensitatea nesfârşită a mării." Aceste vorbe înţelepte sugerează că, dacă vrem să construim o lume regeneratoare, atunci nu trebuie să adunăm oameni pentru a colecta materiale şi să le atribuim sarcini de lucru, ci *să-i învățăm pe oameni să tânjească după imensitatea nesfârșită a universalității noastre vii și după modalitățile lor unice de participare în cadrul acesteia.* Trezirea dorinței de a trăi în imensitatea și bogăția nemărginită a universului nostru viu va atrage în mod natural energia și creativitatea oamenilor pentru a construi o lume regeneratoare și frumoasă.

Dacă privim însuflețirea ca pe cea mai mare bogăție a noastră, atunci este firesc să alegem moduri de viață care să ne ofere mai mult timp și mai multe oportunități pentru a dezvolta domeniile vieții în care ne simțim cel vii – în relații hrănitoare, în comunități grijulii, în timpul petrecut în natură, în exprimarea creativă și în serviciul altora. Văzând universul ca fiind viu, ne schimbăm în mod natural prioritățile de la o economie a egocentristă, orientată spre consumul de lucruri moarte, către o economie orientată spre experiențe înfloritoare de trăire.

O economie a însuflețirii caută să atingă viața mai delicat, generând în același timp o abundență de sens și satisfacție. Teologul Matthew Fox a scris: „Să trăiești nu înseamnă să duci o viață de lux. Să trăiești este despre *a trăi viața!* Dar pentru a trăi este nevoie de disciplină, de renunțare și de a te descurca cu mai puțin într-o cultură supradezvoltată. Este nevoie de un angajament față de provocare și aventură, față de sacrificiu și pasiune"[224].

În societățile mai bogate, consumerismul este considerat din ce în ce mai mult ca fiind un obiectiv de viață mai puțin satisfăcător și, în schimb, noi surse de bunăstare sunt din ce în ce mai apreciate[225]. Un studiu important realizat în SUA de Pew Research ilustrează importanța tot mai mare a experienței directe în detrimentul consumului material. Când au fost întrebați ce aduce cel mai mult sens vieții lor, oamenii au răspuns: „petrecerea timpului cu familia" (69%), „petrecerea timpului în aer liber" (47%), „petrecerea timpului cu prietenii" (47%), „îngrijirea animalelor de companie" (45%) și „credința religioasă" (36%). Acestea nu sunt scumpe – timp de calitate cu familia, prietenii, animalele de companie, iar natura este o sursă de bogăţie disponibilă pentru aproape toţi.

O dovadă suplimentară că naţiunile mai bogate sunt gata să preschimbe niveluri reduse de consum material pentru niveluri mai bogate de experienţă se regăseşte într-un studiu prezentat în Wall Street Journal:

> „Oamenii cred că experienţele le vor oferi doar o fericire temporară, dar, de fapt, ele oferă nu numai mai multă fericire, ci şi o valoare mai durabilă [decât consumul material]. Experienţele tind să satisfacă mai multe dintre nevoile noastre psihologice de bază. Ele sunt adesea împărtăşite cu alte persoane, oferindu-ne un sentiment mai mare de conexiune, şi formează o parte mai largă din sentimentul nostru de identitate."[226]

O schimbare de direcţie către valori „postmaterialiste" se regăseşte, de asemenea, în foarte apreciatul World Values Survey, care a concluzionat că, pe o perioadă de aproximativ trei decenii (1981-2007), o „schimbare postmodernă" a valorilor a avut loc într-un grup de aproximativ o duzină de naţiuni – în special în Statele Unite, Canada şi Europa de Nord. În aceste societăţi, accentul se deplasează de pe realizările economice pe valori postmaterialiste care dau prioritate exprimării individuale, bunăstării subiective şi calităţii vieţii[227].

Deşi simplitatea are o istorie îndelungată, intrăm în vremuri în schimbare radicală – ecologică, socială, economică şi psiho-spirituală – şi ar trebui să ne aşteptăm ca expresiile lumeşti ale simplităţii să evolueze şi să crească, drept răspuns. Simplitatea nu este simplă. O mare diversitate de expresii înfăţişează viaţa simplă, iar cel mai util mod de a descrie această abordare a vieţii este metafora unei grădini.

Sugerând bogăţia simplităţii, iată zece expresii înfloritoare pe care le văd crescând în „grădina simplităţii". Deşi se suprapun într-o anumită măsură, fiecare expresie a simplităţii pare suficient de distinctă pentru a justifica o categorie separată. (Pentru a evita favoritismul, le-am ordonat alfabetic, în funcție de denumirea asociată fiecăreia).

1. **Simplitate artistică**: Simplitatea înseamnă că modul în care ne trăim viața reprezintă o operă de artă în desfășurare. Leonardo da Vinci a spus: „Simplitatea este sofisticarea supremă". Gandhi a spus: „Viața mea este mesajul meu". Frederic Chopin a spus: „Simplitatea este realizarea finală . . răsplata supremă a artei". În acest spirit, simplitatea artistică se referă la o estetică discretă, organică, care contrastează cu excesul stilului de viață consumerist. Pornind de la influențe care variază de la Zen la quakeri, simplitatea este o cale a frumuseții care celebrează materialele naturale și expresiile simple și funcționale.

2. **Simplitate conștient**ă: Simplitatea înseamnă să preiei controlul asupra unor vieți prea ocupate, prea stresate și prea fragmentate. Simplitatea înseamnă să ne alegem calea unică prin viață în mod conștient, deliberat și de bună voie. Înseamnă să trăim întregi – să nu trăim divizați împotriva noastră înșine. Această cale pune accentul pe provocările libertății în detrimentul confortului consumerismului. Simplitatea conștientă înseamnă să rămâi concentrat, să aprofundezi și să nu te lași distras de cultura de consum. Înseamnă să ne organizăm în mod conștient viața astfel încât să oferim lumii „adevăratele noastre daruri" – să oferim esența noastră. Așa cum spunea Ralph Waldo Emerson: „Singurul dar adevărat este o parte din tine însuți"[228].

3. **Simplitate plină de compasiune**: Simplitatea înseamnă să simțim o legătură atât de puternică de rudenie cu ceilalți încât, așa cum spunea Gandhi, „alegem să trăim simplu pentru ca alții să poată trăi simplu". Simplitatea plină de compasiune înseamnă a simți o legătură cu comunitatea vieții și să fii atras spre o cale de reconciliere – în special

cu alte specii şi cu generaţiile viitoare. Simplitatea plină de compasiune urmează o cale a cooperării şi a echităţii, în căutarea unui viitor de dezvoltare asigurată reciproc pentru toţi.

4. **Simplitate ecologică**: Simplitatea înseamnă să alegem moduri de viaţă care afectează mai puţin Pământul şi care reduc impactul nostru ecologic. Această cale de trai aminteşte de rădăcinile noastre profunde în lumea naturală. Ne încurajează să ne conectăm cu natura, cu anotimpurile şi cu cosmosul. Simplitatea naturală răspunde unei reverenţe profunde faţă de comunitatea vieţii şi acceptă faptul că tărâmurile non-umane ale plantelor şi ale altor animale au şi ele demnitatea şi drepturile lor. Albert Schweitzer a scris: „De la simplitatea naivă ajungem la o simplitate mai profundă."

5. **Simplitate economică**: Simplitatea înseamnă o alegere pentru un consumator conştient şi o economie de partajare. Simplitatea economică recunoaşte faptul că gestionăm relaţia cu casa noastră – Pământul – prin dezvoltarea unor forme adecvate de „trai potrivit". Aceasta recunoaşte, de asemenea, transformarea profundă a activităţii economice necesară pentru a trăi în mod durabil prin reproiectarea produselor şi serviciilor de toate tipurile – de la locuinţe şi sisteme energetice la sisteme alimentare şi de transport.

6. **Simplitate familială**: Simplitatea înseamnă să acordăm prioritate vieţii copiilor şi familiei noastre şi să nu ne lăsăm distraşi de societatea de consum. Un număr tot mai mare de părinţi renunţă la stilul de viaţă consumerist şi caută modalităţi de a aduce valori şi experienţe care să îmbunătăţească viaţa copiilor şi a familiei lor.

7. **Simplitate frugală**: Simplitatea înseamnă să reducem cheltuielile care nu ne sunt cu adevărat utile şi să aplicăm o gestionare abilă a finanţelor noastre personale – toate acestea ne pot ajuta să obţinem o mai mare independenţă

financiară. Frugalitatea și gestionarea atentă a finanțelor ne aduc o mai mare libertate financiară și posibilitatea de a ne alege mai conștient calea în viață. De asemenea, trăind cu mai puțin, reducem impactul consumului nostru asupra Pământului și eliberăm resurse pentru alții.

8. **Simplitate politică**: Simplitatea înseamnă să ne organizăm viața colectivă în moduri care ne permit să trăim mai ușor și mai durabil pe Pământ, iar acest lucru, la rândul său, implică schimbări în aproape toate domeniile vieții publice – urbanism, educație, transport și sisteme energetice. Toate acestea implică alegeri politice. Politica simplității implică, de asemenea, politici mediatice – deoarece mass-media sunt principalele vehicule de promovare a consumerismului de masă.

9. **Simplitate sufletească**: Simplitatea înseamnă să abordezi viața ca pe o meditație și să cultivi o legătură intimă cu tot ceea ce există. O prezență spirituală infuzează lumea și, trăind simplu, ne putem raporta mai direct la universul viu care ne înconjoară și ne susține, clipă de clipă. Simplitatea sufletească are mai mult de a face cu gustarea conștientă a vieții în bogăția ei simplă decât cu un anumit standard sau mod de viață materială. Cultivând o legătură sufletească cu viața, tindem să privim dincolo de aparențele de suprafață și să aducem însuflețire interioară în relațiile de orice fel.

10. **Simplitate ordonată**: Acest lucru înseamnă să reducem distracțiile triviale, atât materiale, cât și nemateriale, și să ne concentrăm asupra lucrurilor esențiale – oricare ar fi acestea pentru fiecare dintre viețile noastre unice. După cum spunea Thoreau, „Viața noastră este irosită de detalii. . . . Simplificați, simplificați". Sau, așa cum a scris Platon: „Pentru a căuta propria direcție, trebuie să simplificăm mecanica vieții obișnuite, de zi cu zi."

După cum ilustrează aceste abordări, cultura în creștere a simplității conține o grădină înfloritoare de expresii a căror mare diversitate – și unitate întrepătrunsă – creează o ecologie rezistentă și robustă de învățare despre cum să trăim vieți mai durabile și cu scop definit. Ca și în cazul altor ecosisteme, diversitatea expresiilor favorizează flexibilitatea, adaptabilitatea și rezistența. Deoarece atât de multe căi diferite ne pot conduce în grădina simplității, acest mod de viață are un potențial enorm de a se dezvolta – în special dacă este hrănit și cultivat în mass-media ca o cale legitimă, creativă și promițătoare pentru un viitor dincolo de materialism și consumerism.

Să alegem viitorul nostru

> *„Să începi prin a face ceea ce este necesar; apoi să faci ceea ce este posibil; și dintr-o dată faci imposibilul.”*
> —Francis of Assisi

Tranziția noastră, ca specie, către vârsta adultă timpurie este cea mai importantă, fundamentală și cea mai profundă tranziție pe care noi, oamenii, vom fi chemați să o facem vreodată. Închidem o ușă către trecut și ne trezim în fața unui nou început. Putem apela la forțe de o extraordinară forță înălțătoare pe măsură ce călătorim spre maturitatea noastră ca specie. Putem să călătorim ghidați de potențialele înălțătoare și inspiraționale ale unei umanități care se trezește și să pășim în sus spre o lume nouă și o viață nouă. Aparenta noastră cădere este preludiul înălțării noastre. Cu curaj, putem prinde curentul ascendent al posibilităților și ne putem înălța ca și comunitate umană.

Trecând în revistă potențialele extrem de puternice și încă în mare parte neexploatate pentru a ne înălța către un viitor transformator, este foarte clar că am putea realiza acest lucru. Ne confruntăm cu consecințe teribile dacă nu ne îmbrățișăm oportunitatea de a alege o nouă cale de urmat – fie extincția funcțională a speciei noastre, împreună cu o mare parte din viața de pe Pământ, fie o coborâre

terifiantă în autoritarism, unde multe dintre cele mai prețioase
însușiri latente ale noastre vor fi subjugate pentru totdeauna. Nu
mai avem timp pentru negare sau amânare. A sosit timpul să dăm
socoteală. Deși acum este alarmant de târziu, potențialul de a alege
o cale transformatoare este încă prezent. Ridicarea nu este nici o
fantezie, nici speranță închipuită. Forțele înălțătoare ne cheamă
să trecem împreună printr-o tranziție dificilă ca specie, care ne va
schimba profund percepția despre cine suntem și despre călătoria
pe care o parcurgem. Însuflețirea cere o nouă umanitate; chema-
rea și potențialele sunt reale, prezente, autentice. Haideți să le
rezumăm pentru a le sublinia promisiunea lor autentică. Energia
înălțătoare implică:

1. Alegerea de a trăi pornind de la experiența noastră directă de
   însuflețire oferă un ghid demn de încredere pentru a învăța
   să trăim într-un univers viu.

2. Alegerea *conștiinței reflexive* aduce o abordare matură a vieții
   și a alegerilor pentru călătoria care ne așteaptă.

3. Alegerea de a ne mobiliza potențialul de *comunicare* de la
   local la global aduce vocile noastre colective într-o conversație
   comună pentru viitor.

4. Alegerea de a trece la vârsta adultă timpurie trezește o
   mai mare *maturitate* și o atenție conștientă față de bunăs-
   tarea vieții.

5. Alegerea *reconcilierii* și căutarea conștientă a vindecării răni-
   lor istoriei ne permit să mergem înainte, cu un efort comun.

6. Alegerea de a depune efort cu toții, cu considerație față de
   comunitatea locală-globală induce un sentiment cald de
   „acasă" pentru călătoria noastră viitoare.

7. Alegerea *simplității* ca un mod de viață mai simplu în exterior
   și mai bogat în interior aduce realism și echilibru în modul
   nostru de abordare vieții.

Atunci când aceşti şapte factori se reunesc şi se sprijină reciproc în abordarea vieţii, ei aduc potenţialul de înălţare în zbor în călătoria umană. Dacă alegem în mod colectiv *însufleţirea, conştiinţa, comunicarea, maturitatea, reconcilierea, comunitatea* şi *simplitatea,* putem trezi o forţă aproape de neoprit pentru a trece prin iniţierea noastră colectivă ca specie şi pentru a ne îndrepta spre un viitor primitor. Dacă ne putem imagina cum putem trece prin acest rit de trecere, atunci este responsabilitatea noastră să încercăm. Ceea ce este posibil devine esenţial. Ceea ce este fezabil devine vital. Ceea ce este practic devine critic.

O umanitate transformată – şi Pământul – pot apărea prin trezirea acestor capacităţi înălţătoare. Puterea acestor însuşiri latente este mult mai mare decât ne putem imagina. Cu încredere, ne putem ridica la înălţimea lor în mod şi, în acest proces, ne vom autodescoperi mai profund. Roger Walsh, psihiatru, mentor şi profesor de o viaţă, scrie: „Privim în adâncul propriei fiinţe pentru a ieşi mai eficient în lume şi ieşim în lume pentru a privi în adâncul propriei fiinţe."[229] Suntem invitaţi într-o călătorie înălţătoare şi putem investi din toată inima în vieţile noastre unice şi preţioase.

Mulțumiri

Această carte a fost un efort de echipă și doresc să îmi exprim imensa recunoștință față de toți cei care m-au ajutat să îi dau viață. Cercetarea, scrierea și informarea pentru *Choosing Earth* au fost sprijinite prin finanțarea curajoasă și generoasă oferită de Roger and Brenda Gibson Family Foundation. Roger și Brenda mi-au fost aliați cheie și prieteni de suflet în această întreprindere extrem de solicitantă. Nu aș fi putut termina această carte, care este punctul culminant al unei vieți de cercetare, scriere și învățare, fără ajutorul, prietenia și încrederea lor. Ei au sprijinit nu numai scrierea acestei cărți, dar și proiectul mai amplu și resursele de învățare care o însoțesc. Sunt profund recunoscător pentru parteneriatul lor care a ajutat la nașterea acestei cărți și la prezentarea ei în lume.

Mulțumirile mele se îndreaptă și spre Fred și Elaine LeDrew pentru contribuțiile lor anuale la această lucrare de pionierat. Donațiile lor modeste au fost imense ca mesaj de susținere și iubire. Îmi exprim marea recunoștință față de toți ceilalți care au participat prin contribuții vitale la acest proiect: Bill Melton și Mei Xu, Lynnaea Lumbard, Vivienne Verdon-Roe, The Betsy Gordon Foundation, Scott Elrod, Ben Elgin, Justyn LeDrew, Barbara și Dan Easterlin, Chris Bache, Carol Normandi, Lyra Mayfield și Charlie Stein, Arthur Benz, Lorraine Brignall, Frank Phoenix, Erik Schten, Scott Wirth, Sandra LeDrew, Charles Gibbs, Marianne Rowe, Kathy Kelly și Darlene Goetzman. Roger Walsh a contribuit în numeroase moduri la acest proiect și sunt foarte recunoscător pentru ajutorul și prietenia lui.

Partenera și soția mea, Coleen LeDrew Elgin, îmi este un colaborator esențial în toate aspectele acestei întreprinderi creative. A produs și a regizat documentarul profund, integrativ și foarte apreciat, *Facing Adversity: Choosing Earth, Choosing Life*, care însoțește acest proiect. Coleen a predat împreună cu mine, a condus elaborarea programei pentru cursurile care însoțesc această carte și a avut un rol de coordonare major ca director asociat al proiectului. În ansamblu, această inițiativă nu a fi putut lua naștere fără eforturile neobosite și valoroase depuse de Coleen, pentru care îi sunt profund recunoscător.

Apreciez imens munca de redactor competent a lui Christian de Quincey, care a corectat cu atenție și a ordonat fluxul scrierii în această ediție larg revizuită. De asemenea, sunt foarte recunoscător pentru feedbackul atent și sugestiile pertinente oferite pentru această carte de Coleen LeDrew Elgin, Laura Loescher, Sandy Wiggins, Roger Gibson, Brenda Gibson, David Christel, Ben Elgin, Scott Elrod, Marga Laube, Bill Melton, Chris Bache, Eden Trenor și Liz Moyer.

Mulțumesc celor care au făcut parte din echipa de facilitare și predare a cursurilor care însoțesc această carte: Carol Normandi, Barbara Easterlin, Sandy Wiggins, Marianne Rowe, Jim Normandi, Kathy Kelly, Diana Badger și James Wiegel.

Birgit Wick a contribuit cu măiestria și talentul ei artistic la conceperea grafică și punerea în pagină a acestei cărți, precum și a altor materiale din acest proiect. A contribuit cu atenție și meticulozitate în toate etapele de concepere și de punere în pagină a cărții. Pentru toate acestea îi sunt foarte recunoscător. Îi mulțumesc lui Karen Preuss, care a fotografiat mâinile pentru copertă și îi mulțumesc lui Isabel Elgin, care a dat o mână de ajutor pentru imaginea de pe copertă.

Un călduros „mulțumesc" echipei de traducere a ediției în limba română. Eliza Claudia Filimon și Monica Țăranu au colaborat pentru a dezvolta o traducere superbă a acestei cărți și au oferit un cadou extraordinar proiectului "Choosing Earth". Eliza și Monica au mers dincolo de simpla traducere a textului și au acordat un nivel incredibil de atenție editării și revizuirii. Apreciez enorm angajamentul lor pentru calitatea maximă a traducerii. Fie ca darul traducerii lor să lumineze calea umanității către o comunitate planetară matură.

Andrew Morris, coordonatorul ProZ Pro Bono, a fost un aliat neprețuit. El îndrumat cu fermitate echipele prin complexitatea multiplelor limbi implicate în acest proiect. Andrew este un model pentru construirea unei comunități globale și este o plăcere să lucrezi cu el.

Îi sunt recunoscător lui Fabio Laniado pentru atenta punere în pagină a ediției în limba română.

Călătoria mea

Născut în 1943, am crescut la o fermă familială, la câteva mile de un orăşel din sudul statului Idaho. Am trăit aproape de pământ, de schimbarea anotimpurilor, de animale şi unii de alţii. Nu am văzut un televizor până la vârsta de 11 ani. Aşadar, fără un ziar periodic şi cu doar trei posturi de radio locale (care difuzau mai ales muzică country şi reclame), tovarăşii mei obişnuiţi erau animalele de la fermă (câini, pisici, găini, porci, un cal şi o vacă), pământul din jur şi vecinii de la fermele din apropiere. În tinereţe eram curios şi îmi plăcea să citesc. Îmi plăcea şi să construiesc lucruri alături de tatăl meu, în atelierul lui de tâmplărie bine echipat, unde construia bărci, mobilier şi multe altele în timpul lunilor lungi de iarnă, când muncile agricole se opreau. Crescând la o fermă, am învăţat pe propria piele cât de vulnerabile sunt culturile la schimbările climatice, invaziile de insecte şi bolile plantelor.

Am fost inspirat de mama mea, care era asistentă medicală; de aceea am decis să studiez medicina la facultate, cu intenţia de a deveni medic sau veterinar. După doi ani de facultate, nu îmi găseam locul şi doream să văd lumea mai largă. Aşa că am renunţat la şcoală timp de un an şi am câştigat suficient de mult lucrând la diverse ferme pentru a-mi cumpăra un bilet de avion dus-întors din Idaho până în Franţa. În 1963, am călătorit la Paris pentru a trăi ca student timp de un semestru. După ce am ajuns, am aflat că reşedinţa mea se afla în acelaşi cămin studenţesc cu capelanul – un preot iezuit pe nume Daniel Berrigan. Părintele Berrigan era un cunoscut activist anti-război şi pacifist şi, în timp ce locuiam la Paris, am discutat de nenumărate ori şi mereu apăreau trei teme în discuţiile noastre: războiul din Vietnam, rasismul din America şi din lume şi importanţa de a trăi viaţa pe deplin şi în pace. Părintele Berrigan mi-a lăsat o impresie de durată – angajamentul lui profund pentru pace şi justiţie socială, rezistenţa sa activă împotriva războiului din Vietnam şi modul simplu în care a trăit.

După ce am locuit în Europa timp de jumătate de an, într-o perioadă de agitație socială studențească, mi-am dat seama că eram mai puțin motivat să devin un medic tradițional. În loc de vindecare fizică, mă simțeam atras de o viață de vindecare socială, dar nu aveam o idee clară despre ce forme ar putea lua aceasta. După ce mi-am terminat studiile universitare, am început patru ani de studii postuniversitare la Universitatea din Pennsylvania, unde am obținut o diplomă de master în administrarea afacerilor la Wharton School și o diplomă de master în istorie economică.

După terminarea acestei lucrări de absolvire, în 1972, am ocupat primul meu loc de muncă de funcționar, ca cercetător principal în cadrul „Comisiei prezidențiale pentru creșterea populației și viitorul Americii" din Washington, DC. Munca într-o comisie prezidențială a fost o experiență revelatoare pentru un băiat de la țară. Misiunea noastră era să privim treizeci de ani în viitor, din 1970 până în 2000, și să analizăm creșterea populației și urbanizarea. Deși comisia avea buget și mandat pentru numai doi ani, aceasta a fost o introducere de neprețuit în cercetarea viitorului pe termen lung. A fost, de asemenea, o oportunitate imensă de a observa politica la nivelul Casei Albe și de a vedea cum funcționează guvernul. Am fost surprins să văd în ce măsură politicile sunt dominate de considerente pe termen scurt și de puterea intereselor speciale.

Deziluzionat, am plecat din Washington și m-am mutat în California pentru a lucra ca cercetător științific social principal în cadrul grupului de reflecție despre viitor de la Institutul de Cercetare Standford (Stanford Research Institute, SRI International). În următorii șase ani, am scris ca coautor numeroase studii despre viitor pe termen lung, de exemplu: *Anticipating Future National and Global Problems* (pentru National Science Foundation), *Alternative Futures for Environmental Policy: 1975–2000* (pentru Agenția de Protecție a Mediului) și *Limits to the Management of Large, Complex Systems* (pentru Consilierul științific al Președintelui). De asemenea, împreună cu Joseph Campbell și o mică echipă de cercetători, am fost coautorul unui studiu de pionierat, intitulat *Changing Images of Man*. Această cercetare a explorat arhetipurile care atrag omenirea spre un viitor în transformare şi mi-a aprofundat profund înţelegerea călătoriei evolutive a umanităţii. Împreună, aceşti ani de cercetare au arătat clar că noi, oamenii, ne aflăm pe o cale nesustenabilă şi, în câteva decenii, vom începe să supraconsumăm atât de mult resursele Pământului, încât vom trece la o stare de colaps şi prăbuşire planetară. Am văzut cum omenirea va trebui să facă schimbări profunde dacă vrem să evităm distrugerea biosferei. În acelaşi timp, creşterea mea interioară a fost catalizată în moduri surprinzătoare.

În timp ce lucram la SRI, a apărut o oportunitate remarcabilă – aceea de a deveni subiect în cadrul unei cercetări asupra psihicului care abia începea să se desfăşoare. Guvernul SUA începea să finanţeze primele cercetări care explorau abilităţile intuitive şi potenţialul psihic al umanităţii. Cercetările iniţiale au demarat la SRI la începutul anilor 1970, fiind finanţate de NASA şi puse la dispoziţia publicului. Am avut norocul de a deveni unul dintre cei patru subiecţi principali şi de a participa la o gamă largă de experimente care explorau atât aspectele de „recepţie", cât şi cele de „emisie" ale conştiinţei. Aspectele de recepţie au inclus „vizualizarea la distanţă" sau vederea de la distanţă a locurilor şi a oamenilor prin intuiţie directă. Aspectele de emisie au inclus „psihokinezia" şi au implicat interacţiunea intuitivă cu sistemele fizice. Pe parcursul a trei ani, am învăţat din nou şi din nou o lecţie esenţială: Lumea este vie şi pătrunsă de conştiinţă şi energie subtilă. Corpul nostru fizic oferă o bază stabilă pentru a învăţa despre natura conştiinţei, care nu se limitează la corpul nostru, ci se extinde în univers sub formă de cunoaştere şi trăire inteligentă mereu prezente. La rândul nostru, suntem mult mai mult decât corpul nostru fizic şi suntem înzestraţi cu capacităţi subtile mult mai ample decât îmi imaginasem până atunci. Abia acum începem să folosim tehnologii extrem de sensibile pentru a comunica feedback şi a dezvolta o „alfabetizare a conştiinţei". Lecţiile învăţate în această muncă de laborator continuă să îmi structureze înţelegerea o jumătate de secol mai târziu.

Am plecat de la SRI în 1977 şi am început să-mi concentrez eforturile pentru a deveni un „activist media". Timp de zeci de ani, observasem cum mass-media domină şi orientează mintea maselor în civilizaţii întregi. Conştiinţa noastră colectivă era profund afectată atât de cantitatea uriaşă de reclame care vindeau o mentalitate materialistă, cât şi de faptul că mass-media ignora dificultăţile esenţiale, cum ar fi schimbările climatice, sărăcia şi rasismul. Am început mă ocup de organizare comunitară, nepartizană, în zona golfului San Francisco, cu scopul de a promova mass-media mult mai receptivă la nevoile cetăţenilor. În acest scop, am creat o organizaţie non-profit – Bay Voice (Vocea Golfului) – care a contestat licenţele principalelor posturi de televiziune din zona golfului San Francisco pe motiv că acestea nu respectau drepturile legale ale cetăţenilor de a fi informaţi. În 1987, Bay Voice a colaborat cu postul de televiziune ABC-TV pentru a produce o emisiune istorică, de o oră, la o oră de maximă audienţă, „Electronic Town Meeting", vizionată de peste 300.000 de persoane şi care a inclus şase scrutine exprimate de un eşantion ştiinţific de cetăţeni în timpul programului TV în direct. Publicul a oferit postului de televiziune un feedback foarte puternic şi valoros despre programele sale. O expresie contemporană a acestei lucrări este iniţiativa Earth Voice (Vocea Pământului) descrisă în această carte, care va folosi tehnologia internetului, accesibilă acum majorităţii cetăţenilor de pe Pământ, pentru a crea o voce la scară planetară pentru Pământ.

Scrisul şi cercetarea au reprezentat o parte importantă a activităţii mele. Pentru mine, scrisul este mult mai mult decât un exerciţiu mental; este o experienţă a întregului corp de a simţi şi de a digera sensul unui lucru, astfel încât cuvintele să întruchipeze apoi experienţa simţită care le dă naştere. Văzând şi simţind modul în care supraconsumăm Pământul, am început să scriu despre simplitatea modului de viaţă la mijlocul anilor 1970. Cartea mea,

Voluntary Simplicity: *Toward a Way of Life that is Outwardly Simple, Inwardly Rich,* a fost publicată prima oară în 1981 și apoi republicată în 2009. Experiența mea în timp ce lucram la proiectul Changing Images of Man îmi părea incompletă și am investit aproape 15 ani pentru a scrie propria mea versiune a acestui raport — *Awakening Earth*: *Exploring the Evolution of Human Culture and Consciousness* a fost publicat în 1993. Văzând cât de lent avansăm spre un viitor mai constructiv și mai sustenabil, am scris *Promise Ahead*: *A Vision of Hope and Action for Humanity's Future*, publicat în 2000. În timp ce eram implicat în experimentele de parapsihologie, la începutul anilor 1970, am început să scriu despre natura universului ca sistem viu impregnat de conștiință, iar aceasta a culminat, mai bine de 30 de ani mai târziu, cu cartea mea *The Living Universe*: *Where Are We? Who Are We? Where Are We Going?*, publicată în 2009. Pe lângă aceste cărți, am contribuit cu capitole la mai mult de două duzini de cărți și am publicat peste o sută de articole importante. Toate aceste decenii de cercetare și scriere s-au reunit și au contribuit la scrierea cărții *Choosing Earth*.

De-a lungul acestor decenii, am avut șansa să călătoresc în diferite părți ale lumii și să țin conferințe în fața unor audiențe diverse pe teme diverse. Am ținut peste 350 de discursuri în fața unor audiențe diferite, de la lideri de afaceri și organizații non-profit, la universități, grupuri producătoare de filme și media, organizații religioase și altele. De asemenea, am avut onoarea să particip la întâlniri și adunări cu oameni din toate categoriile sociale, inclusiv lideri, profesori, studenți și muncitori.

În 2006, am primit la Tokio premiul „Goi Peace Award" acordat de Japonia drept recunoaștere a contribuțiilor mele la „o viziune, o conștientizare și un mod de viață" globale, care promovează o „cultură mai sustenabilă și mai spirituală". În 2001, am primit titlul onorific de doctor în filosofie de la California Institute of Integral Studies drept recunoaștere a muncii mele pentru „o transformare ecologică și spirituală". Privind înapoi timp de jumătate de secol, văd cum cariera mea profesională m-a adus în punctul în care am scris această ultimă carte, *Choosing Earth*. În prezent, intenția mea este să fac cunoscute în lume această carte și documentele și cursurile însoțitoare prin colaborări, organizare, consiliere, prezentări și predare. Vă invit să vizitați aceste site-uri web pentru a afla mai multe: site-ul meu personal: www.DuaneElgin.com și site-ul meu profesional: www.ChoosingEarth.org

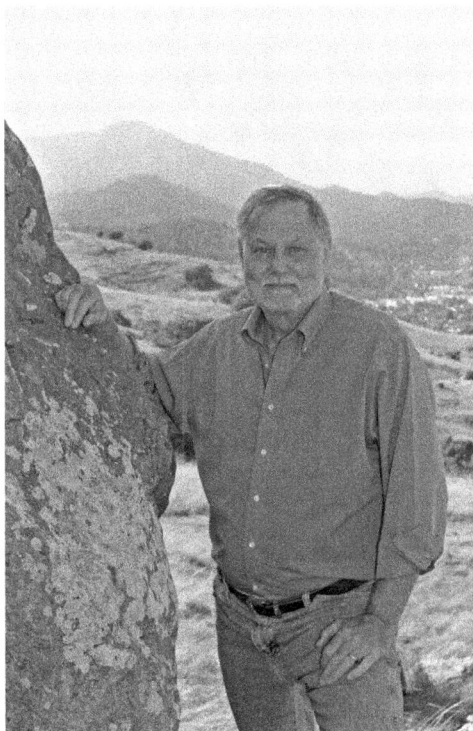

Note

1   James Hillman, *Re-Visioning Psychology* (New York: Harper and Row, 1975), 16.

2   Robin Wall Kimmerer, *Braiding Sweetgrass* (Minneapolis, MN: Milkweed Editions,2013), 359.

3   Alexis Pauline Gumbs, *Undrowned* (Chico, CA: AKPress, 2020), 15.

4   Mia Birdsong, *How We Show Up* (New York:Hachette Books, 2020), 38.

5   „The Beginning of the End," editorii revistei, *New Scientist*,13 octombrie, 2018. https://www.newscientist.com/article/ mg24031992-900-weve-missed-many-chances-to-curb-global-warming-this-may-be-our-last/

6   „The Report of The Commission on Population Growth and the American Future", https://www.population-security.org/rockefe-ller/001_population_growth_and_the_american_future.htm

7   Willis Harman și Peter Schwartz, *Assessment of Future National and International Problem Areas,* pregătit pentru National Science Foundation, Contract NSF/STP76-02573, Proiect SRI4676, februarie 1977. Pe lângă contribuția la raportul general, am scris și un raport individualde 77 de pagini: *Limits to the Management of Large, Complex Systems,* publicat ca volumadiţional, februarie 1977.

8   Duane Elgin, ibid., un rezumat al acestui raport de 77 de pagini despre *Limits to the Management of Large, Complex Systems.* a fost publicat ca articol: "Limits to Complexity: Are Bureaucracies Becoming Unmanageable," în *The Futurist,* decembrie 1977. https:// duaneelgin.com/wp-content/uploads/2014/11/Limits-to-Large-Complex-Systems.pdf

9   O descriere sumară a acestei jumătăţi de an de meditaţie din 1978, a fost inclusă ca anexă încartea mea *Awakening Earth.* Această carte este disponibilă gratuit şi se poate descărca de pesite-ul meu personal: https://duaneelgin.com/wp-content/uploads/2016/03/ AWAKENING-EARTH-e-book-2.0.pdf Perspective din această experi-enţă de meditaţie au oferit fundamentul pentru explorare dincolo de paradigma materialistă actuală şi acestea sunt descrise ca o teorie a „evoluţiei dimensionale". *Awakening Earth* prezintă jumătatea anilor 2020 ca fiind intervalul de timp aproximativ pentru trecerea în următorul context dimensional, mai spaţios, al paradigmei universului viu şi a viziunii sale asupra realităţii, a identităţii umane şi a călăto-riei evolutive.

10   Cu recunoştinţă faţăde călugărul budist Thich Nat Hanh, pentru oferi-reaacestei descrieri.

11   Caroline Hickman, et. al., „Young people's voices on climate anxi-ety, government betrayal and moral injury: a global phenomenon." University of Bath, Regatul Unit, 14 septembrie 2021. https://papers. ssrn.com/sol3/papers.cfm?abstract_id=3918955

12   „Peoples' Climate Vote," Programul Națiunilor Unite pentru Dezvoltare
      (PNUD) și Universitatea din Oxford, ianuarie 2021, https://www.undp.
      org/publications/peoples-climate-vote#modal-publication-download

13   „World Scientists' Warning to Humanity," *Union of Concerned
      Scientists,* începând cu 1992. https://www.ucsusa.org/
      resources/1992-world-scientists-warning-humanity

14   Ibid.

15   Owen Gaffney, „Quit Carbon, and Quick," *New Scientist,* 5 ianua-
      rie 2019. https://www.sciencedirect.com/science/article/abs/pii/
      S0262407919300181

16   Eugene Linden, „How Scientists Got Climate Change So Wrong,"
      The New York Times, 8 noiembrie 2019. https://www.nytimes.
      com/2019/11/08/opinion/sunday/science-climate-change.html
      De asemenea:

      „Climate Change Speed-Up," *Atmospheric Sciences & Global Change
      Research Highlights,* martie 2015. Potrivit unor noi cercetări, schim-
      bările de temperatură se vor accelera în următoarele câteva decenii.
      Schimbările de temperatură ale Pământului se produc mai rapid decât
      nivelurile istorice și încep să se accelereze. https://www.pnnl.gov/sci-
      ence/highlights/highlight.asp?id=3931

      „How fast is the climate changing? It's happened within one lifetime."
      David Wallace-Wells, jurnalist specializat în domeniul climei și autor
      al *The Uninhabitable Earth,* explică: https://www.youtube.com/
      watch?v=RA4mIbQo52k

17   Deși scara de timp a evenimentelor descrise ca fiind „abruptă" poate
      varia dramatic, există dovezi foarte îngrijorătoare că acestea pot fi
      de ordinul anilor! De exemplu: „Schimbările înregistrate în clima
      Groenlandei la sfârșitul Dryasului recent [aproximativ 11.800 de ani
      în urmă], măsurate prin intermediul calotelor de gheață, implică o
      încălzire bruscă de +10° C (+18° F) pe o scară temporală de câțiva
      ani." Grachev, A.M.; Severinghaus, J.P., Quaternary Science Reviews,
      March, 2005. „O magnitudine revizuită de +10±4° C a schimbă-
      rii bruște a temperaturii Groenlandei la sfârșitul Dryasului recent,
      folosind datele publicate GISP2 privind izotopii de gaz și constan-
      tele de difuzie termică a aerului." https://ui.adsabs.harvard.edu/
      abs/2005QSRv...24..513G/abstract

18   O excepție este Suedia: Christian Ketels și K. Persson, „Sweden's minis-
      try for the future: how governments should think strategically and act
      horizontally (Ministerul suedez pentru viitor: cum ar trebui guvernele
      să gândească strategic și să acționeze pe orizontală)," *Centre for Public
      Impact,* 29 noiembrie, 2018. https://www.centreforpublicimpact.org/
      swedens-ministry-for-the-future-how-governments-should-think-stra-
      tegically-and-act-horizontally/

19   Gus Speth, citat în *Canadian Association of the Club of Rome,* 27
      martie 2016. https://canadiancor.com/scientists-dont-know/

20   John Vidal, „The Lost Decade: How We Awoke To Climate Change
      Only To Squander Every Chance To Act," *HuffPost,* 30 decembrie 2019.

https://www.huffpost.com/entry/lost-decade-climate-change-action-2020_n_5df7af92e4b0ae01a1e459d2

21 „Workers Flee and Thieves Loot Venezuela's Reeling Oil Giant," *The New York Times*, 14 iunie 2018. https://www.nytimes.com/2018/06/14/world/americas/venezuela-oil-economy.html

22 *„Gangs Rule Much of Haiti. For Many, It Means No Fuel, No Power, No Food,"* https://www.nytimes.com/2021/10/27/world/americas/haiti-gangs-fuel-shortage.html „Haiti se prăbușește în haos, dar lumea continuă să privească în altă parte", editorial, Washington Post, 21 noiembrie 2021. https://www.washingtonpost.com/opinions/2021/10/31/haiti-descends-into-chaos-yet-world-continues-look-away/

23 A se vedea, de exemplu: Future of Life Institute, https://futureoflife.org/background/existential-risk/

24 Pentru a ilustra, o mișcare „transumanistă" este în curs de desfășurare în cultura populară și a fost descrisă ca fiind „o mișcare socială și filozofică dedicată promovării cercetării și dezvoltării de tehnologii robuste de îmbunătățire a calității umane. Astfel de tehnologii ar spori sau ar crește recepția senzorială umană, capacitatea emoțională sau capacitatea cognitivă, precum și ar îmbunătăți radical sănătatea umană și ar prelungi durata de viață a oamenilor." https://en.wikipedia.org/wiki/Transhumanism

25 Deși foarte controversat, este important să recunoaștem rolul modificării genetice pentru viitor. Rescrierea codului vieții devine rapid o tehnologie care ar putea rescrie viitorul evolutiv al umanității – în special în intervalul de timp de o jumătate de secol luat în considerare aici. CRISPR este un instrument de editare a genelor care funcționează precum funcția de căutare și înlocuire a unui procesor de texte. În loc să necesite un laborator științific masiv, această tehnologie a devenit foarte ușor de utilizat și a încurajat numeroși antreprenori de gene la scară mică să încerce să creeze și să vândă noi linii genetice umanității. Organizația Mondială a Sănătății a observat că instrumentele de modificare a genelor nu necesită cunoștințe sau abilități biochimice excepționale, nici fonduri semnificative, nici timp îndelungat. Este de înțeles, așadar, că aceste instrumente s-au mutat din laboratoarele sofisticate la scară largă din universități în garajele și camerele de zi ale „bio-hackerilor" care lucrează, practic fără reglementări, pentru a crea noi fire de viață care sunt, în esență, imposibil de desființat. Editarea genetică este o tehnologie cu impact dublu, ceea ce înseamnă că poate aduce lumii atât beneficii, cât și daune mari.

Beneficiile potențiale ale acestei tehnologii sunt enorme. Editarea genetică poate contribui la hrănirea lumii cu plante rezistente la boli și tolerante la secetă. Aceste instrumente pot fi, de asemenea, utilizate pentru a crea oameni cu toleranță ridicată la căldură și stres, precum și rezistență la multe boli. De exemplu, poate contribui în mare măsură la vindecarea a aproximativ 7.000 de boli umane care sunt cauzate de mutații genetice. Ar putea face oamenii mai rezistenți la virusul SIDA și la alte boli, cum ar fi anemia falciformă, fibroza chistică, bolile de inimă, leucemia, rezistența la malarie și, poate, Alzheimer. Un alt

exemplu de beneficiu major este răspunsul la numărul de spermato-
zoizi umani care a scăzut dramatic. Dacă acestea scad până aproape
de zero, atunci extincția funcțională a speciei umane devine probabilă,
deoarece nu ne vom mai putea reproduce. La rândul său, ar exista pro-
babil eforturi concertate de a utiliza editarea genetică pentru a produce
spermă mai robustă și mai rezistentă, care să poată supraviețui presiu-
nilor evolutive ale lumii noastre aflate într-o tranziție profundă.

Răul pe care l-ar putea produce această tehnologie este, de asemenea,
enorm. În afară de schimbările climatice, există doar două tehnolo-
gii care ar putea ucide rapid miliarde de oameni: armele nucleare și
armele biologice. De exemplu, variola este una dintre cele mai contagi-
oase, desfigurante și mortale boli din lume, care afectează oamenii de
mii de ani și care a ucis aproximativ 30% dintre cei care au fost infec-
tați. Deși variola a fost eradicată de pe Pământ, oamenii de știință au
descoperit că aceasta poate fi recreată într-un laborator de tip bio-hac-
ker prin punerea laolaltă a unor componente disponibile în lume. De
asemenea, modificarea genetică ar putea fi folosită pentru a crea antrax
rezistent la medicamente sau gripă foarte transmisibilă și multe altele.

Modificarea genetică este un joker evolutiv care ar putea schimba
direcția evoluției în direcții necunoscute. Istoricul și futurologul Yuval
Noah Harari scrie în controversata sa carte *Homo Deus* că, dacă vom
folosi această tehnologie, omenirea va începe să încalce legile selecției
naturale care au modelat viața în ultimii patru miliarde de ani și să le
înlocuiască cu „legile unui adevărat design inteligent". În câteva dece-
nii, Pământul ar putea fi locuit de oameni augmentați genetic, ale căror
mari avantaje i-ar putea face atât esențiali, cât și aproape de neoprit,
producând astfel o societate stratificată biogenetic. Fiecare generație
de oameni „îmbunătățiți" ar putea stabili o nouă linie de bază pentru
îmbunătățirea următoarei generații, producând astfel tipuri de oameni
radical diferite – dar după ce linii? Dacă aceste capacități sporite se
bazează pe paradigma superficială a materialismului, acestea par să
creeze un viitor sumbru pentru umanitate. Pentru a ilustra, Harari
scrie că oamenii augmentați genetic vor fi onorați pentru „contribuția
pe care o aduc la fluxurile de date pe care diverși algoritmi asistați de
calculator le folosesc pentru a genera valoare și a crea producție".

Paradigma materialismului oferă fundamentul acestei viziuni sărăcă-
cioase și superficiale a potențialului evolutiv al umanității. Harari scrie
că, „În viitor, am putea asista la deschiderea unor decalaje reale în ceea
ce privește abilitățile fizice și cognitive între o clasă superioară moder-
nizată și restul societății și că am putea avea „supraoameni modernizați
care să domine lumea", creând astfel „o nouă castă supraumană care
își va abandona rădăcinile liberale și care nu va trata oamenii normali
mai bine decât îi tratau europenii din secolul al XIX-lea pe africani".
La rândul său, el afirmă că cea mai nemiloasă strategie evoluționistă
ar putea fi aceea de a renunța la cei săraci și la cei necalificați din lume
și de a ne grăbi să mergem înainte doar cu clasa superioară. Fără un
context etic transcendent pentru a ghida această revoluție biogenetică
emergentă, există un pericol enorm de a crea un nou sistem de caste
– și un viitor profund diminuat și distorsionat pentru omenire. (A se
vedea Yuval Harari, *Homo Deus*, New York: Harper Collins, 2017, p.

352 - 355. De asemenea: interviu realizat de Ezra Klein: "Yuval Harari, autor al *Sapiens*," https://www.vox.com/2017/2/28/14745596/ yuval-harari-sapiens-interview-meditation-ezra-klein.)

26   „Am ratat multe şanse de a reduce încălzirea globală. Aceasta ar putea fi ultima", editorial în revista, *New Scientist*, 13 octombrie 2018. https://www.newscientist.com/article/mg24031992-900-weve-missed-many-chances-to-curb-global-warming-this-may-be-our-last/

27   Jared Diamond, *Collapse: How Societies Choose to Fail or Succeed*, New York: Penguin Group, 2005. De asemenea: Diamond, „Easter's End", în *Discover Magazine*, 31 decembrie, 1995, https://www.discovermagazine.com/planet-earth/easters-end

28   Op. cit., *Collapse*, p. 109.

29   Ibid., p. 119.

30   Garry Kasparov şi Thor Halvorssen, „Why the rise of authoritarianism is a global catastrophe", *Washington Post*, 13 februarie 2017. https://www.washingtonpost.com/news/democracy-post/wp/2017/02/13/why-the-rise-of-authoritarianism-is-a-global-catastrophe/

31   Maria Repnikova, „China's 'responsive' authoritarianism", *Washington Post*, 27 noiembrie, 2019. https://www.washingtonpost.com/news/theworldpost/wp/2018/11/27/china-authoritarian/ De asemenea: Paul Mozur şi Aaron Krolik, „A Surveillance Net Blankets China's Cities, Giving Police Vast Powers", *The New York Times*, 17 decembrie 2019. https://www.nytimes.com/2019/12/17/technology/china-surveillance.html?action=click&module=Top%20Stories&pgtype=Homepage

32   Nicholas Wright, „How Artificial Intelligence Will Reshape the Global Order", *Foreign Affairs*, 10 iulie 2018. https://www.foreignaffairs.com/articles/world/2018-07-10/how-artificial-intelligence-will-reshape-global-order?fa_anthology=1123571

33   Mathew Macwilliams, „Trump is an authoritarian. So are millions of Americans." *Politico*, 23 septembrie 2020. https://www.politico.com/news/magazine/2020/09/23/trump-america-authoritarianism-420681 „Call it authoritarianism," *Vox*, 15 iunie 2021, https://www.vox.com/policy-and-politics/2021/6/15/22522504/republicans-authoritarianism-trump-competitive

34   Duane Elgin, *The Living Universe*, op. cit., 2009, p. 141-142.

35   „World Income Inequality Report," *World Inequality Lab*, decembrie 2021. https://wid.world/news-article/world-inequality-report-2022/

36   Un alt indiciu al pericolului care ne aşteaptă este descris în raportul IPCC privind schimbările climatice şi terenurile. A se vedea: „The world has just over a decade to get climate change under control, U.N. scientists say". *Washington Post*, Chris Mooney şi Brady Dennis, 7 oct, 2018. Nu există niciun precedent istoric documentat pentru amploarea modificărilor necesare. Iată un răspuns important la noul raport al IPCC cu privire la „Climate Change and Land". „1,5° este noul 2°", a declarat Jennifer Morgan, director executiv al Greenpeace International. Mai exact, documentul constată că instabilităţile din Antarctica şi Groenlanda, care ar putea duce la o creştere a nivelului

mării măsurată în metri în loc de centimetri, "ar putea fi declanşate în jurul valorii de 1,5°C până la 2°C de încălzire globală". În plus, este în joc pierderea totală a recifurilor de corali tropicali, deoarece se aşteaptă ca între 70 şi 90 la sută dintre acestea să dispară la o temperatură mai ridicată 1,5° Celsius, se arată în raport. La 2°C în plus, această cifră creşte la peste 99 la sută. Raportul documentează în mod clar că o încălzire de 1,5°C ar fi foarte dăunătoare şi că 2°C – care era considerat un obiectiv rezonabil – ar putea produce consecinţe intolerabile în anumite părţi ale lumii. https://www.ipcc.ch/report/srccl/ De asemenea:

Raportul actualizat al IPCC: "Noul raport ONU privind clima: Schimbări masive sunt deja prezente pentru oceanele şi regiunile îngheţate ale lumii," Chris Mooney şi Brady Dennis, *Washington Post*, 25 septembrie, 2019. https://www.washingtonpost.com/ climate-environment/2019/09/25/new-un-climate-report-massi-ve-change-already-here-worlds-oceans-frozen-regions/

Raport special privind oceanul şi criosfera într-o climă în schimbare, Grupul interguvernamental de experţi privind schimbările climatice, https://www.ipcc.ch/srocc/ Pentru descărcare: https://www.ipcc.ch/ srocc/download-report/

37   Un exemplu de daune cauzate de creşterea nivelului mării este eroziunea severă a plajelor din întreaga lume: Jumătate din plajele lumii ar putea dispărea până la sfârşitul secolului, iar până în 2050 unele linii de coastă ar putea fi de nerecunoscut faţă de ceea ce vedem astăzi. Michalis I. Vousdoukas, et. al., "Sandy coastlines under threat of erosion," *Nature: Climate Change*,2 martie, 2020. https://www.nature. com/articles/s41558-020-0697-0

38   IPCC, 2019, Special Report on the Ocean and Cryosphere in a Changing Climate, H.Portner, D.C. Roberts, V. Masson-Delmotte, P. https://www.ipcc.ch/srocc/ Pentru a descărca, accesaţi: https:// www.ipcc.ch/site/assets/uploads/sites/3/2022/03/00_SROCC_ Frontmatter_FINAL.pdf

39   „Nivelul mării va continua să crească timp de secole, chiar dacă se vor atinge obiectivele privind emisiile," *The Guardian,* 6 noiembrie 2019. Decalajul dintre creşterea temperaturilor globale şi impactul inundării coastelor înseamnă că lumea se va confrunta cu o creştere continuă a nivelului mării până în anii 2300, în ciuda acţiunilor prompte pentru a aborda criza climatică, potrivit noului studiu. https://www. theguardian.com/environment/2019/nov/06/sea-level-rise-centuries-climate-crisis A se vedea studiul „Atribuirea creşterii pe termen lung a nivelului mării la promisiunile privind emisiile din Acordul de la Paris: https://www.pnas.org/content/early/2019/10/31/1907461116 Şi: Zeke Hausfather „Concepţii climatice greşite: Dioxidul de carbon atmosferic," *Yale Climate Connections*, 16 decembrie 2010. Acest studiu a constatat că, deşi o bună parte din emisiile de gaze cu efect de seră ar putea fi eliminate din atmosferă în câteva decenii, chiar dacă emisiile ar înceta cumva imediat, aproximativ 10% ar continua să încălzească Pământul timp de mii de ani. Aceste 10 procente sunt semnificative, deoarece chiar şi o creştere mică a gazelor cu efect de seră din atmosferă poate avea un impact mare asupra calotelor de

gheață și a nivelului mării dacă persistă de-a lungul mileniilor. Și mai important: cel mai mare pericol nu este încălzirea globală, ci fenomenele meteorologice extreme produse de depășirea punctelor de basculare care, la rândul lor, duc la foamete catastrofală și tulburări civice imense. https://www.yaleclimateconnections.org/2010/12/common-climate-misconceptions-atmospheric-carbon-dioxide/

40   „BP Statistical Review of World Energy", *British Petroleum*, (a 68-a ediție), 2019. https://www.bp.com/content/dam/bp/business-sites/en/global/corporate/pdfs/energy-economics/statistical-review/bp-stats-review-2019-full-report.pdf

41   „Hothouse Earth Fears", *New Scientist*, 11 august, 2018. https://www.sciencedirect.com/journal/new-scientist/vol/239/issue/3190 „În cea mai mare parte a ultimei jumătăți de miliard de ani, Pământul a fost mult mai cald decât în prezent, fără gheață permanentă la poli: starea de seră a Pământului. Apoi, în urmă cu aproximativ trei milioane de ani, odată cu scăderea nivelului de CO_2, temperaturile au început să oscileze între două stări mai reci: ere glaciare, cu mari pături de gheață care acopereau o mare parte din terenurile din emisfera nordică, și perioade interglaciare, cum este cea actuală. Odată cu creșterea nivelului de CO_2, am putea fi pe punctul de a împinge planeta să iasă din actuala stare interglaciară și să intre în starea de seră. Consecințele sunt mai mult decât catastrofale." De asemenea:

McGrath, „Climate change: „Pământul seră" riscă deși se reduc emisiile de CO_2," *BBC*, 5 august, 2018. https://www.bbc.com/news/science-environment-45084144

„New Climate Risk Classification Created to Account for Potential ‚Existential' Threats" (Noua clasificare a riscurilor climatice creată pentru a lua în considerare amenințările potențiale „existențiale"), *Scripps Institute of Oceanography*, 14 septembrie 2017. „O creștere a temperaturii mai mare de 3°C ar putea duce la ceea ce cercetătorii numesc efecte „catastrofale", iar o creștere mai mare de 5°C ar putea duce la consecințe „necunoscute", pe care ei le descriu ca fiind mai mult decât catastrofale, inclusiv amenințări potențial existențiale. Spectrul amenințărilor existențiale este evocat pentru a reflecta riscurile grave pentru sănătatea umană și dispariția speciilor ca urmare a încălzirii peste 5°C, care nu s-a mai înregistrat de cel puțin 20 de milioane de ani." https://scripps.ucsd.edu/news/new-climate-risk-classification-created-account-potential-existential-threats

Will Steffen, et. al., „Trajectories of the Earth System in the Anthropocene," *PNAS: Proceedings of the National Academy of Sciences*, 14 august 2018. „Explorăm riscul ca reacțiile de auto-forțare să împingă sistemul Pământului spre un prag planetar care, dacă este depășit, ar putea împiedica stabilizarea climei la creșteri intermediare ale temperaturii și ar provoca o încălzire continuă pe o cale de „Pământ cu efect de seră", chiar și atunci când emisiile umane sunt reduse. Depășirea pragului ar duce la o temperatură medie globală mult mai ridicată decât în orice perioadă interglaciară din ultimii 1,2 milioane de ani și la un nivel al mării semnificativ mai ridicat decât în orice moment din Holocen." https://doi.org/10.1073/pnas.1810141115

42   „Climate Change: How Do We Know?" *NASA: Global Climate Change, Vital Signs of the Planet*, 2019. Vedeți dovezile aici https://climate. nasa.gov/evidence/ A se vedea aici consensul științific privind încălzirea climei: https://climate.nasa.gov/scientific-consensus/ Și:

„Climate change: Disruption, risk and opportunity", *Science Direct* (publicat inițial în *Global Transitions*, Volume 1, 2019, pp. 44-49). Studiul concluzionează: Schimbările climatice sunt perturbatoare pentru că oamenii s-au adaptat la o gamă îngustă de condiții de mediu. Schimbarea este deosebit de riscantă în prezența unei predictibilități scăzute, a unei schimbări la scară largă, a unei apariții rapide și a lipsei de reversibilitate. https://doi.org/10.1016/j.glt.2019.02.001

„Global Warming Science: The science is clear. Global warming is happening." *Union of Concerned Scientists*, 2019. https://www. ucsusa.org/our-work/global-warming/science-and-impacts/ global-warming-science

Op. cit., *IPCC Special Report on* Oceans *and the Cryosphere*, 25 septembrie 2019.

Bob Berwyn, „Ocean Warming Is Speeding Up, with Devastating Consequences, Study Shows", *Inside Climate News*. 14 ianuarie 2020. În 25 de ani, oceanele au absorbit o cantitate de căldură echivalentă cu energia a 3,6 miliarde de explozii de bombe atomice de mărimea Hiroshima, a declarat autorul principal al studiului. https:// insideclimatenews.org/news/14012020/ocean-heat-2019-warmest-year-argo-hurricanes-corals-marine-animals-heatwaves

Sabrina Shankman, „Dead Birds Washing Up by the Thousands Send a Warning About Climate Change", *Inside Climate News*, 15 ianuarie 2020. Un nou studiu dezleagă misterul a ceea ce a făcut ca atât de multe dintre aceste păsări de mare, în mod normal rezistente, să moară de foame în mijlocul unui val de căldură oceanică alimentat în parte de încălzirea globală. https://insideclimatenews.org/news/15012020/ seabird-death-ocean-heat-wave-blob-pacific-alaska-common-murre

43   „Urgent health challenges for the next decade", *WHO (Organizația Mondială a Sănătății)*, 13 ianuarie 2020. https:// www.who.int/news-room/photo-story/photo-story-detail/ urgent-health-challenges-for-the-next-decade

44   „Powerful actor, high impact bio-threats — initial report", *Wilton Park/ UK*, 9 noiembrie 2018. https://www.wiltonpark.org.uk/wp-content/ uploads/WP1625-Summary-report.pdf Și:

Nafeez Ahmed, „Coronavirus, Synchronous Failure and the Global Phase-Shift," *Insurge Intelligence*, 2 martie 2020. https:// medium.com/insurge-intelligence/coronavirus-synchronous-failu-re-and-the-global-phase-shift-3f00d4552940

Jennifer Zhang, „Coronavirus Response Shows the World May Not Be Ready for Climate-Induced Pandemics", *Columbia University*, 24 februarie 2020. https://blogs.ei.columbia.edu/2020/02/24/ coronavirus-climate-induced-pandemics/

Brian Deese și Ronald Klain, „Another deadly consequence of climate change: The spread of dangerous diseases", *Washington Post,* 30 mai 2017. https://www.washingtonpost.com/opinions/another-deadly-consequence-of-climate-change-the-spread-of-dangerous-diseases/2017/05/30/fd3b8504-34b1-11e7-b4ee-434b6d506b37_story.html

Apreciez intuiția lui Sandy Wiggins în ceea ce privește diferențierea între provocările legate de răspunsul la pandemii și cele legate de schimbările climatice.

45   Un alt studiu concluzionează că deja: „Două treimi din populația globală (4,0 miliarde de oameni) trăiesc în condiții de penurie severă de apă cel puțin 1 lună pe an." https://www.seametrics.com/blog/future-water/ Și:

Mesfin M. Mekonnen și Arjen Y. Hoekstra, „Four billion people facing severe water scarcity", Science Advances, 12 februarie 2016. https://advances.sciencemag.org/content/2/2/e1500323.full

Un alt studiu a constatat că, între 1995 și 2025, zonele afectate de „stres hidric sever" se extind și se intensifică, iar numărul de persoane care trăiesc în aceste zone crește, de asemenea, de la 2,1 la 4,0 miliarde de oameni. Ei afirmă: „stresul continuu asupra resurselor de apă sporește riscul ca în întreaga lume să apară simultan penurii de apă și chiar să declanșeze un fel de criză globală a apei". „World Water in 2025: Global modeling and scenario analysis for the World Commission on Water for the coming century" pentru Comisia Mondială a Apei pentru secolul viitor", Joseph Alcamo, Thomas Henrichs, Thomas Rösch, *Center for Environmental Systems Research Universi*ty of Kassel, februarie 2000. http://www.env-edu.gr/Documents/World%20Water%20in%202025.pdf

46   „The Water Crisis", Water.org, 2019. https://water.org/our-impact/water-crisis/

47   „World Water Development Report", 2019. https://www.unwater.org/publications/world-water-development-report-2019/ Și: https://water.org/our-impact/water-crisis/

48   Numărul de persoane subnutrite din lume a crescut din 2015 și a revenit la nivelurile înregistrate în 2010-2011. http://www.fao.org/state-of-food-security-nutrition/en/ De asemenea:

„The Hungry Planet: Global Food Scarcity in the 21st Century", Wilson Center Staff, 16 august 2011. https://www.newsecuritybeat.org/2011/08/the-hungry-planet-global-food-scarcity-in-the-21st-century/

Julian Cribb, „The coming famine: risks and solutions for global food security", 21 octombrie 2009. https://www.ucpress.edu/book/9780520271234/the-coming-famine

49   Nafeez Ahmed, „West's 'Dust Bowl' Future now 'Locked In, as World Risks Imminent Food Crisis", *Insurge Intelligence*, 6 ianuarie 2020. https://www.resilience.org/stories/2020-01-06/wests-dust-bowl-future-now-locked-in-as-world-risks-imminent-food-crisis/

50   Anup Shah, „Poverty Facts and Stats", *Global Issues*, Actualizat la 7 ianuarie 2013. http://www.globalissues.org/article/26/poverty-facts-and-stats#src1 De asemenea:

Anup Shah, „Poverty Around The World", *Global Issues*, 12 noiembrie 2011. http://www.globalissues.org/print/article/4#WorldBanksPovertyEstimatesRevised

51   Julian Cribb, „The coming famine: risks and solutions for global food security", (2010, prima ediție), University of California Press. Extras de la https://www.perlego.com/book/551417/the-coming-famine-pdf (Inițial publicat în 2010)

52   „Our Food Systems Are in Crisis", *Scientific American*, 15 octombrie 2019. https://blogs.scientificamerican.com/observations/our-food-systems-are-in-crisis/

53   "Migration, Agriculture and Climate Change," *Food and Agricultural Organization of the United Nations,* 2017. http://www.fao.org/3/I8297EN/i8297en.pdf

54   A se vedea raportul „Nature's Dangerous Decline 'Unprecedented'; Species Extinction Rates 'Accelerating'" *Intergovernmental Science-Policy Platform on Biodiversity and Ecosystem Services (IPBES),* 22 mai 2019. https://www.ipbes.net/news/Media-Release-Global-Assessment De asemenea: https://www.washingtonpost.com/climate-environment/2019/05/06/one-million-species-face-extinction-un-panel-says-humans-will-suffer-result/

55   „Plummeting insect numbers 'threaten collapse of nature", în *The Guardian*, 10 februarie 2019. https://www.theguardian.com/environment/2019/feb/10/plummeting-insect-numbers-threaten-collapse-of-nature Un număr tot mai mare de studii trag un semnal de alarmă cu privire la faptul că insectele din întreaga lume sunt în criză. De exemplu, un studiu efectuat în Germania a constatat o scădere de 76% a numărului de insecte zburătoare doar în ultimele câteva decenii. Un alt studiu privind pădurile tropicale din Puerto Rico a constatat că insectele au scăzut de până la 60 de ori. De asemenea: Damian Carrington, „Testele cu „splatometrul" la mașini relevă o scădere uriașă a numărului de insecte", *The Guardian*, 12 februarie 2020. Cercetările arată că populațiile de insecte din siturile din Europa au scăzut cu până la 80 la sută în două decenii. https://www.theguardian.com/environment/2020/feb/12/car-splatometer-tests-reveal-huge-decline-number-insects

Damian Carrington, „Insect apocalypse' poses risk to all life on Earth, conservationists warn", *The Guardian*, 13 noiembrie 2019. Raportul susține că 400.000 de specii de insecte sunt pe cale de dispariție din cauza utilizării masive a pesticidelor. https://www.theguardian.com/environment/2019/nov/13/insect-apocalypse-poses-risk-to-all-life-on-earth-conservationists-warn

Dave Goulson, „Insect declines and why they matter", comandat de *South West Wildlife Trusts*, 2019. „... dovezi recente sugerează că abundența insectelor ar fi scăzut cu 50 % sau mai mult din 1970. Acest lucru este îngrijorător, deoarece insectele sunt de o importanță vitală, printre altele, ca hrană, polenizatori şi reciclatori." https://www.somersetwildlife.org/sites/default/files/2019-11/FULL%20AFI%20REPORT%20WEB1_1.pdf https://doi.org/10.1016/j.biocon.2019.01.020

56   „Pollinators Help One-third Of The World's Food Crop Production", *Science Daily*, 26 octombrie 2009. https://www.sciencedaily.com/releases/2006/10/061025165904.htm Albinele sunt principalii iniţiatori ai reproducerii plantelor, deoarece transferă polenul de la tulpinile masculine la pistilul feminin. De asemenea

57   Carl Zimmer, „Birds Are Vanishing from North America," *The New York Times*, 19 septembrie 2019. https://www.nytimes.com/2019/09/19/science/bird-populations-america-canada.html

58   Kenneth Rosenberg, et. al., „Decline of the North American avifauna", *Science*, 4 octombrie 2019. https://science.sciencemag.org/content/366/6461/120

59   J. Emmett Duffy, et. al., „Science study predicts collapse of all seafood fisheries by 2050", *Stanford Report*, 2 noiembrie 2006. https://news.stanford.edu/news/2006/november8/ocean-110806.html „Toate speciile de fructe de mare sălbatice se vor prăbuşi în următorii 50 de ani, potrivit unui nou studiu realizat de o echipă internaţională de ecologişti şi economişti. Pe baza datelor actuale, toate speciile de fructe de mare sălbatice se vor prăbuşi în următorii 50 de ani. pe baza tendinţelor actuale la nivel mondial, autorii au prezis că toate speciile de fructe de mare capturate din mediul sălbatic – de la ton la sardine – vor dispărea până în anul 2050. „Colapsul" a fost definit ca o reducere cu 90% a abundenţei de bază a speciilor." De asemenea:

Jeff Colarossi, „Climate Change And Overfishing Are Driving The World's Oceans To The 'Brink Of Collapse'", *Think Progress*, 2015. https://thinkprogress.org/climate-change-and-overfishing-are-driving-the-worlds-oceans-to-the-brink-of-collapse-2d095e127640/ „În decurs de o singură generaţie, activitatea umană a afectat grav aproape toate aspectele oceanelor noastre globale. Aceasta este concluzia unui nou studiu al World Wildlife Fund, care a arătat că populaţiile marine au scăzut cu 49% între 1970 şi 2012. Imaginea este acum mai clară ca niciodată: omenirea gestionează în mod colectiv greşit oceanul până în pragul colapsului."

„Living Blue Planet Report: Species, habitats and human well-being", *World Wildlife Fund*, 2015. https://files.worldwildlife.org/wwfcmsprod/files/Publication/file/5dqysd8gh6_Living_Blue_Planet_Report_2015_Final_LR.pdf

Ivan Nagelkerken şi Sean D. Connell, „Global alteration of ocean ecosystem functioning due to increasing human CO2 emissions", *PNAS: Proceedings of the National Academy of Sciences*, 27 octombrie 2015. https://doi.org/10.1073/pnas.1510856112

60   Adam Vaughan, „Humanity driving 'unprecedented' marine extinction", *The Guardian,* 14 septembrie 2016. https://www.theguardian.com/environment/2016/sep/14/humanity-driving-unprecedented-marine-extinction Studiul poate fi găsit aici: „Ecological selectivity of the

emerging mass extinction in the oceans", *Science,* 16 septembrie 2016. https://science.sciencemag.org/content/353/6305/1284

61   „Saving Life on Earth: a plan to halt the global extinction crisis", *Center for Biological Diversity*, ianuarie 2020. https://www.biologicaldiversity.org/programs/biodiversity/elements_of_biodiversity/extinction_crisis/pdfs/Saving-Life-On-Earth.pdf

62   Estimările actuale ale ONU privind populația mondială. https://www.worldometers.info/world-population/

63   Rob Smith, „These will be the world's most populated countries by 2100", *World Economic Forum*, 29 februarie 2018. https://www.weforum.org/agenda/2018/02/these-will-be-the-worlds-most-populated-countries-by-2100/ De asemenea: Jeff Desjardins, „The world's biggest countries, as you've never seen them before", *World Economic Forum*, 4 octombrie 2017. https://www.weforum.org/agenda/2017/10/the-worlds-biggest-countries-as-youve-never-seen-them-before

64   Creșterea populației mondiale. Surse: *Divizia de Populație a Departamentului pentru Afaceri Economice și Sociale al Secretariatului Organizației Națiunilor Unite*, 2013 și World Population Prospects The 2012 Revision, New York, Organizația Națiunilor Unite. Regiuni mai puțin dezvoltate: Africa, Asia (cu excepția Japoniei), America Latină și Caraibe și Oceania (cu excepția Australiei și Noii Zeelande). Regiuni mai dezvoltate: Europa, America de Nord (Canada și Statele Unite), Japonia, Australia și Noua Zeelandă. https://kids.britannica.com/students/assembly/view/171828

65   Bradshaw și Barry Brook, „O ciumă fatală nu ar salva planeta de noi", New Scientist, 1 noiembrie 2014. În articol este menționată o capacitate de susținere aproximativă a Pământului. Autorii estimează că o populație umană sustenabilă, având în vedere actualele modele de consum și tehnologii occidentale, ar fi între 1 și 2 miliarde de oameni. De asemenea:

O altă perspectivă asupra capacității de susținere a Pământului este oferită de Christopher Tucker, *A Planet of 3 Billion*, Atlas Observatory Press, august 2019. http://planet3billion.com/index.html

Omul de știință vizionar, James Lovelock, crede că populația Pământului va scădea la doar 500 de milioane de locuitori până în 2100, iar majoritatea supraviețuitorilor vor trăi la latitudini nordice îndepărtate – Canada, Islanda, Scandinavia, Bazinul Arctic. Vedeți interviul: Jeff Goodell, „Hothouse Earth Is Merely the Beginning of the End", *Rolling Stone* magazine, 9 august 2018. https://www.rollingstone.com/politics/politics-features/hothouse-earth-climate-change-709470/

4 Degrees Hotter, A Climate Action Centre Primer, februarie 2011. Melbourne, Australia. https://www.climatecodered.org/2011/02/4-degrees-hotter-adaptation-trap.html Studiul îl citează pe profesorul Kevin Anderson, director al *Tyndall Centre for Climate Change*, care „consideră că doar aproximativ 10% din populația planetei – aproximativ jumătate de miliard de oameni – va supraviețui dacă temperaturile globale vor crește cu 4°C. El a declarat că consecințele sunt „terifiante".

„Pentru omenire, este o chestiune de viață și de moarte", a spus el. „Nu vom face ca toate ființele umane să dispară, deoarece câțiva oameni cu tipul de resurse potrivite se pot plasa în părțile potrivite ale lumii și pot supraviețui. Dar cred că este extrem de improbabil să nu avem o extincție în masă la 4°C." În 2009, profesorul Hans Joachim Schellhuber, director al Institutului Potsdam și unul dintre cei mai eminenți climatologi europeni, a declarat în fața audienței sale că, la 4°C, pentru populație „... estimările privind capacitatea de susținere (sunt) sub 1 miliard de oameni."

„Carrying capacity", *Wikipedia*, 2019. „Au fost făcute mai multe esti-mări ale capacității de susținere pentru o gamă largă de numere de populație. Un raport al ONU din 2001 a afirmat că două treimi dintre estimări se încadrează în intervalul de la 4 miliarde la 16 miliarde cu erori standard nespecificate, cu o medie de aproximativ 10 miliarde. Estimările mai recente sunt mult mai mici, în special dacă epuizarea resurselor neregenerabile și consumul ridicat sunt avute în vedere." https://en.wikipedia.org/wiki/Carrying_capacity

„How many people can Earth actually support?" *Australian Academy of Science*, 2019. https://www.science.org.au/curious/earth-environ-ment/how-many-people-can-earth-actually-support „Dacă toată lumea de pe Pământ ar trăi ca un american din clasa de mijloc, atunci planeta ar putea avea o capacitate de susținere de aproximativ 2 miliarde." Cu toate acestea, dacă oamenii ar consuma doar ceea ce au nevoie cu ade-vărat, atunci Pământul ar putea suporta un număr mult mai mare.

Marian Starkey, „What is the Carrying Capacity of Earth?" *Population Connection*, 13 aprilie 2017. https://populationconnection.org/blog/carrying-capacity-earth/ „Deja consumăm resursele regenerabile ale Pământului de o dată și jumătate mai mult decât rata sustenabilă. Și asta în condițiile în care miliarde de oameni trăiesc în sărăcie și nu consumă aproape nimic. Imaginați-vă ce s-ar întâmpla dacă oamenii extrem de săraci ar fi suficient de norocoși să ducă un stil de viață de clasă mijlocie. Și apoi imaginați-vă ce s-ar întâmpla dacă cei săraci s-ar alătura clasei de mijloc, *iar* populația umană ar crește de la nivelul de astăzi, de la 7,5 miliarde de oameni la 9, 10 sau 11 miliarde de oameni."

Andrew D. Hwang, „The human population is 7.5 billion and coun-ting — a mathematician counts how many humans the Earth can actually support", *Business Insider*, 10 iulie 2018. https://www.businessinsider.com/how-many-people-earth-can-hold-before-runs-out-resources-2018-7 Potrivit Institutului Worldwatch, un grup de reflecție privind mediul, Pământul are 1,9 hectare de teren pe cap de locuitor pentru cultivarea alimentelor și a textilelor pentru îmbrăcă-minte, pentru aprovizionarea cu lemn și pentru absorbția deșeurilor. Americanul mediu folosește aproximativ 9,7 hectare. Numai aceste date sugerează că Pământul poate susține cel mult o cincime din popu-lația actuală, 1,5 miliarde de oameni, la un standard de viață american. Pământul susține standardele de viață industrializate doar pentru că noi epuizăm „contul de economii" al resurselor neregenerabile, inclusiv solul fertil, apa potabilă, pădurile, resursele de pescuit și petrolul.

Natalie Wolchover, „How Many People Can Earth Support?", *Live Science*, 11 octombrie 2011. https://www.livescience.com/16493-people-planet-earth-support.html „10 miliarde de oameni reprezintă limita superioară a populației în ceea ce privește hrana. Deoarece este extrem de puțin probabil ca toată lumea să fie de acord să nu mai mănânce carne, E.O. Wilson consideră că, cel mai probabil, capacitatea maximă de susținere a Pământului, bazată pe resursele alimentare, va fi mai mică de 10 miliarde."

„Problema nu este numărul de oameni de pe planetă, ci numărul de consumatori, precum și amploarea și natura consumului lor", spune David Satterthwaite, cercetător-șef la Institutul Internațional pentru Mediu și Dezvoltare din Londra. El îl citează pe Gandhi: „Lumea are suficient pentru nevoile tuturor, dar nu și pentru lăcomia fiecăruia". ... Adevărata îngrijorare ar fi dacă oamenii care trăiesc în aceste zone ar decide să pretindă stilul de viață și ratele de consum considerate în prezent normale în națiunile cu venituri ridicate, ceea ce mulți ar spune că este corect... Doar atunci când grupurile mai bogate vor fi pregătite să adopte un stil de viață cu emisii reduse de carbon și să permită guvernelor lor să sprijine o astfel de mișcare aparent nepopulară, vom reduce presiunea asupra problemelor globale legate de climă, resurse și deșeuri.

În viitorul previzibil, Pământul este singura noastră casă și trebuie să găsim o modalitate de a trăi pe el în mod durabil. Pare clar că acest lucru necesită reducerea consumului nostru, în special o tranziție către un stil de viață cu emisii reduse de carbon, și îmbunătățirea statutului femeilor din întreaga lume. Doar atunci când vom fi făcut aceste lucruri vom putea estima cu adevărat câți oameni poate găzdui planeta noastră în mod durabil."

„One Planet, How Many People? A Review of Earth's Carrying Capacity", *UNEP*, iunie 2102. https://na.unep.net/geas/getUNEPPageWithArticleIDScript.php?article_id=88 Deși există o gamă largă de estimări ale capacității de susținere a Pământului, cea mai mare concentrație de estimări se situează între 8 și 16 miliarde de oameni (3). Populația globală se apropie rapid de limita inferioară a acestui interval și se așteaptă ca, până la sfârșitul secolului, să ajungă la aproximativ 10 miliarde.

66 Amprenta ecologică, https://www.footprintnetwork.org/our-work/ecological-footprint/

67 „Consumer Spending Trends and Current Statistics", Kimberly Amadeo, *The Balance*, 27 iunie 2019. https://www.thebalance.com/consumer-spending-trends-and-current-statistics-3305916 De asemenea:

„Consumer Spending and the Economy", Hale Stewart, *The New York Times*, 9 septembrie 2010. „Economia americană este condusă în principal de cheltuielile de consum, care reprezintă aproximativ 70% din creșterea economică totală. Dar, pentru ca consumatorii să continue să fie motorul economiei, trebuie să aibă o situație financiară solidă; dacă devin supraîncărcați de datorii, nu sunt capabili să își mențină poziția de motor principal al creșterii

economice." https://fivethirtyeight.blogs.nytimes.com/2010/09/19/
consumer-spending-and-the-economy/

68   „Schimbări climatice: Schimbări majore ale stilului de viață" sunt
necesare pentru a reduce emisiile", Roger Harrabin, *BBC*, august 2019.
https://www.bbc.com/news/science-environment-49499521

69   Raportul a fost întocmit de Organizația Meteorologică Mondială
sub auspiciile Grupului consultativ științific al Summitului ONU
pentru acțiune climatică 2019. https://wedocs.unep.org/bitstream/
handle/20.500.11822/30023/climsci.pdf?sequence=1&isAllowed=y

70   Katherine Rooney, „Climate change will shrink these
economies fastest", *World Economic Forum*, 30 septem-
brie 2019. https://www.weforum.org/agenda/2019/09/
climate-change-shrink-these-economies-fastest/

71   Nicholas Stern, „Climate change will force us to rede-
fine economic growth", *World Economic Forum*, 11 iulie
2018. https://www.weforum.org/agenda/2018/07/
here-are-the-economic-reasons-to-act-on-climate-change-immediately

72   Paul Buchheit, „These 6 Men Have as Much Wealth as Half the World's
Population", *Common Dreams*, 20 februarie 2017. https://www.
ecowatch.com/richest-men-in-the-world-2274065153.html

73   „Oxfam says wealth of richest 1% equal to other 99%." *BBC*, 16 ianuarie
2016. https://www.bbc.com/news/business-35339475

74   David Leonhardt, „The Rich Really Do Pay Lower Taxes Than You",
The New York Times, 6 octombrie 2019. https://www.nytimes.
com/interactive/2019/10/06/opinion/income-tax-rate-wealthy.
html?action=click&module=Opinion&pgtype=Homepage

75   Jason Kickel, „Global inequality may be much worse than we think ",
The Guardian, 8 aprilie 2016. „Inegalitatea globală este mai rea decât
oricând din secolul al XIX-lea. Nu contează cum o prezentați; inega-
litatea globală se înrăutățește. Mult mai rău. Teoria convergenței s-a
dovedit a fi extrem de incorectă. Inegalitatea nu dispare automat; totul
depinde de echilibrul puterii politice în economia globală. Atâta timp
cât câteva țări bogate au puterea de a stabili regulile în avantajul lor,
inegalitatea va continua să se înrăutățească." https://www.theguar-
dian.com/global-development-professionals-network/2016/apr/08/
global-inequality-may-be-much-worse-than-we-think

76   Isabel Ortiz, „Global Inequality: Beyond the Bottom Billion",
UNICEF, Working Paper, aprilie 2011. https://childimpact.unicef-irc.
org/documents/view/id/120/lang/120_Global_Inequality_
REVISED_-_5_July.pdf A se vedea figura 7 pentru reprezentarea
„cupei de șampanie" a inegalităților, derivată din Raportul Națiunilor
Unite privind dezvoltarea umană publicat în 1992 și publicat în
Oxford University Press, 1992. O altă versiune a reprezentării „cupei
de șampanie" a inegalităților, utilizată pe scară largă este prezentată
ca Figura 1 în raportul; „Extreme Carbon Inequality: why the Paris
climate deal must put the poort, lowest emitting and most vulnerabile
people first", *Oxfam Media Briefing, Oxfam.org*, 2 decembrie 2015.
https://oi-files-d8-prod.s3.eu-west-2.amazonaws.com/s3fs-public/

file_attachments/mb-extreme-carbon-inequality-021215-en.
pdf?te=1&nl=climate-fwd:&emc=edit_clim_20191113?cam-
paign_id=54&instance_id=13827&segment_id=18753&user_
id=d0fffc2fcb270a87206ab8a9cc08a01f&regi_id=63360062

77   „Extreme Carbon Inequality", ibid.

78   „Climate Justice", *Wikipedia*, https://en.wikipedia.org/wiki/
Climate_justice

79   Andrew Hoerner şi Nia Robinson, „A Climate of Change: African
Americans, Global Warming, and a Just Climate Policy for the US*",
Environmental Justice & Climate Change Initiative*, 2008. https://
www.reimaginerpe.org/cj/hoerner-robinson

80   Moira Fagan, et. al., „A look at how people around the world view
climate change", *PEW Research*, 18 aprilie 2019. https://www.
pewresearch.org/fact-tank/2019/04/18/a-look-at-how-people-around-
the-world-view-climate-change/

81   Ibid., 2019.

82   Recunosc că această terminologie poate fi problematică, deoarece pre-
supune că direcţia pe care au luat-o naţiunile „dezvoltate" în prezent
(spre supraconsum şi hiperindividualizare) este obiectivul convenit şi
că naţiunile „în curs de dezvoltare" sunt pur şi simplu rămase în urmă
în atingerea acestui obiectiv.

83   „Scientific Consensus: Earth's Climate is Warming", *NASA: Global
Climate Change, Vital Signs of the Planet,* 2019. A se vedea dovezile
aici: https://climate.nasa.gov/evidence/ A se vedea aici consensul
ştiinţific privind încălzirea climei: https://climate.nasa.gov/scienti-
fic-consensus/ De asemenea:

      „Climate change: Disruption, risk and opportunity", *Science Direct*
(publicat iniţial în *Global Transitions*, Volumul 1, 2019). Studiul
concluzionează: Schimbările climatice sunt perturbatoare deoa-
rece oamenii s-au adaptat la o gamă îngustă de condiţii de mediu.
Schimbarea este deosebit de riscantă în prezenţa unei predictibilităţi
scăzute, a unei apariţii rapide la scară largă şi a lipsei de reversibilitate.
https://doi.org/10.1016/j.glt.2019.02.001

      „Global Warming Science: The science is clear. Global warming is
happening." *Union of Concerned Scientists*, 2019. https://www.
ucsusa.org/our-work/global-warming/science-and-impacts/
global-warming-science

84   Timothy M. Lenton, et. al., „Climate tipping point — too risky to bet
against", *Nature*, 27 noiembrie 2019. https://www.nature.com/arti-
cles/d41586-019-03595-0 De asemenea:

      Arthur Neslen, „By 2030, We Will Pass the Point Where
We Can Stop Runaway Climate Change", HuffPost, 5 sep-
tembrie 2018, https://www.huffingtonpost.com/entry/
runaway-climate-change-2030-report_us_5b8ecba3e4b0162f4727a09f

      Anii 2030 ar putea fi o perioadă de mare instabilitate în ceea ce priveşte
tendinţele climatice – poate implica o „lovitură de bici" climatologică.

De exemplu, un studiu din 2015 a prezis mai degrabă o răcire decât o încălzire în acest deceniu: „Solar activity predicted to fall 60 percent in 2030s, to mini-ice age levels: Sun driven by double dynamo", 9 iulie 2015, *Royal Astronomical Society*, raportat în *Science Daily*. https://www.sciencedaily.com/releases/2015/07/150709092955.htm

Alexander Robinson, et al., „Multistability and critical thresholds of the Greenland ice sheet", Nature Climate Change, 1 martie 2012. „... calota de gheață din Groenlanda este mai sensibilă la schimbările climatice pe termen lung decât se credea până acum. Estimăm că pragul de încălzire care duce la o stare de lipsă de gheață se situează între 0,8 și 3,2°C, cu o estimare optimă de 1,6°C." https://www.nature.com/articles/nclimate1449#citeas

Michael Marshall, „Major methane release is almost inevitable", *New Scientist*, 21 februarie 2013. „Ne aflăm în pragul unui punct de cotitură în ceea ce privește clima. Dacă clima globală se mai încălzește cu câteva zecimi de grad, o mare parte din permafrostul siberian va începe să se topească necontrolat." https://www.newscientist.com/article/dn23205-major-methane-release-is-almost-inevitable/#ixzz5zQ199XTi

Jessica Corbett, „'Boiling with methane': Scientists reveal 'truly terrifying' sign of climate change under the Arctic Ocean", *Common Dreams,* 9 octombrie 2019. https://www.alternet.org/2019/10/boiling-with-methane-scientists-reveal-truly-terrifying-sign-of-climate-change-under-the-arctic-ocean/

85   „Temperature rise is 'locked-in' for the coming decades in the Arctic", *UNEP*, 12 martie 2019. „Chiar dacă angajamentele existente în cadrul Acordului de la Paris sunt respectate, temperaturile de iarnă deasupra Oceanului Arctic vor crește cu 3-5°C până la mijlocul secolului, comparativ cu nivelurile din 1986-2005. Dezghețarea permafrostului ar putea trezi „uriașul adormit" compus din mai multe gaze cu efect de seră, ceea ce ar putea deraia obiectivele climatice globale." https://www.unenvironment.org/news-and-stories/press-release/temperature-rise-locked-coming-decades-arctic De asemenea:

Steffen, et. al., "Trajectories of the Earth System in the Anthropocene", *PNAS*, 6 iulie 2018. Acest studiu analizează: Pământul seră și modul în care încălzirea globală galopantă amenință condițiile de locuit ale planetei pentru oameni. https://www.pnas.org/content/115/33/8252

86   „O creștere neașteptată a metanului atmosferic la nivel global amenință să șteargă câștigurile anticipate în cadrul Acordului de la Paris privind clima. Nivelurile de metan la nivel global, anterior stabile, au crescut în mod neașteptat în ultimii ani. A se vedea:

Benjamin Hmiel, et.al., „Preindustrial 14CH4 indicates greater anthropogenic fossil CH4 emissions", *Nature*, 19 februarie 2020. https://www.nature.com/articles/s41586-020-1991-8 Acest studiu arată că oamenii de știință și guvernele au subestimat cu mult emisiile de metan, un puternic gaz cu efect de seră, provenite din exploatările de petrol și gaze. De asemenea:

Nisbet et al. „Very Strong Atmospheric Methane Growth in the 4 Years 2014– 2017: Implications for the Paris Agreement",

Global Biogeochemical Cycles. martie 2019. https://doi. org/10.1029/2018GB006009 A se vedea articolul de sinteză din *Climate Nexus* aici: https://climatenexus.org/climate-change-news/ methane-surge/

87   Hubau Wannes, et al., „Asynchronous carbon sink saturation in African and Amazonian tropical forests", *Nature*, 5 martie 2020. https://www. nature.com/articles/s41586-020-2035-0 De asemenea:

Fiona Harvey, „Tropical forests losing their ability to absorb carbon, study finds", *The Guardian*, 4 martie 2020. https:// www.theguardian.com/environment/2020/mar/04/ tropical-forests-losing-their-ability-to-absorb-carbon-study-finds

88   Stewart Patrick, „The Coming Global Water Crisis", *The Atlantic*, 9 mai 2012. https://www.theatlantic.com/international/archive/2012/05/ the-coming-global-water-crisis/256896/ De asemenea:

William Wheeler, „Global water crisis: too little, too much, or lack of a plan?", *Christian Science Monitor*, 2 decembrie 2012. https://www.csmonitor.com/World/Global-Issues/2012/1202/ Global-water-crisis-too-little-too-much-or-lack-of-a-plan

89   Gilbert Houngbo, „The United Nations world water development report 2018: nature-based solutions for water", *UNESCO*, 2018. https://unesdoc.unesco.org/ark:/48223/pf0000261424

90   Stephen Leahy, „From Not Enough to Too Much, the World's Water Crisis Explained", *National Geographic*, 22 martie 2018. https://www.nationalgeographic.com/news/2018/03/ world-water-day-water-crisis-explained/

91   Paul Salopek, „Historic water crisis threatens 600 million people in India", *National Geographic*, 19 octombrie 2018. https://www. nationalgeographic.com/culture/water-crisis-india-out-of-eden/?cm-pid=org=ngp::mc=crm-email::src=ngp::cmp=editorial::add=Science_ 20200129&rid=51139F7FFEE4083137CDD6D1FF5C57FF

92   Dan Charles, „5 Major Crops In The Crosshairs Of Climate Change", *NPR*, 25 octombrie 2018. https://www.npr.org/sections/ thesalt/2018/10/25/658588158/5-major-crops-in-the-crosshairs-of-climate-change De asemenea:

Sean Illing, „The climate crisis and the end of the golden era of food choice", *Vox*, 24 iunie 2019. https:// www.vox.com/the-highlight/2019/6/17/18634198/ food-diet-climate-change-amanda-little

Rachel Nuwer, „Here's how climate change will affect what you eat", *BBC*, 28 decembrie 2015. https://www.bbc.com/future/ article/20151228-heres-how-climate-change-will-affect-what-you-eat

Nicholas Thompson, „The Most Delicious Foods Will Fall Victim to Climate Change", *Wired*, 13 iunie 2019. https://www.wired.com/story/ the-most-delicious-foods-will-fall-victim-to-climate-change/

Ian Burke, „29 of Your Favorite Foods That Are Threatened by Climate Change", *Saveur*, 7 iunie 2017. https://www.saveur.com/climate-change-ingredients/

Daisy Simmons, „A brief guide to the impacts of climate change on food production", *Yale Climate Connections*, 18 septembrie 2019. https://www.yaleclimateconnections.org/2019/09/a-brief-guide-to-the-impacts-of-climate-change-on-food-production/

Ilima Loomis „Get ready to eat differently in a warmer world", *Science News for Students*, 23 mai 2019. https://www.sciencenewsforstudents.org/article/climate-change-global-warming-food-eating

Peter Schwartzstein, „Indigenous farming practices failing as climate change disrupts seasons", *National Geographic*, 14 octombrie 2019. https://www.nationalgeographic.com/science/2019/10/climate-change-killing-thousands-of-years-indigenous-wisdom/

Kay Vandette, „Climate change could make leafy greens, veggies less available", *Earth*, 11 iunie 2018. https://www.earth.com/news/climate-change-could-make-leafy-greens-veggies-less-available

93 Populația globală actuală: https://www.worldometers.info/world-population/

94 „Nature's Dangerous Decline 'Unprecedented'; Extinction Rates 'Accelerating'", *Intergovernmental Science-Policy Platform on Biodiversity and Ecosystem Services (IPBES)*, 22 mai 2019. https://www.ipbes.net/news/Media-Release-Global-Assessment

95 „Ocean Deoxygenation", *International Union for Conservation of Nature*, 8 decembrie 2019.

Viața marină și locurile de pescuit sunt din ce în ce mai amenințate pe măsură ce oceanele pierd oxigen. Chiar și cea mai mică scădere a nivelului de oxigen, atunci când se apropie de pragurile deja existente, poate crea probleme semnificative, cu implicații biologice și biogeochimice complexe și de mare anvergură. https://www.iucn.org/theme/marine-and-polar/our-work/climate-change-and-oceans/ocean-deoxygenation

96 Adaptare după John Fullerton, „Regenerative Capitalism How Universal Principles And Patterns Will Shape Our New Economy", *Capital Institute*, April 2015. https://capitalinstitute.org/wp-content/uploads/2015/04/2015-Regenerative-Capitalism-4-20-15-final.pdf?mc_cid=236080d2f0&mc_eid=2f41fb9d8d

97 „Cei mai bogați 1% sunt pe cale să dețină două treimi din întreaga bogăție până în 2030", *The Guardian*, April 7, 2018. https://www.theguardian.com/business/2018/apr/07/global-inequality-tipping-point-2030

98 Duane Elgin, „Limits to Complexity: Are Bureaucracies Becoming Unmanageable", *The Futurist,* December 1977. https://duaneelgin.com/wp-content/uploads/2014/11/Limits-to-Large-Complex-Systems.pdf

99   „Transitions and Tipping Points in Complex Environmental Systems",
     Un raport al *National Science Foundation Advisory Committee for
     Environmental Research and Education*, 2009. https://www.nsf.gov/
     ere/ereweb/ac-ere/nsf6895_ere_report_090809.pdf Acesta nu este
     un avertisment specific, ci mai degrabă unul general, din 2009: „Lumea
     se află la o răscruce de drumuri. Amprenta globală a oamenilor este
     de așa natură încât solicităm sistemele naturale și sociale dincolo de
     capacitățile lor. Trebuie să ne ocupăm de aceste provocări de mediu
     complexe și să atenuăm schimbările mediului la scară globală sau să
     acceptăm perturbări care probabil vor fi omniprezente... Ritmul schim-
     bărilor mediului depășește capacitatea instituțiilor și a guvernelor de a
     reacționa eficient."

100 T. Schuur, "Arctic Report Card: Permafrost and the Global
     Carbon Cycle", *NOAA*, 2019. https://arctic.noaa.gov/Report-
     Card/Report-Card-2019/ArtMID/7916/ArticleID/844/
     Permafrost-and-the-Global-Carbon-Cycle

101 „Fighting Wildfires Around the World", *Frontline, Wildfire
     Defense Systems*, 2019. https://www.frontlinewildfire.com/
     fighting-wildfires-around-world/

102 Estimări ale capacității de susținere, op. cit.

103 Iliana Paul, "Climate Change and Social Justice", *WEDO,*
     2014. https://www.wedo.org/wp-content/uploads/
     wedo-climate-change-social-justice.pdf?utm_source=newsletter&utm_
     medium=email&utm_content=http%3A//d31hzlhk6di2h5.cloudfront.
     net/20161107/ce/11/85/a8/5d76d1fbe015e871ef155f93_386x486.
     png&utm_campaign=Emma%20Newsletter

104 Dmitry Orlov, *Reinventing Collapse: The Soviet Example and
     American Prospects*, New Society Publishers, 2008. A se vedea și:
     Tainter, *The Collapse of Complex Societies*, op. cit.203

105 Estimări ale capacității de susținere, op. cit.

106 Op. cit., "Nature's Dangerous Decline 'Unprecedented'; Species
     Extinction Rates 'Accelerating'" *Intergovernmental Science-Policy
     Platform on Biodiversity and Ecosystem Services (IPBES),* 22 mai
     2019. https://www.ipbes.net/news/Media-Release-Global-Assessment

107 Și plantele pot resimți stresul și trauma morții devastatoare. A se
     vedea Nicoletta Lanese, "Plants 'Scream' in the Face of Stress", *Live
     Science*, 6 decembrie 2019. https://www.livescience.com/plants-sque-
     al-when-stressed.html

108 Evaluarea mea potrivit căreia câteva miliarde de oameni ar putea
     pieri în ultima parte a duratei acestui scenariu (în care lumea nu este
     alimentată cu combustibili fosili) a fost calificată drept hiperopti-
     mistă. Jason Brent (http://www.jgbrent.com/about-the-author.html
) consideră că este posibil să piară mult mai mulți oameni. A se vedea
     răspunsul lui la articolul meu, „Existential threats, Earth Voice and
     the Great Transition", *Millennium Alliance for Humanity and the
     Biosphere,* MAHB, 21 ianuarie 2020. https://mahb.stanford.edu/blog/
     mahb-dialogue-author-humanist-duane-elgin/

Brent scrie: „Colapsul civilizaţiei va avea loc pentru că omenirea se află în depăşire, utilizând resursele a 1,7 Pământuri, şi avansează încă în această depăşire în fiecare secundă din cauza creşterii populaţiei (se preconizează că populaţia va creşte cu 3,2 miliarde, ajungând la 10,9 miliarde până în anul 2100 - o creştere de 41,5% în 80 de ani) şi din cauza creşterii consumului de resurse pe cap de locuitor la nivel mondial. Un calcul simplu arată că, pentru a ieşi din această depăşire, populaţia umană ar trebui redusă la 4,47 miliarde. Dacă populaţia ar ajunge la 10,9 miliarde, ar fi necesară o reducere a populaţiei de 6,43 miliarde (10,9-4,47= 6,43) (fără a lua în considerare nicio reducere cauzată de creşterea utilizării resurselor pe cap de locuitor) pentru a ieşi din depăşire. Afirmaţia este simplă - există zero şanse ca prin controlul voluntar al populaţiei să se realizeze această reducere (de 6,3 miliarde) înainte de prăbuşirea civilizaţiei şi de moartea a miliarde de oameni.”

109   Arderea mistuitoare a început în 2019. A se vedea: Laura Paddison, "2019 Was The Year The World Burned", *HuffPost*, 27 decembrie 2019. https://www.huffpost.com/entry/wildfires-california-amazon-indo-nesia-climate-change_n_5dcd3f4ee4b0d43931d01baf

De asemenea:

Se estimează că cel puţin un miliard de animale vor muri până în 2020 în incendiile de tufăriş din Australia. Lisa Cox, „A billion animals: some of the species most at risk from Australia's bushfire crisis", The Guardian, 13 ianuarie 2020. Ecologistul Chris Dickman a estimat că mai mult de un miliard de animale au murit în întreaga ţară – o cifră care exclude peştii, broaştele, liliecii şi insectele. „Acesta este doar vârful icebergului", spune James Trezise, analist politic la Australian Conservation Foundation. „Este aproape sigur că numărul de specii şi ecosisteme care au fost grav afectate în întreaga lor zonă de răspândire este mult mai mare, mai ales dacă luăm în considerare specii mai puţin cunoscute de reptile, amfibieni şi nevertebrate...".

https://www.theguardian.com/australia-news/2020/jan/14/a-billion-animals-the-australian-species-most-at-risk-from-the-bushfire-crisis

Marea ardere care va urma este rezumată cu putere în acest videoclip care arată o femeie salvând dintr-un incendiu de tufişuri din Australia un urs koala ars grav şi gemând. Marsupialul a fost văzut traversând un drum printre flăcări. O femeie din zonă s-a grăbit să ajute ursul koala, înfăşurând animalul în cămaşa ei şi într-o pătură şi turnând apă peste el. Ea a dus animalul rănit la un spital veterinar din apropiere. Este cu adevărat sfâşietor să priveşti cum nevinovaţi suferă din motive cu care nu au legătură şi să realizezi că acesta este viitorul nostru dacă nu reacţionăm rapid. https://www.youtube.com/watch?v=3x8JXQ6RTIU

110   „Se preconizează că incendiile de pădure din zona amazoniană se vor agrava, dublând suprafaţa afectată a unei părţi importante a pădurii până în 2050. Rezultatul ar putea fi transformarea acestei zone dintr-un rezervor de carbon într-o sursă netă de emisii de dioxid de carbon." A se vedea articolul: „Burning of Amazon may get a lot worse", *New Scientist*, 18 ianuarie 2020. De asemenea:

Herton Escobar, „Brazil's deforestation is exploding — and 2020 will be worse", *Science Magazine*, 22 noiembrie 2019. https://www.sciencemag.org/news/2019/11/brazil-s-deforestation-exploding-and-2020-will-be-worse?utm_campaign=news_daily_2019-11-22&et_rid=510705016&et_cid=3086753

111 Stephen Pune, „California wildfires signal the arrival of a planetary fire age", *The Conversation*, 1 noiembrie 2019. https://theconversation.com/california-wildfires-signal-the-arrival-of-a-planetary-fire-age-125972

112 John Pickrell, „Massive Australian blazes will 'reframe our understanding of bushfire,'" *Science Magazine*, 20 noiembrie 2019. https://www.sciencemag.org/news/2019/11/massive-australian-blazes-will-reframe-our-understanding-bushfire?utm_campaign=news_daily_2019-11-20&et_rid=510705016&et_cid=3083308

De asemenea: Damien Cave, „Australia Burns Again, and Now Its Biggest City Is Choking", *The New York Times,* 6 decembrie 2019. https://www.nytimes.com/2019/12/06/world/australia/sydney-fires.html

113 Stephen Pyne, „The Planet is Burning", *Aeon*, noiembrie 2019. De asemenea:

Stephen Pyne, *Fire: A Brief History* (2019). https://aeon.co/essays/the-planet-is-burning-around-us-is-it-time-to-declare-the-pyrocene

David Wallace-Wells, „In California, Climate Change Has Turned Rainy Season Into Fire Season", *New York Magazine*, 12 noiembrie 2018. https://nymag.com/intelligencer/2018/11/the-california-fires-and-the-threat-of-climate-change.html

Edward Helmore, „'Unprecedented': more than 100 Arctic wildfires burn in worst-ever season", *The Guardian*, 26 iulie 2019. Articolul descrie „Flăcări uriașe din Groenlanda, Siberia și Alaska care produc coloane de fum ce pot fi văzute din spațiu." https://www.theguardian.com/world/2019/jul/26/unprecedented-more-than-100-wildfires-burning-in-the-arctic-in-worst-ever-season

114 Hans Seyle a fost un endocrinolog de renume, cunoscut pentru studiile sale despre efectele stresului asupra corpului uman. https://www.azquotes.com/author/13308-Hans_Selye

115 Francis Weller, *The Wild Edge of Sorrow*, North Atlantic Books, 2015. https://www.francisweller.net/books.html

116 Weller, ibid. https://www.francisweller.net/books.html

117 Naomi Shihab Nye, *Words Under the Words: Selected Poems*, 1995. https://poets.org/poem/kindness

118 „Global Cities at Risk from Sea-Level Rise: Google Earth Video", *Climate Central*, 2019. https://sealevel.climatecentral.org/maps/google-earth-video-global-cities-at-risk-from-sea-level-rise

De asemenea:

Scott Kulp, et al., „New elevation data triple estimates of global vulnerability to sea-level rise and coastal flooding", *Nature Communications*, 29 octombrie 2019. Unele dintre estimările anterioare privind deplasarea populației ca urmare a creșterii nivelului mării sunt probabil mult prea mici. În întreaga lume, în loc ca aproximativ 50 de milioane de oameni să fie forțați să se mute pe terenuri mai înalte în următorii 30 de ani, oceanele vor crește probabil mai mult decât se preconizează, cu un număr de emigranți din zonele de coastă de cel puțin trei ori mai mare; până în 2100, numărul refugiaților climatici ar putea depăși 300 de milioane. https://www.nature.com/articles/s41467-019-12808-z După alte estimări, numărul refugiaților climatici ar ajunge la 2 miliarde până în 2100.

Charles Geisler & Ben Currens, „Impediments to inland resettlement under conditions of accelerated sea-level rise", *Land Use Policy*, 29 martie 2017. Autorii extrapolează din 2060 pentru a concluziona că, în anul 2100, 2 miliarde de oameni - aproximativ o cincime dintr-o populație mondială de 11 miliarde - ar putea deveni refugiați din cauza schimbărilor climatice în urma creșterii nivelului oceanelor. https://doi.org/10.1016/j.landusepol.2017.03.029

Blaine Friedlander, „Rising seas could result in 2 billion refugees by 2100", *Cornell Chronicle*, 19 iunie 2017. http://news.cornell.edu/stories/2017/06/rising-seas-could-result-2-billion-refugees-2100

119 Jennifer Welwood, „The Dakini Speaks", http://jenniferwelwood.com/poetry/the-dakini-speaks/

120 Todd May, „Would Human Extinction Be a Tragedy?" *The New York Times*, December 17, 2018. https://www.nytimes.com/2018/12/17/opinion/human-extinction-climate-change.html

121 Wallace Stevens, *Goodreads*, https://www.goodreads.com/quotes/565035-after-the-final-no-there-comes-a-yes-and

122 Joanna Macy și Chris Johnstone, Active Hope: How to Face the Mess We're in Without Going Crazy, New World Library, 2012. 206

123 Pentru a ilustra dificultatea de a atinge obiectivele de emisii nete de CO_2 zero până în 2050, a se vedea *World Energy Outlook 2019*, care concluzionează că emisiile de CO_2 la nivel mondial vor continua să crească timp de decenii în lipsa unei ambiții mai mari în ceea ce privește schimbările climatice, în ciuda „schimbărilor profunde" deja în curs în sistemul energetic mondial. Acesta este unul dintre mesajele-cheie din raportul Agenției Internaționale pentru Energie (IEA) https://www.iea.org/reports/world-energy-outlook-2019

124 Extrem de îngrijorător este momentul în care emisiile globale cumulate de CO_2 vor depăși pragul de 1 trilion de tone de carbon, ceea ce, potrivit IPCC, va crește temperatura la suprafața Pământului cu 2°C peste minimul preindustrial și va declanșa „interferențe periculoase" cu sistemul climatic al Pământului. Când va fi depășit pragul de 1 trilion de tone? Se estimează că va fi atins între 2050 și 2055, indiferent de scenariul de creștere a populației. „Global CO_2 emissions forecast to 2100", Roger Andrews, *Euanmearns*, March 7, 2018. http://euanmearns.com/global-CO2-emissions-forecast-to-2100/

125 „Impacts of a 4-degree Celsius Global Warming", *Green Facts*, https://www.greenfacts.org/en/impacts-global-warming/l-2/index.htm
De asemenea:

Există un consens larg asupra faptului că, dacă nu se iau măsuri majore, se va ajunge la 4°C până la sfârșitul secolului sau înainte. «Schimbările climatice ar putea escalada atât de rapid încât am putea ajunge la „sfârșitul jocului", avertizează oamenii de știință». Un interval climatic între 4,8°C și 7,4°C până în 2100 a reieșit din calculele publicate în jurnal, *Science Advances*. https://advances.sciencemag.org/content/2/11/e1501923

Ian Johnston, „Climate change may be escalating so fast it could be 'game over,' scientists warn." *Independent*, 9 noiembrie 2016. https://www.independent.co.uk/news/science/climate-change-game-over-global-warming-climate-sensitivity-seven-degrees-a7407881.html

David Wallace-Wells, „U.N. says climate genocide is coming", *New York Magazine,* 10 octombrie 2019. El spune că planeta este pe o traiectorie care „ne va duce la nord de patru grade până la sfârșitul secolului". http://nymag.com/intelligencer/2018/10/un-says-climate-genocide-coming-but-its-worse-than-that.html

Roger Andrews, „Global CO2 emissions forecast to 2100" Blog de *Euan Mearns*, 7 martie 2018. http://euanmearns.com/global-CO2-emissions-forecast-to-2100/

„4 Degrees Hotter, A Climate Action Centre Primer", *Climate Code Red*, februarie 2011. Melbourne, Australia. https://www.climatecode-red.org/2011/02/4-degrees-hotter-adaptation-trap.html

Studiul îl citează pe profesorul Kevin Anderson, directorul Centrului Tyndall pentru schimbări climatice, care „consideră că doar aproximativ 10% din populația planetei - aproximativ jumătate de miliard de oameni - vor supraviețui dacă temperaturile globale vor crește cu 4°C. El a spus că consecințele sunt „terifiante", iar „pentru omenire, este o chestiune de viață și de moarte". „Nu vom face ca toate ființele umane să dispară, deoarece câțiva oameni cu resursele potrivite se pot plasa în părțile potrivite ale lumii și pot supraviețui. Dar cred că este extrem de puțin probabil să nu avem parte de o moarte în masă la 4°C". În 2009, profesorul Hans Joachim Schellbhuber, directorul Institutului Potsdam și unul dintre cei mai eminenți climatologi europeni, a declarat în fața publicului că, la 4°C, „estimările capacității de susținere" a populației (sunt) sub 1 miliard de oameni". p. 9.

Găsim o altă estimare a capacității de susținere a Pământului în New Scientist, 1 noiembrie 2014, p. 9. Corey Bradshaw și Barry Brook, (op. cit.), sugerează că o populație umană sustenabilă, având în vedere actualele modele de consum și tehnologii occidentale, ar fi între 1 și 2 miliarde de oameni.

126 Cercetătorii au folosit sistemul de predicție MIT Integrated Global System Model Water Resource System (IGSM-WRS) pentru a evalua resursele și nevoile de apă la nivel mondial. A se vedea: „Water Stress to Affect 52% of World's Population by 2050", *Water Footprint*

Network, https://waterfootprint.org/en/about-us/news/news/water-stress-affect-52-worlds-population-2050/

127 Op. cit. Raportul Organizaţiei Naţiunilor Unite privind evoluţia apei la nivel mondial 2018: soluţii bazate pe natură pentru apă. De asemenea:

Claire Bernish, „Water Scarcity Will Make Life Miserable for Nearly 6 Billion People by 2050", *The Mind Unleashed*, 23 martie 2018. https://themindunleashed.com/2018/03/water-scarcity-6-billion-2050.html

Peste 5 miliarde de oameni ar putea suferi de penurie de apă până în 2050 din cauza schimbărilor climatice, a cererii crescute şi a surselor poluate, potrivit unui raport al ONU privind starea apei la nivel mondial. În lipsa unor schimbări drastice, axate pe soluţii naturale, aproape şase miliarde de oameni vor fi afectaţi de o gravă penurie de apă până în 2050.

128 Joseph Hinks, „The World Is Headed for a Food Security Crisis", *TIME* magazine, 28 martie 2018. https://time.com/5216532/global-food-security-richard-deverell/

129 Rebecca Chaplin-Kramer, „Global modeling of nature's contributions to people", *Science*, Vol. 366, Issue 6462, 11 octombrie 2019. https://science.sciencemag.org/content/366/6462/255

De asemenea:

Miyo McGinn, „New study pinpoints the places most at risk on a warming planet", *Grist*, 17 octombrie 2019. https://grist.org/article/new-study-pinpoints-the-places-most-at-risk-on-a-warming-planet/

130 Francois Gemenne, „A review of estimates and predictions of people displaced by environmental changes", Global Environmental Change, *in Science Direct*, decembrie 2011. https://www.sciencedirect.com/science/article/abs/pii/S0959378011001403?via%3Dihub

131 Worldometers: https://www.worldometers.info/world-population/

132 A se vedea, de exemplu, op. cit., Ishan Daftardar, „Why Bee Extinction Would Mean the End of Humanity", *Science ABC,* 23 iulie 2015. https://www.scienceabc.com/nature/bee-extinction-means-end-humanity.html

133 „Russia 'meddled in all big social media' around U.S. election", BBC, 17 decembrie 2018. https://www.bbc.com/news/technology-46590890208

134 Charles Geisler & Ben Currens, „Impediments to inland resettlement under conditions of accelerated sea-level rise", *Land Use Policy*, 29 martie 2017. Autorii extrapolează din 2060 pentru a concluziona că, în anul 2100, 2 miliarde de oameni - aproximativ o cincime dintr-o populaţie mondială de 11 miliarde - ar putea deveni refugiaţi din cauza schimbărilor climatice în urma creşterii nivelului oceanelor. https://doi.org/10.1016/j.landusepol.2017.03.029

135 Martin Luther King, Jr. citat în Stephen B. Oates, *Let the Trumpets Sound: The Life of Martin Luther King, Jr.*, New American Library, 1982.

136 T.S. Eliot, *Four Quartets, Little Gidding*, 1943. https://www.brainyquote.com/quotes/t_s_eliot_109032

137 Drew Dellinger, „Hieroglyphic Stairway", (poem), 2008, https://www.youtube.com/watch?v=XW63UUthwSg

138 Malcolm Margolin, *The Ohlone Way: Indian Life in the San Francisco-Monterey Bay Area*, Berkeley: Heyday Books, 1978.

139 A se vedea minunatul scurt-metraj realizat de Louie Schwartzberg, *Gratitude*, https://movingart.com/portfolio/gratitude/

Narațiune scrisă și recitată de Brother David Steindl-Rast. www.MovingArt.com

140 Joseph Campbell, et al., *Changing Images of Man, Center for the Study of Social Policy, Stanford Research Institute*, Menlo Park, California. Studiu a fost redactat pentru Kettering Foundation, Dayton, Ohio, Contact: URH (489)-2150, mai 1974 și a fost republicat ulterior cu același titlu în 1982 de Pergamon Press.

141 Joseph Campbell & Bill Moyers, *The Power of Myth*, Archer, 1988. https://www.goodreads.com/quotes/10442-people-say-that-what-we-re-all-seeking-is-a-meaning

142 Sean D. Kelly, „Waking Up to the Gift of 'Aliveness,'" *The New York Times*, 25 decembrie 2017. https://www.nytimes.com/2017/12/25/opinion/aliveness-waking-up-holidays.html

143 Howard Thurman, https://www.goodreads.com/quotes/6273-don-t-ask-what-the-world-needs-ask-what-makes-you

144 Joanna Macy, trimitere în Jem Bendell, „Climate despair is inviting people back to life", publicat pe blogul lui despre adaptarea profundă, 12 iulie 2019. https://jembendell.com/

145 Anne Baring, op. cit., p. 83.

146 Anne Baring, op. cit., p. 421.

147 Simone de Beauvoir, A se vedea „Brainy Quotes": https://www.brainyquote.com/quotes/simone_de_beauvoir_392724

148 A se vedea, de exemplu: https://www.goodreads.com/quotes/tag/mysticism

De asemenea: http://www.gardendigest.com/myst1.htm

149 Henry Thoreau, https://www.goodreads.com/quotes/32955-heaven-is-under-our-feet-as-well-as-over-our

150 Predrag Cicovacki, *Albert Schweitzer's Ethical Vision A Sourcebook*, Oxford University Press, 2 februarie 2009.

151 John Muir, https://www.goodreads.com/quotes/7796963-and-into-the-forest-i-go-to-lose-my-mind

152 Haruki Murakami, https://www.goodreads.com/quotes/448426-not-just-beautiful-though-the-stars-are-like-the

153 Joseph Campbell, https://www.brainyquote.com/quotes/joseph_campbell_387298

Există o diferență subtilă și extrem de importantă între „conștiență" și „conștientizare". Acești doi termeni sunt adesea folosiți interschimbabil și totuși au semnificații foarte diferite. Simplu spus:

Conștiența reflectă – există întotdeauna un obiect al atenției conștiente.

Conștientizarea este – nu există un obiect al atenției, o prezență vie este conștientă de ea însăși.

Conștiența se referă la capacitatea de a se retrage din imersiunea în gânduri și de a fi martor sau de a observa aspecte sau elemente ale vieții. Conștiența implică două aspecte: cel care cunoaște și ceea ce este cunoscut; sau un observator și ceea ce este observat; sau un privitor și ceea ce este privit. Există o distanță resimțită între conștiență și obiectul atenției.

Conștientizarea poate fi descrisă ca o cunoaștere fără obiect. *Conștientizarea este conștientă de ea însăși prin însăși natura sa – pur și simplu „este".* Conștientizarea este o prezență cunoscătoare a cărei natură este conștientizarea. Este pur și simplu conștientizarea însăși. Conștientizarea este o prezență simțită, o experiență directă a însuflețirii. Ea nu privește însuflețirea, ci este pur și simplu experiența directă a acesteia. Nu există nici o distanță și nici o separare, deoarece este o prezență singulară, simțită.

Cum poate exista o experiență directă a însuflețirii care să se extindă dincolo de corpul nostru fizic? Atât fizica, cât și tradițiile de înțelepciune recunosc faptul că întregul univers este înălțat întru existență în fiecare moment, într-un proces extraordinar de creație continuă. Forța de viață regeneratoare care stă la baza întregului univers și îl înalță în fiecare moment este, prin însăși natura sa, însuflețire și conștientizare. *Atunci când devenim pe deplin una cu experiența directă a existenței în fiecare moment, devenim una cu forța vitală care dă naștere totalității existenței.* Ne recunoaștem pe noi înșine ca această forță vitală, ca o prezență nemărginită și vie. Forța vitală a însuflețirii la scară cosmică este forța regeneratoare care susține întregul univers în fiecare moment și poate fi cunoscută ca o experiență simțită, ca însuflețirea însăși. Atunci când cunoașterea noastră conștientă se rafinează progresiv până la punctul în care nu mai există o distanță între cunoaștere și ceea ce este cunoscut, atunci există conștientizarea însăși.

Dacă *gândim* că conștiența este în esență o facultate de cunoaștere care ia naștere în creier ca produs al unor interacțiuni bio-materiale intens complexe, atunci creăm o imagine a procesului de cunoaștere care ne îndepărtează de experiența directă a însuflețirii și a forței vitale simțite-conștientizate care susține universul clipă de clipă. Însuflețirea, ca simplă conștientizare directă, este casa pe care o căutăm. *Atunci când suntem conștienți că suntem conștientizarea însăși, suntem acasă! În centrul ființei noastre se află simplitatea experienței directe de a fi viu și această experiență este conștientizarea însăși, iar această experiență nu este altceva decât forța vitală a creației la scară cosmică sau „conștiința cosmică".*

Este important să permitem meditației să se rezeme pe continuitatea conștientizării simple în care ne eliberăm de efortul și de lupta de a ne întoarce la un obiect al atenției și pur și simplu să fim în fluxul conști-entizării a ceea ce „este". Atunci când trăim în experiența directă de a fi conștientizarea însăși, trăim în valul creației continue a existenței. Dacă persistăm în aducerea precisă în prezent a conștientizării, aceasta se va revela a fi forța vitală în dansul de regenerare continuă la scară cosmică. Știm, ca experiență directă, că „noi suntem aceasta". Suntem forța vitală indivizibilă a Totalității devenind ea însăși și cunoscută ca experiență directă de a fi în viață.

154   Buddha, https://www.spiritualityandpractice.com/quotes/quotations/view/198/spiritual-quotation

155   Frank Lloyd Wright, https://www.brainyquote.com/quotes/frank_lloyd_wright_107515

156   Florida Scott-Maxwell, *The Measure of My Days*, Penguin Books, 1979. https://www.goodreads.com/author/quotes/550910.Florida_Scott_Maxwell

157   Pentru a învăța despre timpul nostru al marii tranziții și dincolo de aceasta, am reunit, împreună cu Coleen, partenera mea de viață, o comunitate de învățare compusă din câteva zeci de persoane în ultimul an. Explorările noastre colective au fost foarte valoroase pentru funda-mentele eforturilor descrise în această carte.

158   Richard Nelson, *Make Prayers to the Raven*, Chicago: University of Chicago Press, 1983.

159   Luther Standing Bear, citat în J.E. Brown, „Modes of contemplation through actions: North American Indians." În *Main Currents in Modern Thought*, New York, noiembrie-decembrie 1973.

160   Mathew Fox, *Meditations with Meister Eckhart*, Santa Fe, NM: Bear & Co., 1983.

161   A se vedea, de exemplu, Coleman Barks, *The Essential Rumi*, San Francisco: Harper San Francisco, 1995.

162   D.T. Suzuki, *Zen and Japanese Culture*, Princeton, NJ: Princeton University Press, 1970.

163   S. N. Maharaj, *I Am That*. Part I (traducere de Maurice Frydman), Bombay, India: Chetana, 1973.

164   Lao Tzu, *Tao Te Ching* (traducere de Gia-Fu Feng și Jane English), New York: Vintage Books, 1972.

165   E. C. Roehlkepartain, et al., „With their own voices: A global explo-ration of how today's young people experience and think about spiritual development", *Search Institute*, 2008. www.spiritualdevelop-mentcenter.org

166   „Many Americans Mix Multiple Faiths", *Pew Research Center, Religion & Public Life,* 9 decembrie 2009. Experiențe mistice prezentate în a treia figură, care fac trimitere la sondajul din 1962 raportat de Gallup și prezentat în *Newsweek*, aprilie 2006 A se vedea: https://www.pewfo-rum.org/2009/12/09/many-americans-mix-multiple-faiths/

De asemenea: Andrew Greely şi William McCready, „Are We a Nation of Mystics", în *The New York Times Magazine*, 26 ianuarie 1976.

167 „U.S. public becoming less religious", *Pew Research Center*, 3 noiembrie 2015. Rezultatele sondajului despre experienţele obişnuite ale „păcii şi sentimentului uimirii". https://www.pewforum. org/2015/11/03/u-s-public-becoming-less-religious/

168 T. Clarke, et al., „Use of Yoga, Meditation, and Chiropractors Among U.S. Adults Aged 18 and Over", *National Center for Health Statistics*, noiembrie 2018. https://www.ncbi.nlm.nih.gov/pubmed/30475686

169 În spiritul transparenţei complete, înţelegerea mea personală a unei ecologii a conştiinţei care pătrunde în univers a fost dezvoltată şi documentată într-o serie amplă de experimente ştiinţifice într-o perioadă de aproape trei ani, din 1972 până în 1975, la Institutul de Cercetare Stanford (în prezent, SRI International) din Menlo Park, California. Deşi activitatea mea principală la acea vreme era cea de cercetător social senior în cadrul grupului de reflecţie despre viitor de la SRI, timp de aproape trei ani am fost consultant al NASA cu sarcina de a explora o gamă largă de experimente privind capacităţile intuitive în laboratorul de inginerie - adesea trei zile pe săptămână, timp de două sau trei ore, în funcţie de experimentele de la acea vreme, şi toate cu diverse forme de feedback. Experimentele au inclus „vizualizarea de la distanţă" a unor locaţii şi tehnologii diverse; clarviziunea în relaţie cu un generator de numere aleatorii; influenţarea mişcării unui pendul-ceas, măsurată cu o rază laser; interacţiunea cu un magnetometru a cărui sondă sensibilă era scufundată într-un recipient umplut cu heliu lichid; în afara unei camere închise, apăsarea pe un cântar cu balanţă încuiat în interior; influenţarea creşterii plantelor cu comparaţii cu un grup controlat şi multe altele. Am renunţat la aceste experimente fascinante în 1975, când au fost preluate de CIA şi declarate secrete (se pare că aceste cercetări au continuat încă 20 de ani, conform Legii privind accesul liber la informaţii; a se vedea: Hal Puthoff, „CIA-Initiated Remote Viewing Program at Stanford Research Institute", *Journal of Scientific Exploration, Vol.* 10, No. 1, 1996). Pe baza experienţei mele în cadrul acestor experimente ştiinţifice, am învăţat că:

În primul rând, avem cu toţii o legătură literală cu universul. O conexiune empatică cu cosmosul nu este limitată la câteva persoane cu har, ci este o parte obişnuită a funcţionării universului şi este accesibilă tuturor.

În al doilea rând, fiinţa noastră nu se opreşte la marginea pielii noastre, ci se extinde în univers şi este inseparabilă de acesta. Suntem cu toţii conectaţi cu ecologia profundă a universului şi fiecare dintre noi are capacitatea de a-şi extinde conştiinţa mult dincolo de raza de acţiune a simţurilor noastre fizice.

În al treilea rând, conexiunea noastră intuitivă cu cosmosul este uşor de trecut cu vederea. Mici tresăriri de sentimente intuitive apar rapid şi apoi trec. Am presupus că acestea fac pur şi simplu parte din experienţa mea corporală. Abia treptat am ajuns să apreciez măsura în care experimentam participarea mea la un „câmp" mai larg de însufleţire.

În al patrulea rând, am învăţat că funcţia psihice nu constă în obţinerea dominaţiei asupra a ceva (mintea asupra materiei), ci mai degrabă în a învăţa să participi cu ceva într-un dans al schimbului şi transformării reciproce. Acesta este un proces bidirecţional, în care ambele părţi sunt schimbate de interacţiune. Pe scurt, dominarea nu funcţionează, dar dansul da.

În al cincilea rând, în acelaşi timp, aceste experimente îmi arătau cum conştiinţa este o proprietate intrinsecă a universului; de asemenea, m-au făcut mult mai sceptic în ceea ce priveşte nevoia de canalizare, cristale, penduluri, piramide şi alţi intermediari pentru a ne accesa intuiţia. Este important să aducem ştiinţă critică şi discernământ în această cercetare.

În al şaselea rând, dovezile ştiinţifice ale existenţei funcţiei psihice se adună de zeci de ani şi sunt acum atât de copleşitoare încât sarcina probei s-a transferat celor care ar încerca să respingă existenţa ei. Este timpul să depăşim viziunea îngustă, bazată pe creier, asupra conştiinţei, deoarece aceasta nu mai explică dovezile ştiinţifice importante şi ne limitează grav gândirea cu privire la amploarea şi profunzimea conexiunii noastre cu universul.

În al şaptelea rând, oricât de interesantă ar fi funcţia psihică sau intuitivă, întrebarea mult mai importantă este ce spune aceasta despre natura universului; şi anume, că acesta este conectat cu el însuşi prin ţesutul conştiinţei în moduri nelocale care transcend diferenţele relativiste.

Aceste experimente au arătat clar că abia am început să dezvoltăm o alfabetizare a conştiinţei folosind tehnologii sofisticate pentru a oferi feedback (similar învăţării cu bio-feedback, dar în schimb cu feedback bio-cosmic). Aceste experimente au demonstrat că fiinţa noastră nu se opreşte la marginea pielii noastre, ci se extinde în universul unificat şi este inseparabilă de acesta. O descriere a experimentelor SRI selectate poate fi găsită în lucrările:

Russell Targ, Phyllis Cole şi Harold Puthoff, „Development of Techniques to Enhance Man/Machine Communication", *Stanford Research Institute*, Menlo Park, California, redactată pentru NASA, contractuş 953653 Under NAS7-100, iunie 1974. De asemenea:

Harold Puthoff şi Russell Targ, „A Perceptual Channel for Information Transfer Over Kilometer Distances", publicată în *Proceedings of the I.E.E.E. (Institute of Electrical and Electronics Engineers)*, vol. 64, no. 3, martie 1976.

R. Targ şi H. Puthoff, *Mind-Reach: Scientists Look at Psychic Ability*, Delacorte Press/Eleaonor Friede, 1977.

170 Duane Elgin, *The Living Universe*, op., cit. Un alt mod de a privi însufleţirea este acela de a explora caracteristicile de funcţionare ale sistemelor biologice şi de a vedea dacă universul prezintă capacităţi similare. În general, un sistem trebuie să includă cel puţin patru capacităţi cheie pentru a fi considerat viu: 1) *Metabolismul* – capacitatea de a descompune materia, precum şi de a o sintetiza. Încă de la formarea sa, universul a sintetizat materie simplă (heliu şi hidrogen) şi a

transformat-o, prin intermediul supernovelor, în carbon, azot, oxigen şi sulf – constituenţii esenţiali din care suntem alcătuiţi. 2) *Autoreglarea* – capacitatea de a-şi menţine stabilitatea în funcţionare. Universul a rezistat şi a evoluat de-a lungul a miliarde de ani ca un sistem unificat care produce sisteme de autoorganizare la toate scările, de la cea atomică la cea galactică, care pot persista timp de miliarde de ani. 3) *Reproducerea* – capacitatea de a crea cópii. Mai mulţi cosmologi susţin teoria conform căreia de cealaltă parte a găurilor negre se află găuri albe care dau naştere la noi sisteme cosmice. 4) *Adaptarea* – capacitatea de a evolua şi de a se adapta la medii în schimbare. Universul a evoluat de-a lungul a miliarde de ani pentru a produce sisteme din ce în ce mai complexe şi mai coerente, ţesute împreună într-un întreg autocoerent. Deoarece aceste patru criterii se regăsesc, nu numai în plante şi animale, ci şi în funcţionarea universului, pare justificat să descriem universul ca pe un tip unic de sistem viu.

171   Faimosul citat din Albert Einstein a fost scris în 1950, într-o scrisoare către Robert S. Marcus, care era distrus după ce băieţelul lui murise de poliomielită. Citatul original în germană a fost tradus în engleză şi versiunea lui în engleză este cea care a fost larg difuzată. Însă versiune originală în germane exprimă mai precis ceea ce a vrut să spună Einstein. A se vedea: https://www.thymindoman.com/einsteins-misquote-on-the-illusion-of-feeling-separate-from-the-whole/

172   Clara Moskowitz, „What's 96 Percent of the Universe Made Of? Astronomers Don't Know", *Space.com*, 12 mai 2011. https://www.space.com/11642-dark-matter-dark-energy-4-percent-universe-panek.html

173   Brian Swimme, *The Hidden Heart of the Cosmos*, Orbis Books, mai 1996. https://storyoftheuniverse.org/books/hidden-heart-of-the-cosmos/

174   Phillip Goff, „Is the Universe a Conscious Mind?" în *Aeon*, 2019. https://aeon.co/essays/cosmopsychism-explains-why-the-universe-is-fine-tuned-for-life

        Fizicianul şi cosmologul Freeman Dyson a scris: „Se pare că mintea, aşa cum se manifestă prin capacitatea de a face alegeri, este, într-o oarecare măsură, inerentă în fiecare electron".

175   A se vedea, de exemplu, cartea clasică a lui Richard Bucke, *Cosmic Consciousness*, 1901. ISBN 978-0-486-47190-7. https://www.penguinrandomhouse.ca/books/321631/cosmic-consciousness-by-richard-maurice-bucke/9780140193374

176   Max Planck, Interviu în *The Observer*, 25 ianuarie 1931. https://en.wikiquote.org/wiki/Max_Planck

177   John Gribbin, *In the Beginning: The Birth of the Living Universe*, New York: Little Brown, 1993. A se vedea şi: David Shiga, „Could black holes be portals to other universes?" *New Scientist*, April 27, 2007.

178   Thomas Berry, *The Dream of the Earth*, Sierra Club Books, 1988.214

179   Robert Bly (traducere), *The Kabir Book,* Boston: Beacon Press, 1977, p. 11.

180 Cynthia Bourgeault, *The Wisdom Way of Knowing*, Jossey-Bass, 2003, p. 49. https://inwardoutward.org/aliveness-sep-22-2021/

181 Sfânta Teresa de Ávila, *Brainy Quote.* https://www.brainyquote.com/quotes/saint_teresa_of_avila_105360

182 A se vedea site-ul web al lui Peter Dziuban: www.PeterDziuban.com

183 Peter Dziuban, „The Meaning of Life Is Alive", *Excellence Reporter*, noiembrie 26, 2017. https://excellencereporter.com/2017/11/26/peter-dziuban-the-meaning-of-life-is-alive/

184 A se vedea mărturia lui Carl Sagan: https://www.youtube.com/watch?v=Wp-WiNXH6hI

185 Henri Nouwen, *The Way of the Heart: Connecting with God through Prayer, Wisdom, and Silence*, Harper Collins, 1981.

186 Ted MacDonald & Lisa Hymas, „How broadcast TV networks covered climate change in 2018", *Media Matters*, 11 martie 2019. https://www.mediamatters.org/donald-trump/how-broadcast-tv-networks-covered-climate-change-2018

187 Ted MacDonald, „How broadcast TV networks covered climate change in 2020", *Media Matters*, 10 martie 2021. https://www.mediamatters.org/broadcast-networks/how-broadcast-tv-networks-covered-climate-change-2020

188 Gene Youngblood, „The Mass Media and the Future of Desire", *The CoEvolution Quarterly* Sausalito, CA: iarna 1977/78.

189 Martin Luther King, Jr., citat în Stephen B. Oates, *Let the Trumpets Sound: The Life of Martin Luther King, Jr.*, New American Library, 1982.

190 În Statele Unite, drepturile publicului sunt puternice în ceea ce priveşte utilizarea undelor radio şi de televiziune. Aceste drepturi sunt stabilite în Declaraţia drepturilor (Bill of Rights) şi în dreptul constituţional. Primul Amendament al Declaraţiei drepturilor prevede că: „*Congresul nu va adopta nicio lege... care să îngrădească libertatea de exprimare... sau dreptul oamenilor de a se aduna în mod paşnic şi de a adresa guvernului o petiţie pentru repararea prejudiciilor*". Cu alte cuvinte, nu va fi adoptată nicio lege care să limiteze dreptul cetăţenilor de a se aduna paşnic, de a vorbi liber şi de a adresa guvernului o petiţie pentru remedierea nemulţumirilor. Este exact ceea ce presupune o adunare urbană electronică în epoca modernă: Cetăţenii se adună în mod paşnic. Ei vorbesc liber. Şi, dacă se ajunge la un consens, ei pot adresa direct o petiţie guvernului cerând despăgubiri sau remedierea eficienţelor sau stabilirea unor remedii adecvate.

Trecând de la dreptul constituţional la legislaţia SUA privind mass-media, constatăm că publicul de la „nivel local" este proprietarul undelor utilizate de televiziuni. Nivelul local este domeniul de aplicare al acoperirii mediatice a radiodifuzorilor, care este, în general, la scară metropolitană. Chiar dacă radiodifuzorii folosesc internetul pentru a transmite o mare parte din programele lor, dacă folosesc şi undele de emisie, ei au în continuare obligaţia legală strictă de „a servi interesul public, convenienţa şi necesitatea".

Cu aproape un secol în urmă, Legea radioului din 1927 a stabilit regulile de bază pentru operarea prin utilizarea undelor publice, prevăzând că: *„stațiile de radiodifuziune nu beneficiază de aceste mari privilegii din partea guvernului Statelor Unite în beneficiul principal al agenților de publicitate. Beneficiile pe care le obțin agenții de publicitate trebuie să fie accidentale și complet secundare față de interesul publicului".* Comisia a mai declarat că: *„Accentul trebuie pus în primul rând pe interesul, conveniența și necesitatea publicului ascultător, și nu pe interesul, conveniența sau necesitatea radiodifuzorului individual sau a agentului de publicitate".*

O Curte de apel federală a clarificat rolul cetățenilor în 1966, statuând: *„În sistemul nostru, interesele publicului sunt dominante... Prin urmare, cetățenii la nivel individual și comunitățile pe care le constituie au o datorie față de ei înșiși și față de semenii lor de a se interesa activ de domeniul de aplicare și de calitatea serviciilor de televiziune pe care le oferă posturile și rețelele... De asemenea, publicul nu trebuie să aibă sentimentul că, prin implicarea în domeniul radiodifuziunii, se amestecă nejustificat în afacerile private ale altora. Dimpotrivă, interesul lor pentru programele de televiziune este direct și responsabilitățile lor sunt importante. Ei sunt proprietarii canalelor de televiziune – de fapt, ai tuturor emisiunilor."* [sublinierea mea]

O decizie a Curții Supreme din 1969 a clarificat și mai mult responsabilitățile radiodifuzorilor. Instanța a decis că: *„Dreptul telespectatorilor și al ascultătorilor, și nu dreptul radiodifuzorilor, este cel mai important"* [sublinierea mea]. Legea comunicațiilor din 1934 a fost actualizată de Congresul SUA în 1996. Legea telecomunicațiilor rezultată are peste 300 de pagini și, în tot cuprinsul ei, afirmă principiul că undele radio trebuie folosite *„pentru a servi interesul, conveniența și necesitatea publică".* Difuzorii de programe de televiziune nu au drepturi de proprietate în ceea ce privește utilizarea undelor; ei au privilegiul de a utiliza undele doar atât timp cât servesc interesul, conveniența și necesitatea publică. [sublinierea mea]

Este important că am depășit momentul în care se servea „interesul public". Cum comunitățile locale sunt amenințate de schimbările climatice și de viabilitatea întregii planete, *am trecut la un standard mult mai înalt aplicabil difuzorilor, și anume ca aceștia să servească „interesul public" și „necesitatea publică".* [sublinierea mea]

În termeni practici, acest lucru înseamnă că, dacă publicul local (scara metropolitană a amprentei mediatice a difuzorului) solicită ca o cantitate rezonabilă de timp de emisie să fie dedicată provocării climatice (care amenință o comunitate locală, precum și întregul Pământ), atunci publicul ar trebui să se aștepte la sprijinul guvernului (Comisia Federală de Comunicații) pentru a susține astfel de cereri care servesc în mod clar interesul și necesitatea publică.

Similar, în cazul în care publicul solicită timp de antenă pentru întâlniri electronice ale orașului pentru a discuta amenințări precum schimbările climatice, aceste cereri de utilizare a undelor (pe care noi, cetățenii, le deținem) sunt pe deplin legitime și sunt întemeiate atât pe dreptul constituțional, cât și pe aproape un secol de legislație federală.

191 Duane Elgin și Peter Russell în „Pete and Duane's Window", *Take Back the Airwaves part 2*, 19 ianuarie 2011. https://www.youtube.com/watch?v=a53hL5Z1WHE&feature=youtu.be

192 „Number of Olympic Games TV viewers worldwide from 2002 to 2016", *Statista*, 2020. https://www.statista.com/statistics/287966/olympic-games-tv-viewership-worldwide/

193 În ceea ce privește accesul la televiziune: „Pentru prima dată, mai mult de jumătate din populația lumii care deține un televizor are acum la dispoziție un semnal de televiziune digitală. Această cifră se ridică la aproximativ 55 % din 2012, față de doar 30 % în 2008, potrivit raportului anual al *ITU* „Measuring the Information Society, 2013". De asemenea:

Tom Butts, „The State of Television, Worldwide", *TV Technology*, 6 decembrie 2013. https://www.tvtechnology.com/miscellaneous/the-state-of-television-worldwide

În ceea ce privește gospodăriile cu televizor: Penetrarea digitală globală a crescut de la 40,4% de gospodării cu TV la sfârșitul anului 2010 la 74,6% la sfârșitul anului 2015, potrivit celei mai recente ediții a *Digital TV World Databook*. Aproximativ 584 de milioane de case cu televiziune digitală au fost adăugate în 138 de țări între 2010 și 2015. Aceasta a dublat numărul total de gospodării cu televiziune digitală, la 1170 de milioane.

Potrivit *Digital TV Research*, "Three Quarters of global TV households are now digital", 12 mai 2016 https://www.digitaltvnews.net/?p=27448

În 2002, 1,12 miliarde de gospodării — circa trei sferturi din populația globală — deținea cel puțin un televizor. A se vedea: https://www.statista.com/statistics/268695/number-of-tv-households-worldwide/

Se preconizează că numărul de gospodării cu televizoare din întreaga lume va crește la 1,74 miliarde în 2023, față de 1,63 miliarde în 2017.

„Number of TV households worldwide from 2010 to 2018", *Statista*, 4 decembrie 2019. https://www.statista.com/statistics/268695/number-of-tv-households-worldwide/

Pentru mai mult context: În iulie 2012: Populația globală număra 7 miliarde de oameni, care trăiau în 1,9 miliarde de gospodării, în fiecare dintre acestea locuind, în medie, 3,68 de persoane. Dintre aceste 1,9 miliarde de gospodării, doar 1,4 miliarde de gospodării aveau televizor, fără a vorbi de internet. https://www.theguardian.com/media/blog/2012/jul/27/4-billion-olympic-opening-ceremony

194 „World Internet Users and 2019 Population Stats", Miniwatts Marketing Group, 4 octombrie 2019. https://www.statista.com/topics/1145/internet-usage-worldwide/#:~:text=With%20its%20growing%20influence%20on,to%20the%20world%20wide%20web

195 A. W. Geiger, „Key Findings about the online news landscape in America", *Pew Research Center*, 11 septembrie 2019. https://www.pewresearch.org/fact-tank/2019/09/11/key-findings-about-the-online-news-landscape-in-america/

Perspectiva asupra experienței SUA: un studio Pew Research a constatat că, în 2019, 49% dintre americani se informează des de la televizor, 33% de pe site-urile online, 26% de la radio, 20% din rețelele de socializare media și 16% din ziarele tipărite.

196 Maya Angelou, *Letter to My Daughter*, Random House, 2008.

197 Toni Morrison, „2004 Wellesley College commencement address", publicat în *Take This Advice: The Best Graduation Speeches Ever Given*, Simon & Schuster, 2005.

198 Christopher Bache, *Dark Night, Early Dawn: Steps to a Deep Ecology of Mind*, New York: SUNY Press, 2000.

199 A se vedea, de exemplu: Joseph V. Montville, „Psychoanalytic Enlightenment and the Greening of Diplomacy", *Journal of the American Psychoanalytic Association*, Vol. 37, No. 2, 1989. De asemenea:

Roger Walsh, *Staying Alive: The Psychology of Human Survival*, Boulder Colorado: New Science Library, 1984

200 Martin Luther King, Jr., https://www.brainyquote.com/quotes/martin_luther_king_jr_101309

201 Alan Paton, https://www.azquotes.com/author/11383-Alan_Paton

202 A se vedea, de exemplu: Donella Meadows, et. al., *Beyond the Limits*, Chelsea Green Publishing Co., 1992.

203 Tatiana Schlossberg [Un interviu cu Narasimha Rao, profesor la Yale], „Taking a Different Approach to Fighting Climate Change", *The New York Times*, 7 noiembrie 2019. https://www.nytimes.com/2019/11/07/climate/narasimha-rao-climate-change.html De asemenea: Environmental and Climate Justice Program, *NAACP*, https://www.naacp.org/environmental-climate-justice-about/

„Climate justice", *Wikipedia*, „O propunere fundamentală a justiției climatice este ca cei care sunt cel mai puțin responsabili pentru schimbările climatice să sufere cele mai grave consecințe ale acestora." https://en.wikipedia.org/wiki/Climate_justice

204 Pedro Conceição, et al, „Human Development Report: Beyond income, beyond averages, beyond today: Inequalities in human development in the 21st century", *UNDP*, 2019 http://hdr.undp.org/sites/default/files/hdr2019.pdf

205 „Forced from Home: Climate-fueled displacement", *Oxfam Media Briefing,* 2 decembrie 2019. https://oxfamilibrary.openrepository.com/bitstream/handle/10546/620914/mb-climate-displacement-cop25-021219-en.pdf

„Țările care contribuie cel mai puțin la emisiile de gaze cu efect de seră vor continua probabil să se confrunte cu cele mai mari consecințe din cauza schimbărilor climatice. Cel mai mare impact al schimbărilor climatice va avea loc în țările sărace." De asemenea:

Barry Levy, et. al., „Climate Change and Collective Violence", *Annual Review of Public Health*, 11 ianuarie 2017. doi: https://www.annualreviews.org/doi/10.1146/annurev-publhealth-031816-044232

„Environmental & Climate Justice", *NAACP*, 2019. https://www.naacp.org/issues/environmental-justice/

206 Sufletul universului din perspectiva unui arhetip feminin a fost minunat prezentat de savanta Anne Baring. A se vedea magnifica ei carte, *The Dream of the Cosmos*, Archive Publishing, 2013. Descărcare gratuită la: https://www.annebaring.com/books/the-dream-of-the-cosmos/

207 Evoluția de la perspectiva unei „Zeițe Pământâ" la cea a unui „Zeu Cer" și până la apariție „Zeiței Cosmice" este explorată în cartea mea, *Awakening Earth*, op. cit, 1993. https://duaneelgin.com/wp-content/uploads/2016/03/AWAKENING-EARTH-e-book-2.0.pdf

208 Desmond Tutu citat în Terry Tempest Williams, *Two Words*, Orion, Great Barrington, MA, iarna 1999.

209 Aceste exemple au fost extrase, parțial, din: Emily Mitchell, „The Decade of Atonement", *Index on Censorship*, mai/iunie 1998, Londra (și retipărite în *Utne Reader*, martie-aprilie 1999).

210 John Bond, „Aussie Apology", *Yes! A Journal of Positive Futures*, Bainbridge Island: WA, toamna 1998.

211 Ibid.

212 Eric Yamamoto, *Interracial Justice: Conflict and Reconciliation in Post-Civil Rights America*, New York University Press, 1999.

213 Alexander, Christopher (1979). The Timeless Way of Building. Oxford University Press. ISBN 978-0-19-502402-9.

214 Eco-satele; a se vedea: https://en.wikipedia.org/wiki/Ecovillage De asemenea:

„Global Ecovillage Network": https://ecovillage.org/

https://www.ic.org/directory/ecovillages/

În Statele Unite: https://www.transitionus.org

Eco-districtele. https://justcommunities.info/ „În fiecare cartier (sau district) există oportunitatea de a concepe soluții cu adevărat inovatoare și scalabile pentru unele dintre cele mai mari provocări cu care se confruntă în prezent factorii de decizie din orașe: disparitățile în materie de venituri, educație și sănătate; degradarea și distrugerea mediului; amenințarea tot mai mare a schimbărilor climatice și creșterea urbană rapidă. Eco-districtele propun un nou model de dezvoltare urbană pentru a capacita cartiere echitabile, durabile și rezistente. [Eco-districtele sunt o]... abordare colaborativă, holistică, la scara cartierului, a proiectării comunității pentru a obține rezultate de performanță riguroase și semnificative care contează pentru oameni și pentru planetă."

215 Orașele de tranziție se referă la proiecte de comunități locale care își propun să crească autosuficiența pentru a reduce efectele potențiale ale apogeului petrolului, distrugerii climatului și instabilității economice.

A se vedea: https://en.wikipedia.org/wiki/Transition_town
De asemenea:

https://transitionnetwork.org/ Iată o listă cu „centre" de
tranziție din întreaga lume: https://transitionnetwork.org/
transition-near-me/hubs/

216   A se vedea: https://en.wikipedia.org/wiki/Sustainable_city

Vedeți cum se încadrează orașele sustenabile în „Obiectivele de dezvol-
tare durabilă ale Organizației Națiunilor Unite". https://www.un.org/
sustainabledevelopment/cities/

De asemenea, pentru orașele sustenabile europene, a se vedea: http://
www.sustainablecities.eu/

217   Eco-civilizații: A se vedea: https://en.wikipedia.org/wiki/
Ecological_civilization

Se intensifică presiunile pentru a lua măsuri radicale de decarbonizare
a economiei, deoarece perioada de atenuare a efectelor se apropie de
sfârșit. Este nevoie de o reducere substanțială a emisiilor înainte de
2030 pentru ca încălzirea globală să fie menținută sub 2°C. Mai multe
țări au început să își schimbe politicile și sunt pe cale să facă tranziția
către eco-civilizații, schimbări susținute de beneficii care depășesc ate-
nuarea schimbărilor climatice (de exemplu, beneficii pentru sănătate).
China este un lider mondial. De asemenea:

„Eco-civilization: China's blueprint for a new era." https://thediplomat.
com/2015/09/chinas-new-blueprint-for-an-ecological-civilization/

https://www.creavis.com/sites/creavis/en/creavis/portfolio-develop-
ment/corporate-foresight/pages/deep-de-carbonization.aspx

218   Alan AtKisson, *Life Beyond Growth,* AtKisson Group, Stockholm,
Suedia, 2012. https://wachstumimwandel.at/wp-content/uploads/
presentations/AtKisson_GrowthinTransition_Vienna_Oct2012_v1.pdf

Chiar și aceste estimări pot subestima costul schimbărilor climatice.
De asemenea:

Naomi Oreskes și Nicholas Stern, „Climate Change Will Cost Us Even
More Than We Think", *The New York Times,* Oct. 23, 2019. https://
www.nytimes.com/2019/10/23/opinion/climate-change-costs.html

219   A se vedea, de exemplu, cuvântul suedez „*lagom*", care înseamnă „exact
cât este necesar", „în echilibru", „perfect-simplu". https://en.wikipedia.
org/wiki/Lagom

220   Arnold Toynbee, *A Study of History,* (Prescurtare a volumelor I-VI de
D.C. Somervell), New York: Oxford University Press, 1947, p. 198.

221   Robert McNamara, fost președinte al Băncii Modniale, a definit
„sărăcia absolute" ca fiind: „condiții de viață atât de caracterizate de
malnutriție, analfabetism, boli, mortalitate infantilă ridicată și spe-
ranță de viață scăzută, încât se află sub orice definiție rezonabilă a
decenței umane."

222   Pentru diverse definiții, a se vedea Elgin, *Voluntary Simplicity,* op. cit.,
(prima ediție, 1981), p. 29. https://duaneelgin.com/books

223 Buckminster Fuller descrie acest proces prin termenul „efemerizare".
Însă, spre deosebire de Toynbee, Fuller pune accent pe proiectarea
unor sisteme materiale pentru a obţine mai multe rezultate cu mai
puţine resurse mai degrabă decât pe co-evoluţia materiei şi a conştien-
tizării. A se vedea, de exemplu, cartea lui, *Critical Path*, New York: St.
Martin's Press, 1981.

224 Matthew Fox, *Creation Spirituality,* San Francisco: Harper San
Francisco, 1991.

225 Francis J. Flynn, „Where Americans Find Meaning in Life", *Pew
Research Center*, 20 noiembrie 2018, https://www.pewforum.
org/2018/11/20/where-americans-find-meaning-in-life/ De asemenea:

„Research: Can Money Buy Happiness?", *Stanford Business*,
25 septembrie 2013. https://www.gsb.stanford.edu/insights/
research-can-money-buy-happiness

„Can Money Buy You Happiness?" Andrew Blackman, *Wall
Street Journal*, 10 noiembrie 2014. Cercetările care arată cum
experienţele de viaţă ne oferă o plăcere mai durabilă decât lucru-
rile materiale se găsesc aici: https://www.wsj.com/articles/
can-money-buy-happiness-heres-what-science-has-to-say-1415569538

Sean D. Kelly, „Waking Up to the Gift of 'Aliveness,'" *New York Times*,
25 decembrie 2017. https://www.nytimes.com/2017/12/25/opinion/
aliveness-waking-up-holidays.html

226 Op. cit., „Can Money Buy You Happiness?" Andrew Blackman.

227 Ronald Inglehart, Roberto Foa, et. al. „Development, Freedom, and
Rising Happiness: A Global Perspective (1981–2007), iulie 2008.
Association for Psychological Science, Vol. 3, No., 4, 2008. Disponibil
în PubMed: https://doi.org/10.1111/j.1745-6924.2008.00078.x
De asemenea:

Ronald Inglehart, „Changing Values among Western Publics from 1970
to 2006", *West European Politics*, ianuarie-martie 2008. https://www.
tandfonline.com/doi/abs/10.1080/01402380701834747

228 Ralph Waldo Emerson. A se vedea: https://philosiblog.
com/2013/06/10/the-only-true-gift-is-a-portion-of-yourself/

229 Roger Walsh, „Contributing Effectively In Times of Crisis", 16
noiembrie 2020. https://www.whatisemerging.com/opinions/
contributing-effectively-in-times-of-crisis